人迷®

学习入门与实战

Machine Learning

for dummies®

A Wiley Brand

内容提要

机器学习是计算机科学和人工智能的重要分支之一，它被广泛应用在多种领域，如机器人、无人驾驶汽车等。

本书是“达人迷”经典系列中关于机器学习的一本。本书内容分为6个部分，共计23章，由浅入深地讲解机器学习的基本知识、本书使用的语言——Python和R、必备的数学知识、处理数据的常用工具、机器学习的应用以及常见的学习包和模型6个方面，以帮助读者了解并掌握机器学习的相关知识，并能将其应用于自己的工作中。

本书适合Python程序员、R程序员、数据分析人员、机器学习领域的从业人员以及对算法感兴趣的读者阅读。

前言

如今，机器学习一词有多种多样的含义，特别是在好莱坞（和其他）电影制片厂介入之后。电影《机械姬》（*Ex Machina*）激发了世界各地观众的想象力，并使机器学习变成了各种各样本不存在的东西。当然，我们大多数人必须生活在现实世界里，在这里机器学习实际上执行的任务数量多到令人难以置信，这些任务与机器人是否可以通过图灵测试（图灵测试指机器人可以欺骗它们的制造者，使他们相信机器人是人类）无关。本书为你提供了一个从现实世界看机器学习的视角，并让你有机会使用这些技术创造惊人的成果。即使你使用机器学习所执行的任务与电影版相比似乎有点平凡，但是在读完本书后，你会意识到这些平凡的任务将影响地球上每个人的生活，影响日常生活的方方面面。总之，机器学习是一项不可思议的技术——只是不像有些人想象的那样。

关于本书

本书的主要目的是帮助你了解如今机器学习能够帮你做什么、不能做什么，以及将来可能为你做什么。虽然本书包含了许多代码的示例，但并不意味着你必须是计算机科学家才能使用它。实际上，你需要拥有任何强调数学的学科背景，因为这是本书关注机器学习的方式。你将使用特定的算法与大数据进行交互以获得特定的、有价值的结果，你会看到具体的结论，而不是处理一些很抽象的东西。我们强调的是实用，因为机器学习有能力以前所未有的方式执行各种各样的任务。

本书的重点之一是使用正确的工具。本书同时使用 Python 和 R 执行各种任务。这两种语言拥有特殊的功能，它们在机器学习环境中特别有用。例如，Python 提供了大量的库，让你几乎可以做任何你能想到的事情。同样，R 具有易用性，没有几种语言可以和它媲美。本书会帮助你了解 Python 和 R 这两种语言各自扮演的角色，并给出示例阐述何时这种语言会比另一种语言更有效，以达到你所想要的目标。

你还会在本书中发现一些有趣的技术。最重要的是，你不仅会看到用于执行任务的算法，还会了解算法如何工作。与其他书不同，本书可以让你充分理解自己正在做什么，而且并不要求你拥有数学博士学位。读完本书后，你最终会拥有建立自己知识库所需的基础，并可以进一步使用机器学习在特定的领域中执行任务。

当然，你可能仍然担心整个编程环境的问题，本书不会让你在黑暗中独自摸索。在本书一开始，你可以找到 RStudio 和 Anaconda 的完整安装说明，它们是本书使用的集成开发环境（IDE）。此外，本书还帮助你了解基本的 R 和 Python 编程知识。其重点是让你可以尽快地进入状态，并能看懂示例，这样代码就不会成为学习的绊脚石。

本书的假设

你很难相信我们已经为你假设了所有的事情——毕竟，我们甚至还没有见过你！虽然大多数假设看似不必要，但我们还是做了一定的假设，为本书提供了一个起点。

第一个假设是你熟悉你所要使用的平台，因为关于这点本书没有提供任何指导（不过，第 4 章提供了 RStudio 的安装说明，第 6 章告诉你如何安装 Anaconda）。为了向你提供更多 R 和 Python 中关于机器学习的信息，本书不讨论任何和特定平台相关的问题。在开始阅读本书之前，你需要知道如何安装应用程序、使用应用程序，以及如何在你所选的平台上工作。

本书不是数学的入门读物。是的，你将看到很多涉及复杂数学知识的示例，但是，本书的重点是帮助你使用 R、Python 和机器学习来执行分析任务，而不是让你学习数学理论知识。而且，你将看到本书对使用的许多算法的解释，如此一来，你就可以理解算法是如何运作的。第 1 章和第 2 章引导你更好地理解：为了成功地使用本书，你需要知道什么。

排版约定

在阅读本书时，你将看到书页边缘的图标，它们的作用是指示你可能感兴趣的材料（也可能不感兴趣，看具体情况而定）。这些图标的含义如下。

提示是非常好的东西，因为它们可以帮助你节省时间或者在无须许多额外工作的前提下执行一些任务。本书中的提示主要介绍值得尝试的资源，让你可以从

R、Python 或机器学习相关任务的执行中得到最大的收获。

你应该避免做任何标有“警告”图标的事情。否则，你可能会发现你的应用程序无法按预期正常工作，可能从看上去完美无误的公式得到错误的答案，甚至（在最坏的情况下）丢失数据。

每当你看到这个图标时，都要想到高级的技巧或技术。你可能会发现这些有用的信息实在太无聊了，又或者它们可能包含运行程序所需的解决方案。当然如果你愿意，也可以跳过这些信息。

如果你没有从某个章或节学到什么内容，那么至少请记住该图标所标示的材料。这些文字通常包含了一个基本过程，也许是你使用 R 或 Python 成功执行机器学习相关任务所必须知道的一些信息。

RStudio 和 Anaconda 自带的功能让它们可以执行众多的常见任务。但是，机器学习还要求你执行一些特定的任务，这意味着需要从网络下载额外的支持功能。此图标表示以下文字包含在线资源的引用，你需要了解这点并特别注意，这样才能安装让示例成功运行所需要的一切。

延伸阅读

本书对你而言，不是 R、Python 或机器学习体验的终点——而只是一个开始。我们提供的在线内容，使得本书更加灵活，更能满足你的需求。这样一来，当我们收到你的电子邮件时，就可以解决你的问题，并告诉你如何更新R、Python 或其关联的插件，它们都会影响本书所讨论的内容。事实上，你可以获得所有这些超棒的补充材料。

- **备忘录：** 备忘录提供了一些特殊的注释和说明，让你了解可以使用 R、Python、RStudio、Anaconda 和机器学习做哪些事情，不是每个人都知道这些的。要查看本书的备忘录，只需访问达人迷官网并在搜索框中搜索“Machine Learning For Dummies Cheat Sheet”即可。它包含的信息井井有条，比如你需要经常使用的机器学习算法。
- **更新：** 变化时有发生。例如，在撰写本书期间，我们可能没有预见即将到来的变化。过去，这种可能性只是意味着本书过时了，不太有用了。但是现在，你可以在官网找到本书的更新。

除了这些更新，请在 John Number Books 官网中查看博客帖子，其中有针对读者提问的答案，以及与本书相关的实用技术的展示。

» **指南文件**：谁真的想手动敲入书中所有的代码，并重建所有的任务？大多数读者更愿意花时间来研究如何使用 R、Python，以及机器学习任务的执行，找些有趣的事情来做，而不是打字。幸运的是，本书中的示例都可以下载，因此你所要做的全部就是阅读本书，掌握机器学习的使用技巧。你可以在达人迷官网中找到这些文件。

阅读建议

现在是开启机器学习冒险之旅的时候了！如果你对机器学习完全陌生，应该从第 1 章开始，并控制学习的速度，让自己消化和吸收尽可能多的知识。一定要阅读 R 和 Python 的内容，因为本书的示例使用了这两种语言。

如果你是一个初学者，但是希望尽快上手机器学习，可以从第 4 章开始阅读，但是你可能会在稍后发现有一些内容有点难以理解。如果你已经安装了 RStudio，则可以略过第 4 章。同样，如果你已经安装了 Anaconda，则可以略过第 6 章。

对于有一些 R 和 Python 经验的读者，如果安装了适当的语言版本，则可以直接跳到第 8 章以节省阅读的时间。当你有疑问时，可以随时回到之前的章节。但是，每当进入下一步之前，你需要了解每项技术是如何运行的。每种技术、代码示例和过程对你而言都很重要，如果一开始就跳过太多的内容，你可能会错过重要的信息。

服务与支持

本书由异步社区出品，社区（https://www.epubit.com）为您提供后续服务。

提交勘误信息

作者、译者和编辑尽最大努力来确保书中内容的准确性，但难免会存在疏漏。欢迎您将发现的问题反馈给我们，帮助我们提升图书的质量。

当您发现错误时，请登录异步社区，按书名搜索，进入本书页面，单击“提交勘误”，输入错误信息，单击“提交勘误”按钮即可，如下图所示。本书的作者和编辑会对您提交的错误信息进行审核，确认并接受后，您将获赠异步社区的 100 积分。积分可用于在异步社区兑换优惠券、样书或奖品。

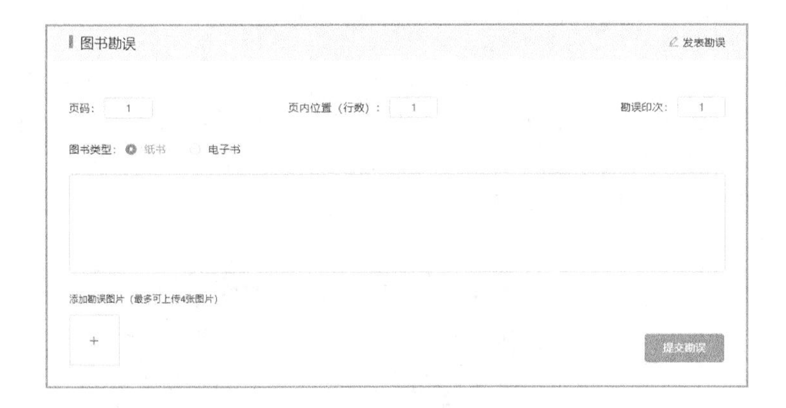

与我们联系

我们的联系邮箱是 contact@epubit.com.cn。

如果您对本书有任何疑问或建议，请您发邮件给我们，并请在邮件标题中注明本书书名，以便我们更高效地做出反馈。

如果您有兴趣出版图书、录制教学视频，或者参与图书翻译、技术审校等工作，可以发邮件给我们；有意出版图书的作者也可以到异步社区投稿（直接访问 www.epubit.com/contribute 即可）。

如果您所在的学校、培训机构或企业想批量购买本书或异步社区出版的其他图书，也可以发邮件给我们。

如果您在网上发现有针对异步社区出品图书的各种形式的盗版行为，包括对图书全部或部分内容的非授权传播，请您将怀疑有侵权行为的链接通过邮件发给我们。您的这一举动是对作者权益的保护，也是我们持续为您提供有价值的内容的动力之源。

关于异步社区和异步图书

“**异步社区**”是人民邮电出版社旗下 IT 专业图书社区，致力于出版精品 IT 图书和相关学习产品，为作译者提供优质出版服务。异步社区创办于 2015 年 8 月，提供大量精品 IT 图书和电子书，以及高品质技术文章和视频课程。更多详情请访问异步社区官网 https://www.epubit.com。

“**异步图书**”是由异步社区编辑团队策划出版的精品 IT 专业图书的品牌，依托于人民邮电出版社的计算机图书出版积累和专业编辑团队，相关图书在封面上印有异步图书的 LOGO。异步图书的出版领域包括软件开发、大数据、人工智能、测试、前端、网络技术等。

异步社区

微信服务号

目录

第 1 部分
关于机器如何学习的介绍

在这一部分，你将：

了解 AI 是如何运作的，并清楚它能为你做些什么

思考大数据这个词的含义

理解统计在机器学习中的角色

定义机器学习将来在社会中如何发展

本章内容

- 超越人工智能（AI）的炒作
- 定义 AI 的梦想
- 区别现实世界和幻想
- 比较 AI 和机器学习
- 理解 AI 和机器学习中的工程部分
- 介绍工程和艺术之间的界限

第1章
有关AI的真实故事

人工智能（AI）是当今的一个热门话题，由于 Siri 等技术的成功，这个话题还在持续地发酵。与智能手机谈话不仅非常有趣，而且还能帮助你找到镇上最好的寿司店或搞清楚如何前往音乐厅。当你与智能手机谈话时，它会仔细地了解你说话的方式，并在理解请求的过程中减少错误。智能手机这种学习和解释特定说话方式的能力就是 AI 的一个例子。而对于实现这些所需的技术而言，其中比较重要的就是机器学习。如今，你可能无时无刻不在使用机器学习和 AI，却没有仔细地对其进行过思考。例如，对设备说话并让它们执行你所期望的事情，就是机器学习实践的一个例子。同样，像亚马逊等电商提供的那些推荐系统，可以根据你之前购买过的商品或当前所选择的商品，来协助你进行购买。随着时间的推移，AI 和机器学习的使用只会不断增加。

在本章中，你将深入 AI 并从不同的角度了解其意义，例如，从消费者、科学家或工程师的角度出发，了解它如何影响你的生活。你也会发现 AI 并不等同于机器学习，虽然媒体经常将两者混为一谈。尽管机器学习与 AI 是相关的，但它们是不同的。

1.1 超越炒作

任何技术随着其变得越来越强大，相关的炒作也会甚嚣尘上，AI 也是如此。一方面，有些人开始渲染恐怖气氛，而不是宣传科学。电影《终结者》里所描述的机器人杀手其实没什么大不了的。你第一次亲身体验机器人 AI 的形式，更有可能是享受一名保健助理的服务（见“Why Robots Are the Future of Elder Care”一文）或者是和它共事（见“Meet the Virtual Woman Who May Take Your Job”一文）。现实是，你已经以一种非常平凡的方式在和 AI 及机器学习进行交互了。阅读本章的部分原因是你需要看清炒作的背后，AI 到底可以做些什么。

你也可能看到有人将机器学习和 AI 同等对待。AI 包括机器学习，但机器学习并不能完全定义 AI。本章将帮助你理解机器学习和 AI 之间的关系，以便你能更好地了解本书，理解它是如何帮助你了解之前仅在科幻小说中才会出现的技术。

机器学习和 AI 都具有很强的工程元素。也就是说，你可以根据理论（经过实证和测试的解释）精确地量化这两种技术，而不是仅仅依赖简单的假设（对某种现象的建议性解释）来量化。此外，两者都拥有强大的科学成分，人们科学地测试概念，并创造出如何表达思维过程的新思路。最后，机器学习也有艺术成分，这让才华横溢的科学家有了用武之地。在某些情况下，AI 和机器学习似乎都不符合逻辑，而只有真正的艺术家才能让它们按照我们的预期进行工作。

是的，全自主武器是存在的

曾经有人向我们表述了有关全自主武器的最新科研，是的，确实有些人正在研究这种技术。你会在本书中发现一些有关 AI 道德伦理的讨论，但在大多数情况下，本书着重于积极有益的 AI 应用，它们将帮助人类，而不是杀死人类，因为大多数的 AI 研究都致力于此。你可以在网上找到关于 AI 利弊的文章。但是，请记住，这些人是在猜测——他们实际上并不知道 AI 的未来。

然而，需要记住的重点是，对空间武器、化学武器和某些激光武器的禁令也都是存在的。各国也意识到这些武器并不能解决问题。各国也可能会禁止完全自主的武器，因为民众不会支持杀手机器人。本书的重点在于帮助读者以正面的视角来解读机器学习。

1.2 梦到电子羊

人形机器人（一种外观和行为看起来像人类的特殊机器人，例如《星际迷航》中的Data，以及一种具有人类特征但容易与人类区分的机器人，例如《星球大战》中的C-3PO）已成为AI的海报代言人。它们通过拟人化的形式向我们展示了计算机系统。事实上，有一天你完全有可能无法轻松地区分人类和人造人。科幻小说的作者，如菲利普•迪克（Philip K.Dick），很早之前就预言了这点，现在看来也很有可能成为现实。“仿人机器人是否会梦见电子羊”[①]的故事讨论了整个概念，而这个概念也越来越真实。这个想法出现在电影《银翼杀手》的剧情中。以下内容可以帮助你了解目前的科学技术与科幻小说及电影所提出的理念到底有多接近。

当前的艺术品可谓栩栩如生，但你可以轻松地辨别自己是否正在和一位仿人机器人进行通话。你观看在线视频，就能了解与人类无法区分的机器人至今尚不存在。仿人机器人中一个更逼真的例子是Amelia。她的故事被ComputerWorld报道。关键是，这些技术才刚刚开始，也许最终人们能够创造逼真的机器人和仿人机器人，但是如今它们还不存在。

1.2.1 了解AI和机器学习的历史

某些人将最终的AI看作仿人机器人，除了拟人化之外，还有一个原因。自古希腊时代起，人类就开始讨论将意志置于机械体内的可能性。一个相关的神话就是一位名叫塔罗斯的机械人（详见Ancient Wisdom网站中的Greek Automata）。实际上古希腊人拥有很多复杂的机械设备，虽然只有一个保存至今，但很可能他们的梦想不仅仅是建立在幻想之上。几个世纪以来，人们已经讨论了能够思考的机械人。

AI建立在这个假设之上：思想机械化是可能的。在公元后的1000年间，希腊、

① 这是科幻小说家菲利普•迪克于1968年出版的小说。

印度和中国的哲学家都在思考如何实现思考机械化。早在17世纪，戈特弗里德•莱布尼茨（Gottfried Leibniz）、托马斯•霍布斯（Thomas Hobbes）和雷内•笛卡儿（René Descartes）就讨论了将所有思想转化为简单数学符号的可能性。当然，这个问题的复杂性让他们百思不得其解（尽管你在本书的第3部分将读到目前所取得的进展，但至今它仍然让我们困惑不已）。关键是AI的愿景已经存在了很长时间，但AI的实现最近才刚刚开始。

如今我们所知道的AI实际上诞生于1950年阿兰•图灵（Alan Turing）发表的文章“Computing Machinery and Intelligence”。在这篇文章中，图灵探索了如何确定机器是否能够思考的想法。当然，这篇文章引入了3个角色的模拟游戏。角色A是一台计算机，角色B是一个真实的人。这两个角色都必须说服角色C（一个看不到角色A和角色B的真人），自己是人类。如果角色C无法准确地分辨谁是人、谁是机器，那么就判定计算机获胜。

AI领域一直存在过于乐观的问题。科学家试图用AI解决的问题是非常复杂的。然而，二十世纪五六十年代的乐观主义使科学家相信，世界将在短短20年内生产出智能机器。无论如何，机器确实正在做各种令人惊讶的事情，比如参与复杂的游戏。目前AI在物流、数据挖掘和医疗诊断等领域取得了巨大的成功。

1.2.2 机器学习能为AI做什么

机器学习依赖算法分析庞大的数据集。目前，机器学习还不能提供电影所描述的那种AI。即使是最好的算法也不能思考、感觉、呈现出任何形式的自我意识，或者运用自由意志。机器学习所能做的是以远远超过人类的任何速度执行预测分析。因此，机器学习可以帮助人们更有效地工作。所以，AI的现状是它只作为执行分析的方法之一，而人类仍然需要考虑到这一方法的影响——做出必要的道德和伦理上的决定。1.4节将深入研究机器学习对整个AI的贡献。这个问题的本质在于机器学习只是AI的学习部分，而且它尚无能力创造你在电影中所看到的那种AI。

学习和智力让人困惑的地方主要在于：人们认为只要机器将工作干得更好（学习），那么它也就具有了意识（智力）。这种机器学习的观点还没有得到任何证据的支持。当人们认为计算机在故意给他们制造麻烦时，会产生同样的现象。计算机没有情绪，因此只能利用包含在应用程序中的指令，对所提供的输入进行处理。当计算机能够正确地模拟这些大自然中巧妙的事物时，才会拥有真正的AI。

» **遗传学**：从这一代到下一代的缓慢学习。

» **教学**：根据有组织的资源所进行的快速学习。

» **探索**：通过媒体与他人的互动所进行的自发学习。

1.2.3 机器学习的目标

目前，AI 是基于机器学习的，从本质上来说，机器学习和统计学是有区别的。确实，机器学习以统计学为基础，但是由于目标不一样，所以它与统计学有一些不同的假设。表 1-1 列出了比较机器学习和统计学的时候，需要考虑的一些特征。

表1-1 比较机器学习和统计学

技术	机器学习	统计学
数据处理	处理网络和图形类的大数据；来自传感器的原始数据或者被切分为训练数据和测试数据的网络文本	模型用于在小样本上创建预测能力
数据输入	数据经过采样、随机化、转换，以将采样（或全新）样本预测的准确率最大化	参数解释现实世界的现象，并提供了量级参考
结果	比较哪种是最佳猜测或决策的时候，考虑到概率的问题	输出捕获参数的变异性和不确定性
假设	科学家根据数据来学习	科学家假设某种特定的输出，并试图证明它
分布	在依照数据进行学习之前，分布是未知的或被忽略的	科学家假设一个定义好的数据分布
拟合	科学家创造一个最好的拟合，但是模型是可泛化的	结果拟合目前的数据分布

1.2.4 硬件决定了机器学习的极限

庞大的数据集需要大量的内存。遗憾的是，需求还不仅仅是这些。当你拥有海量的数据和内存时，你还必须拥有多个内核和高速的处理器。如何更有效地利用现有的硬件，是科学家正在努力解决的问题之一。在某些情况下，等待数天才能获得机器学习的结果是无法接受的。即使结果并不是那么正确，科学家仍然想快速地知晓答案。请记住这一点：投资更好的硬件意味着投资更好的科学。本书涵盖了以下一些问题，来提升你的机器学习体验。

- **获得有用的结果**：在阅读本书之时，你会发现需要先获得初步有效的结果，然后再进行优化。另外，有的时候如果算法调整得太过头，结果将变得相当不可靠（离开特定的数据集可能就没有用了）。
- **提出正确的问题**：在通过机器学习获得答案的过程中，许多人感到沮丧，其原因是他们只顾闷头调算法，而没有尝试提出新的问题。为了有效地利用硬件，有时你需要往回退一步，重新审视自己提出的问题。问题本身可能是错误的，这意味着即使是最好的硬件也无法帮助你解决问题。
- **过多地依赖直觉**：所有的机器学习问题都是从某个假设开始的。科学家利用直觉创造一个起点，继而发现问题的答案。在机器学习的体验中，失败比成功更常见。直觉增加了机器学习体验中的艺术成分，但有时直觉是错误的，你必须重新考虑自己的假设。

TECHNICAL STUFF

当你开始意识到环境对机器学习的重要性时，你也就开始理解为什么需要合适的硬件、适当的权衡来获得所需的结果。实际上，目前最新的系统依赖于图形处理单元（GPU）来执行机器学习任务。GPU 的使用大大地加快了机器学习的过程。关于 GPU 的详细探讨超出了本书的内容范围，但你可以在 NVIDIA 开发者（NVIDIA Developer）的博客中阅读有关该主题的更多信息。

1.3 克服AI幻想

与许多其他技术一样，AI 和机器学习都有非常梦幻以及时髦的用法。例如，有些人使用机器学习用照片创建毕加索风格的艺术品。当然，这种用法带来很多问题。除了赶时髦（因为以前没有人这么弄过），真的有人想要以这种方式来创建毕加索作品吗？艺术的价值并不在于对特定的现实世界表现做出一个有趣的解释，而在于理解艺术家是如何诠释现实世界的。计算机在现阶段只能复制已有的风格，而不是创造它自己的全新风格。下面将讨论 AI 和机器学习的各种奇幻应用。

1.3.1 AI和机器学习的时髦用途

AI 正在进入一个只在科幻小说中存在的创新时代。我们很难确定某种 AI 的应用是真实有效的，还是某位固执的科学家的梦想。例如，《无敌金刚》（*The Six Million Dollar Man*）这部电视剧，在当时看上去是那么科幻。当初播放的时候，实际上没有人想到后来现实世界中确实出现了仿生学。然而，休·赫尔（Hugh Herr）有他自己的想法——现在仿生腿已经成为可能。当然，它们现在还没有普及，该技术现在才刚刚开始变得有用。还有部类似的电视剧是《造价 60 亿美元的人》（*The Six Billion Dollar Man*）。实际上，我们已经处于这样一个阶段：AI 和机器学习都为我们提供了创造惊人技术的机会。但是对于所听到的内容，你仍要保持谨慎和怀疑的态度。

为了使未来 AI 和机器学习的使用与科幻小说多年来所呈现的概念相吻合，现实中的程序员、数据科学家和其他参与者需要创建工具。第 8 章探讨了在使用 AI 和机器学习时可能使用的一些新工具，但这些工具仍然处于初级阶段。尽管有些事物看上去很魔幻，让你无法理解其背后到底发生了什么，但是并不存在魔法。为了使 AI 和机器学习的时髦用法成为现实世界的真实应用，开发人员、数据科学家等人需要在现实世界中持续构建相关的工具，尽管现在人们可能难以想象这些工具将来有什么用处。

1.3.2 AI和机器学习的真正用途

如今，你在许多应用中都会发现 AI 和机器学习的存在。唯一的问题是，相关技术运作得如此之好，你甚至都没有感觉到它的存在。事实上，你可能会惊讶地发现，家中的许多设备都已经利用了这两种技术。毫无疑问，这两种技术会出现在你的车中甚至是工作场所中。事实上，AI 和机器学习的用途数量在百万数量级——即使本质上已经很夸张了，但是仍然容易被人们所忽视。下面只列出了 7 种 AI 的应用。

- **欺诈检测**：你的信用卡公司询问你是否进行了某次购买。信用卡公司可不是无事生非，它只是提醒你其他人可能盗用了你的卡。嵌入信用卡公司代码中的 AI 技术检测到了一个异常的支付模式，并发出警告。
- **资源调度**：许多组织需要有效地安排资源的使用。例如，医院可能不得不根据患者的需要、资深专家的人手以及医生期望患者住院时间的长短，来最终确定将患者安排在何处。
- **复杂的分析**：进行复杂的分析时，人们常常需要帮助，因为有太多的因素需要考虑。例如，多个不同的问题可能导致同一组症状。医生或其他专家可能需要协助才能进行及时的诊断，并挽救患者的生命。

- **自动化系统**：任何形式的自动化都可以通过添加AI来处理意外的变化或事件。如今某些自动化系统的问题在于，意外的事件（如错误的对象）可能会导致自动化系统停止工作。将AI添加到自动化系统中让它们处理意外事件并继续运行，就好像什么事情都没有发生。
- **客户服务**：对于你今天所拨打的客户服务热线，可能没有真实的人在其后台提供服务。自动化的系统强大到可以遵循一定的脚本并使用各种资源来处理绝大多数的问题。听着抑扬顿挫的声音（由AI提供），你甚至都无法确认自己是否正在与计算机交谈。
- **安全系统**：如今各种机器上的许多安全系统在危急时刻都让AI来接管车辆。例如，许多自动刹车系统依靠AI来根据车辆所提供的全部输入信息（例如滑行方向）刹住汽车。
- **机器效率**：AI可以帮助人们操控机器，以获得最大的效率。AI控制资源的使用，使系统不会滥用资源或达到其他非期望的目标。单位功率都按照需要精确地使用，以提供所需的服务。

这个列表还只是冰山一角。你还会发现许多其他使用AI的方式。在公认的AI领域之外来审视机器学习的用法也是很有价值的。以下是一些可能与AI无关的机器学习应用。

- **访问控制**：在许多情况下，访问控制是一个是与否的命题。员工智能卡对资源访问授权的方式与几个世纪以来人们使用钥匙的方式相同。某些“锁”具有设置访问时间和日期的能力，但这种粗粒度的控制实际上不能满足每一个需要。通过使用机器学习，你可以根据员工的角色和需要，确定其是否应该得到获取资源的权利。例如，当员工的角色体现为培训时，该员工就可以进入培训室。
- **动物保护**：海洋似乎足够宽广，让海洋动物和船只可以和谐共处。遗憾的是，每年仍有许多动物遭受船只的撞击。机器学习算法可以让船只通过学习动物和船只的声音以及特征来避让海洋动物。
- **预测等待时间**：在不清楚要等待多久的情况下，大多数人不喜欢等待。机器学习允许应用程序根据人手状况、人员的工作量、待解决问题的复杂性、资源的可用性等来确定等待时间。

1.3.3 讲究实用性，讲究普通性

即使影视作品让人感觉 AI 会给我们的生活带来巨大的变革，而且有时在现实生活中你也会看到一些令人难以置信的 AI 应用，但事实上，AI 的大多数用途是很普通的，甚至有些乏味。本书的第 5 部分为你提供了这类应用的真实案例的分析。与其他类型的 AI 活动相比，这种分析是平淡无奇的，但 Verizon 公司可以通过基于 R 的分析来节省成本，效果也更理想。

此外，Python 开发人员（有关 Python 语言的详细信息，请参见第 6 章和第 7 章）可以使用大量的库，让机器学习变得更容易上手。事实上，Kaggle 提供了竞赛的平台，让 Python 开发人员和 R 的使用者磨炼他们的机器学习技能，并创建实用的应用程序。这些竞赛的结果在日后往往会成为人们实际使用的产品中的一部分。尽管 R 仍然依赖于统计学界对学术研究方面的大力支持，但 Python 开发社区一直致力于创建新的库，以便人们更轻松地开发复杂的数据科学和机器学习应用。

1.4 AI和机器学习之间的关系

一个系统想要成为 AI 系统，机器学习只是其中的一部分。机器学习使得 AI 能够执行以下任务：

- 适应原有开发人员未设想的新情况；
- 检测各种数据源中的模式；
- 根据识别的模式创建新的行为；
- 根据这些行为的成败反馈做出决策。

使用算法来操作数据是机器学习的核心。为了证明其有效，机器学习必须使用适当的算法来获得所期望的结果。此外，数据必须通过预期的算法或科学家精心的准备进行分析。

AI 涵盖许多其他学科以成功地模拟思维过程。除了机器学习，AI 通常包括以下内容。

- **自然语言处理：**允许语言输入并将其转换为计算机可以使用的形式的行为。

- **自然语言理解**：解读语言并根据其含义采取行动。
- **知识表示**：存储信息的能力，让人们可以快速地访问这些信息。
- **规划（以目标寻求的形式）**：使用存储的信息来实时做出结论的能力（几乎在发生的那一瞬间或稍有一点延迟，有时候这个延迟非常短以至于人类无法察觉，但是计算机是知道的）。
- **机器人**：以某种物理形式响应用户请求的能力。

事实上，你可能会惊奇地发现，创建 AI 所需的学科非常多。因此，本书只会让你了解 AI 的一小部分。然而，即使是机器学习部分也非常复杂，因为通过计算机接收的数据输入来理解世界是一项复杂的任务。想象一下你不假思索就做出的所有决定。例如，只是识别某些东西并弄清是否可以成功地与之交互，就可能成为一项复杂的任务。

1.5 AI和机器学习的规范

随着科学家持续利用技术并将假设转化为理论，技术变得更像是工程（实践理论）而非科学（创造理论）。随着管理技术的规则变得越来越清晰，专家们在一起以书面的形式制定了这些规则。其结果就是规范（每个人都同意的一组规则）。

最终，规范的实现成为标准，诸如 IEEE（电气和电子工程师协会）或 ISO/ IEC（国际标准化组织 / 国际电工委员会）这样的机构就会管理这些标准。AI 和机器学习已经出现了很长时间，但是目前我们没有发现任何技术的标准。

机器学习的基础是数学。算法决定了如何以特定的方式解释大数据。机器学习的数学基础将在本书的第 3 部分介绍。你会发现算法以特定方式处理输入的数据，并根据数据模式创建可预测的输出。数据本身是不可预测的。你需要 AI 和机器学习的原因是，你可以通过这样的方式解密数据，以便识别出其中的模式并加以理解。

你将在第 4 部分看到用于执行特定任务的算法形式的详细规范。当你阅读第 5 部分时，你将了解为什么每个人都同意使用特定的规则来规范算法的使用和任务执行。关键是要使用一种最适合你手头数据的算法，并实现你所设立的特定目标。专业人员使用最适合某项任务的语言来实现算法。而机器学习依赖于 Python 和 R，在某种程度上也依赖于 Matlab、Java、Julia 和 C ++。（有关详细信息，请参阅 Quora 网站中的相关讨论。）

1.6 定义艺术与工程之间的界限

AI 和机器学习两者都是科学而不是工程学，其原因是，两者都需要一定程度的艺术成分才能取得良好的效果。机器学习的艺术元素有许多形式。例如，你必须考虑如何使用数据。一些数据充当训练算法的基线，以获得特定的结果。其余的数据用于理解底层模式的输出。没有规则可以确定数据分割的平衡性，在这些数据上进行研究的科学家必须自己发现特定的平衡是否会产生最佳的输出。

数据清理也为结果带来一定的艺术性。科学家准备数据的方式也很重要。有些任务（例如删除重复的记录）会定期发生。然而，科学家也可以选择以其他的方式过滤数据，或仅仅查看数据的一部分。因此，某位科学家用于机器学习任务的干净数据集可能与另一位科学家所使用的干净数据集不完全一致。

你还可以通过某些方式调优算法。再次强调一下，其思想就是找到一种结果，它能真正地揭示所期望的模式，以便你能够理解数据。例如，当机器人查看图片时，它可能必须确定图片中哪些元素可以与之交互，而哪些元素不行。如果机器人必须避免某些要素来保持轨迹或实现特定的目标，那么这个问题的答案就很重要。

在机器学习环境中进行工作时，还需要考虑输入数据的问题。例如，某台智能手机中的传声器不会产生与另一台智能手机中的传声器完全相同的输入数据。虽然传声器的特性有所差别，但对用户所提供的声控命令的理解必须保持一致。同样，环境噪声会改变声控指令的输入质量，而且智能手机可能会遇到某种形式的电磁干扰。显然，在创建机器学习环境时，设计者所面临的变量数量庞大而且相当复杂。

工程学背后的艺术是机器学习的重要组成部分。科学家通过处理数据问题而获得的经验是至关重要的，因为它可以让科学家提供附加值，并让算法更好地运作。机器人是成功地穿过布满障碍物的道路，还是撞上障碍物，其差别就在于是否有一个充分调优的算法。

本章内容

- 理解大数据的本质
- 确定大数据的来源
- 理解在机器学习中统计和大数据是如何协作的
- 定义在机器学习中算法的角色
- 确定在机器学习中算法和训练过程是如何运作的

第2章 大数据时代的学习

计算机通过使用应用程序来管理数据，应用程序使用各种算法来执行任务。算法的简单定义是在给定数据集上执行的一系列操作——实际上是一个过程。4 种基本的数据操作是创建、读取、更新和删除（CRUD，Create/Read/Update/Delete 的首字母缩写）。这组操作可能看起来并不复杂，但执行这些基本操作是使用计算机进行所有操作的基础。随着数据集不断变大，计算机可以通过应用程序中的算法执行更多的工作。使用被称为大数据的海量数据集，将使得计算机能够以非确定性的方式执行基于模式识别的任务。简而言之，要创建一个可以学习的计算机环境，你需要一个足够大的数据集，以便算法可以进行模式识别，并且该模式识别需要使用简单的子集对整个数据集进行预测（统计分析）。

如今，大数据存在于很多地方。一些很明显的来源是在线数据库，例如供应商所创建的用于跟踪消费者购买的数据库。但是，你也会发现许多非显而易见的数据源，而且这些不明显的来源往往为我们开展有趣的事情提供了最大的资源。合适的大数据源可以让你创建应用机器学习的场景，在该场景中机器能够以特定的方式学习并产生我们所期望的结果。

本书所考虑的机器学习方法之一——统计学，是使用数学描述问题的方法。通过将大数据与统计学相结合，你可以创建机器学习环境，在该环境中，机器将考虑任何给定事件的概率。但是，认为统计学是唯一的机器学习方法是不正确的。本章还会介绍当前机器学习的其他形式。

算法决定了机器如何解释大数据。执行机器学习的算法会影响学习的结果。本章将帮助你了解在机器学习中使用算法的 5 项主要技术。

在将算法应用于机器学习之前，你必须训练它。训练过程会改变算法看待大数据的方式。2.5 节可以帮助你了解训练的过程，实际上它使用数据子集来创建模式，而算法需要使用该模式，并从你所提供的示例中识别特定的例子。

2.1 定义大数据

大数据本质上不仅是一个大规模的数据库。是的，大数据意味着很多数据，但它也具有复杂性和深度性等特点。大数据源描述了足够详细的信息，你可以开始使用这些数据来解决通用编程不能解决的问题。例如，谷歌的自动驾驶汽车。自动驾驶汽车不仅要考虑汽车的硬件和空间位置，还要考虑人的决策、道路状况、环境条件和道路上其他车辆的影响。数据源包含许多变量——所有这些变量都以某种方式影响着车辆。传统编程也许能处理这些问题，但不够及时。你肯定不希望看到汽车撞墙之后，过了 5 分钟计算机才确定汽车会撞到墙上。这种处理必须是及时的，以便让汽车避开墙壁。

多大算大

大数据可以变得相当大。例如，假设你的谷歌自动驾驶汽车有几个高清摄像头和数百个传感器，以每秒 100 次的速度提供信息。那么输入的原始数据集可能将超过 100 Mbit/s。处理这么多数据是非常困难的。

现在的问题是确定如何控制大数据。目前的做法是尝试记录一切信息，这就产生了一个庞大的、细致的数据集。但是，这种数据集没有很好地格式化，所以它很难使用。随着本书的展开，你将发现有助于控制大数据规模和组织的技术，从而让数据在预测中变得有用。

大数据的获取也可能令人望而生畏。大量的数据集并不是唯一需要考虑的问题——同样重要的是如何存储和传输数据集，以便系统可以处理它。在大多数情况下，开发人员尝试将数据集存储在内存中以达到快速处理的目的。使用硬盘来存储数据成本太高，而且会花费太多的时间。

当考虑大数据时，也需要考虑私密性。大数据带来了隐私问题。然而，由于机器学习的工作方式，知道某个人的具体情况并不是特别有用。机器学习是关于确定模式的——以某种方式分析训练数据，使训练之后的算法可以执行开发人员想让它执行的任务。个人资料在这样的环境中没有价值。

最后，大数据是如此之大，没有工具的帮助，人类无法对这些数据进行合适的可视化。之所以将大数据定义为“大”，部分原因在于人类可以从中学到一些东西，但数据集的规模使得人工的模式识别变为了不可能（或者需要很长的时间才能完成）。机器学习有助于人们对大数据的理解和使用。

2.2 考虑大数据源

在将大数据用于机器学习应用之前，你需要一个大数据源。当然，大多数开发人员第一个想到的是公司所拥有的大型数据库，它们可能包含有趣的信息，但这只是其中的一个来源。事实是，对于某种特定的需求，公司数据库所包含的数据可能并不是特别有用。以下部分介绍了在何处可以获取更多的大数据。

2.2.1 构建一个新的数据源

为了给特定的需求创建可行的大数据源，你可能会发现实际上需要创建新的数据源。在许多情况下，开发人员围绕客户端–服务器架构的需求构建现有的数据源，而这些数据源可能无法在机器学习的场景中良好地运行，因为它们缺乏机器学习所需的深度（为节省硬盘空间而进行优化确实存在不利之处）。另外，随着你越来越熟练地使用机器学习，你会发现自己提出的问题是标准的公司数据库所无法回答的。考虑到这一点，以下部分将介绍一些有趣的大数据源。

1. 从公共来源获取数据

政府、大学、非营利组织和其他实体经常维护公开可用的数据库，你可以单独使用它们或将它们与其他数据库组合，为机器学习创建大数据。例如，你可以组合几个地理信息系统（GIS），以创建用于决策（例如在哪里开设新的商店或工厂）的大数据。机器学习算法可以考虑各种信息——从你必须支付的税金到地势的海拔（这使顾客更容易看到你的商店）。

使用公共数据的好处在于，这些数据通常是免费的（或者你名义上支付了费用），即使是用于商业的用途。此外，创建这些资源的许多组织将资源维护得近乎完美，因为他们需要使用这些数据来吸引资金，或者在内部使用数据。获取公共源数据时，你需要考虑一些问题，以确保实际上获得有价值的数据。以下是做出决策时应考虑的一些标准：

- 使用数据源的成本（如果有）；
- 数据源的格式化；
- 数据源的访问（这意味着使用适当的基础设施，例如使用 Twitter 数据时的互联网连接）；
- 使用数据源的权限（某些数据源是受版权保护的）；
- 清理数据以使其可用于机器学习的潜在问题。

2. 从私有来源获取数据

你可以从亚马逊和谷歌等私有组织获取数据，这两者都维护了包含各种有用信息的巨大数据库。在这种情况下，你应该为访问数据付费，特别是在商业环境中使用数据时。你可能无法将数据下载到自己的个人服务器上，这种限制可能会影响你在机器学习环境中使用数据的方式。例如，有些算法在处理小块数据时速度会慢一些。

使用私有数据源的最大优势在于你可以获得更好的一致性。数据可能比公共来源的数据更干净。此外，你通常可以访问具有更多数据类型的更大的数据库。当然，这一切都取决于你从哪里获得这些数据。

3. 从现有数据创建新数据

你现有的数据在机器学习场景中可能无法很好地工作，但这并不能阻止你使用旧数据作为起点来创建新的数据源。例如，你可能会发现自己拥有一个包含所有客户订单的客户数据库，但这些数据对于机器学习没有用处，因为它缺少将数据分组到特定类型所需的标签。新的任务之一是让人们标注数据，使其更适合机器学习——包括添加标签这样的特定信息。

机器学习将对你的业务产生重要的影响。有些文章描述了一些机器学习改变商业的方式。其观点是机器学习通常对 80% 的数据有效；而在 20% 的情况下，你仍然需要自己来决策如何对数据做出反应，然后采取行动。关键在于，机器学习通过接管人类起初并不想做的重复性劳动（使人们工作变得低效）来节省资金。然而，机器学习并不能完全摆脱对人类的依赖，而且人类也会有新工作的需求，这些新工作比机器学习所接管的重复性工作更有趣一些。同样重要的是，你一开始反而需要更多的人，直到他们做出的改变能够训练算法，让算法可以理解数据发生了何种变化。

2.2.2 使用现有的数据源

现实中的数据无处不在。问题在于如何识别可用的数据。例如，你可以在装配线上安装传感器，跟踪产品在装配过程中的移动情况，并确保装配线保持高效。这些相同的传感器可以将信息输入机器学习场景，因为它们可以提供关于产品移动如何影响客户满意度或你所支付的成本的输入数据。其想法是发现如何将现有数据和新型数据混搭，让你的系统可以运行得更好。

REMEMBER

大数据可能来自任何地方，甚至是你的电子邮件。有篇文章讨论了谷歌如何使用你的电子邮件来创建针对新邮件的可能答复。你可以在页面底部选择预置回复，而不是必须单独回复每封邮件。没有原始的电子邮件数据源，这种自动化是不可能的。寻找特定的大数据会让你忽视一些大多数人并不会将其视为数据源的数据。未来的应用程序可以依赖一些替代的数据源，但是要创建这些应用程序，你必须先看到隐藏的数据。

一些应用程序已经存在，但你完全没有意识到它们。有些视频突显了这些应用程序的存在。当你看完这些视频时，你会明白许多机器学习的应用已然出现，而且用户已经习以为常（或者不知道应用程序的存在）。

2.2.3 寻找用于测试的数据源

随着本书的展开，你会发现需要教授算法（现在不用担心是哪些算法，本书稍后会介绍）如何识别各种数据，然后才能做一些有趣的事情。训练的过程要确保算法在训练结束后，对其接收到的数据做出正确的反应。当然，你还需要测试算法来判断训练是否成功。在许多情况下，本书会告诉你将数据源划分为训练数据集和测试数据集的方法，以达到预期的效果。然后，在训练和测试之后，该算法就可以实时地处理新数据，以执行你确认它可以执行的任务。

在某些情况下，一开始你可能没有足够的数据进行训练（必要的初始测试）和测试。当发生这种情况时，你可能需要创建一个测试设置来生成更多的数据：

你可以依靠实时生成的数据或者人为地创建测试数据源。你还可以使用现有来源的类似数据，例如公共或私有数据库的数据。要点是，你需要同时训练和测试数据，如此一来在将算法投放到现实世界并使用不确定的数据之前，你会预先知道效果如何。

2.3 确立统计学在机器学习中的角色

有些网站会让你相信统计学和机器学习是两种完全不同的技术。例如，当你阅读“Statistics vs. Machine Learning, Fight!”一文的时候，你会发现作者认为这两种技术不仅是不同的，而且是敌对的。事实是，统计学和机器学习有很多共同点，统计学源自使机器学习可行的五大流派之一（学术思潮）。这五大流派如下。

- **象征主义者：**这个流派的起源是逻辑和哲学。这组人主要通过逆演绎来解决问题。
- **连接主义者：**这个流派的起源是神经学。这组人主要通过反向传播来解决问题。
- **进化主义者：**这个流派的起源是进化生物学。这组人主要通过遗传编程来解决问题。
- **贝叶斯主义者：**这个流派的起源是统计学。这组人主要通过概率推理来解决问题。
- **类比主义者：**这个流派的起源是心理学。这组人主要通过内核机器来解决问题。

机器学习的最终目标是结合五大流派所支持的技术和策略，创建一个可以学习任何东西的单一算法（终极算法）。当然，实现这一目标还有很长的路要走。即便如此，像佩德罗·多明戈斯（Pedro Domingos）这样的科学家正在努力实现这一目标。

在很大程度上，本书遵循贝叶斯流派的策略，你可以使用某种形式的统计分析来解决大多数问题。你也会看到有关其他流派策略的描述，但是从统计学开始的主要原因是该技术已经建立了很好的体系并为大家所理解。事实上，统计学的许多元素更符合工程学（理论实现），而不是科学（理论创造）。本章的后续部分通过展示每个流派使用的算法种类，让读者深入地了解这五大流派。了解算法在机器学习中的作用对于定义机器学习的工作至关重要。

2.4 理解算法的角色

机器学习的一切都围绕着算法。算法是用于解决问题的过程或公式。问题的领域影响了所需的算法种类，但基本前提总是相同的——解决某些问题，比如开车和玩多米诺骨牌。例如开车，它涉及的问题很多，也很复杂，不过最终的问题是将乘客从一个地方送到另一个地方，而且不会撞车。同样，玩多米诺骨牌的目标是赢牌。以下部分将更详细地讨论算法。

2.4.1 定义算法要做什么

算法是一种容器。它就像一个箱子，存储了解决特定问题的方法。算法通过一系列定义好的状态来处理数据。这些状态不必是确定的，但仍然会被定义好。目标是创建一个解决问题的输出。在某些情况下，算法接收到有助于确定输出的输入，但焦点始终是输出结果。

算法必须使用计算机可以理解的、定义好的、形式化的语言来表达状态之间的转换。在处理数据并解决问题时，算法将定义、优化并执行一个函数。该函数总是针对某个算法所要解决的问题。

2.4.2 考虑五大主流技术

如 2.3 节所述，每个流派都有不同的技术和策略来解决算法所对应的问题。结合这些算法最终应该会形成能够解决任何给定问题的终极算法。以下部分概述了这五大主流的算法技术。

1. 符号推理

逆演绎通常表现为归纳。对于符号推理，“演绎”扩大了人类知识的领域，而“归纳”提升了人类知识的水平。“归纳”通常打开新的探索领域，而“演绎”让人们探索这些领域。然而，最重要的理念是，归纳是这种推理的科学部分，而演绎是工程部分。这两种策略携手共同解决问题，首先为解决问题开辟了一个潜在的探索领域，然后探索这个领域来确定它是否真能解决这个问题。

来看这种策略的一个例子。演绎会告诉我们，如果一棵树是绿色的而且绿色的树是有生命的，那么树一定是有生命的。而归纳的时候，你会说树是绿色的，而且树也是有生命的，因此，绿色的树是有生命的。对于已知的输入和输出之间究竟缺失了哪些知识，归纳为我们提供了答案。

2. 通过大脑神经元对连接进行建模

连接主义者也许是五大流派中最著名的一个。这个流派试图使用硅晶片而不是神经元来重现大脑的功能。从根本上讲，每一个神经元（被创建为算法，对现实世界中的相应部分进行建模）都能解决问题的一小部分，而并行使用许多神经元可以解决整个问题。

通过反向传播，人们试图通过改变权重（某个输入对结果的影响有多少）和网络的偏差（选择哪些特征），来确定何种条件下可以将错误从建立与人类神经元类似网络的过程中去除。目标是持续改变权重和偏差，直到实际输出与目标输出匹配为止。在这一点上，人造神经元将其计算结果传递给下一个神经元。单个神经元创建的解决方案只是整体解决方案的一部分。每个神经元将信息传递给下一个神经元，直到全体神经元产生一个最终的输出。

3. 测试变化的进化算法

进化论依赖进化的原理来解决问题。换句话说，这个策略基于适者生存（删除任何不符合所需输出的解决方案）。适应函数决定了每个函数解决问题的能力。

进化算法的解决方案使用树形结构，在函数输出的基础之上寻找最佳解决方案。每层进化的获胜者都可以构建下一层的功能。核心想法是，下一层将更接近问题的解决，但是可能不会完全解决该问题，这意味着还需要新的层级。这个特殊的流派在很大程度上依赖递归和强力支持递归的语言来解决问题。这种策略的输出非常有趣，就是算法可以演化：当代算法构建了下一代算法。

4. 贝叶斯推理

贝叶斯理论使用各种统计方法来解决问题。鉴于统计学方法可以创建多个明显正确的解决方案，函数的选择将成为一个重要的因素，它会决定哪个函数具有最大的成功可能性。例如，使用这些技术时，你可以接收一组症状数据作为输入，并确定可能导致这些症状的某种疾病的概率。考虑到多种疾病具有相同的症状，概率就很重要，因为用户会发现某些较低概率的输出实际上才是特定情况下的正确结果。

最终，这个流派所支持的想法是：在没有看到用于建立假设的证据（别人用来作假设的输入）之前，永远不要过于信赖任何假设（别人给你的结果），要分析那些用于证明或反驳某个假设的证据。因此，在你测试所有症状之前，无法确定某人患有哪种疾病。这个流派最知名的成果之一是垃圾邮件过滤器。

5. 通过类比进行学习的系统

类比学习器使用内核机器来识别数据中的模式。通过识别一组输入的模式，并将其与已知的输出模式进行比较，你就可以创建一个问题的解决方案。其目标是使用相似性来确定问题的最佳解决方案。这种推理会确定在之前某种给定的情况下所使用的特定解决方案。因此，使用该解决方案在类似的情况下也应该起作用。这个流派最知名的成果之一是推荐系统。例如，当你登录电商亚马逊并购买产品时，推荐系统会推荐你可能还想购买的其他相关产品。

2.5 定义训练的含义

许多人习惯于应用程序从一个函数开始，函数接收数据作为输入，然后提供一个结果。例如，程序员可能会创建一个名为 Add() 的函数，该函数接收两个值作为输入，例如 1 和 2。那么 Add() 的结果就是 3。该过程的输出是一个值。在过去，编写程序意味着理解用于操作数据的函数，对于特定的输入创建既定的结果。

机器学习扭转了这个过程。在上述例子中，你知道输入（例如 1 和 2），还知道所需的结果为 3。但是，你并不知道应该使用什么函数来创建所需的结果。训练的过程向某个学习算法提供了各种样本，包括所有输入和来自这些输入的结果。然后，学习算法将使用这些输入来创建一个函数。换句话说，通过训练的过程，学习算法将函数和数据对应起来。输出通常是某一类别或数值的概率。

学习算法可以学习许多不同的东西，但对于特定的任务，并不是每个算法都适用。某些算法的通用性较强，它们可以下棋、识别 Facebook 上的人脸以及诊断患者的癌症。每次算法都会将数据输入和这些输入所对应的预期结果推导为一个函数，但该函数由你希望算法所执行的任务类型决定。

机器学习的秘诀是泛化。其目标是泛化输出函数，使其可以适用于训练集之外的数据。例如，考虑一个垃圾邮件过滤器。你的字典包含了 10 万个单词（实际上规模已经很小了）。通过一个只有4000个或5000个单词组合的有限训练数据集，你必须创建一个泛化函数，而该函数在处理实际数据时，能够从2^{100000}个组合中发现垃圾邮件。

从这个角度来看，训练似乎是不可能的，学习就更别提了。为了能够创建泛化函数，学习算法只需依赖3个部分，如下所示。

- **表示**：学习算法会创建一个模型，而该模型是将特定的输入转化为给定结果的函数。表示就是学习算法可以学习的一组模型。换句话说，学习算法必须创建一个将输入数据转化为所需结果的模型。如果学习算法不能执行此任务，那么它就无法从数据中学习，而且数据也处于学习算法假设空间之外。“表示”的一部分是发现哪些特征（数据源中的数据元素）可以用于学习过程。
- **评估**：学习器可以创建多个模型。然而，它并不知道好的模型和坏的模型之间的差异。评估函数用于确定哪些模型在根据一组输入创建所需结果时效果最好。因为多个模型都可以提供所需的结果，所以评估函数就需要给模型的好坏打分。
- **优化**：在某些时候，训练过程会产生一组模型，而这些模型通常都可以根据给定的一组输入给出合适的结果。此时，训练过程会搜索这些模型，以确定哪一个最有效。而最好的模型就是训练过程的最终结果。

本书的大部分内容都集中在“表示”这个模块。例如，在第14章中，你将了解如何使用*K*最近邻（*K*NN）算法。然而，训练过程比选择一个“表示”更为复杂。在训练过程中，3个模块都会发挥作用。幸运的是，你可以重点学习“表示”这个模块，然后让本书中讨论的各种工具库为你完成其余的工作。

本章内容

- 发掘机器学习如何帮助我们创建有价值的未来科技
- 通过机器学习的帮助，开发新型的工作
- 思考机器学习可能会导致哪些问题

第3章 对未来的设想

机器学习技术出现在许多产品中，但是还没有达到完全的可用性。与科学家针对未来的计划相比，如今用于机器学习的算法仍然比较基础。此外，如今用于机器学习的数据，其规模要小于未来会使用的数据。总之，机器学习还处于起步阶段。不过，它已经很好地执行了相当多的任务。本章会介绍将来可能发生的情况。它有助于你了解机器学习的发展方向，以及这些方向如何帮助机器学习融入我们日常生活的方方面面。

机器学习等新技术带来的问题之一是，人们担心机器学习将使人类失去工作。恰恰相反，机器学习将开辟新的职业，我们会发现更多令人兴奋的事情，而不是在工厂流水线上机械地劳动或在餐厅里制作汉堡。其目标之一就是为人们提供更多具有创造性的和有趣的工作。当然，这些新工作要求人们在顺利完成任务之前，进行更多、更新的培训。

每一种新技术都有陷阱。这是老生常谈，但确实是真理，毁灭比创造更容易。我们需要认真对待机器学习中的潜在陷阱。由于这项技术尚处于起步阶段，现在正是考虑可能的风险并在它们变为现实之前采取措施的时候。本章的最后一节不讨论已发生的问题；相反，它讨论可能会发生的问题，如果人们正当地使用技术，就一定可以避免这些问题。

3.1 为将来创造有用的技术

一项新技术要生存下来，必须证明自己是有价值的。事实上，它不仅要证明自己有用，还必须满足认知的需求，使其比现有技术拥有更多的追随者，并让他们告诉大家对该项技术提供持续投资的理由。例如，苹果公司的 Lisa 是一项有趣并有用的技术，它向商业用户展示了他们从未见过的图形用户界面及其价值。它解决了使计算机变得友好的需求。然而，它失败了，因为它没有建立群众基础。计算机没能超越炒作的效果。苹果公司制造的下一代操作系统 Macintosh 实现了一次更好的炒作，其实它使用了与 Lisa 相同的技术。不同的是，Macintosh 发展了相当数量的忠实追随者。

机器学习以其他技术难以复制的方式解决了相当多的问题。但是，要想成为每个人都希望投资的必备技术，机器学习必须打造忠实追随者中的骨干。机器学习已经有一些追随者了，你可能已经是其中之一，但技术必须进入主流计算领域，使其成为每个人都必须拥有的东西才更好。以下部分将讨论机器学习影响你个人生活的一些方式，以及这些应用在未来如何增长——这会让机器学习成为必备的技术。

3.1.1 考虑机器人领域中机器学习的角色

如今机器学习的一个目标是创造有用的家用机器人。现在，你的脑海里可能会出现动画片 *The Jetsons* 中机器人 Rosie 的影子。然而，现实世界的机器人需要解决实际和重要的问题来吸引人们的注意力。为了变得切实可行并吸引足够的投资，一项技术必须聚集一群追随者，为此，它必须提供互动和所有权。

一个成功的家用机器人的例子是 iRobot 生产的 Roomba。你今天就可以购买一个 Roomba，它的设计比较实用，所以引起了足够的重视，成为可行的技术。Roomba 展示了如今商业、家庭领域的自动化水平。是的，Roomba 是一款很神奇的吸尘器——它内建的智能基于简单但非常有效的算法。Roomba 可以成功地在室内进行导航，这比你想象的要复杂得多。它还可以在较脏的地方进行更长时间的清理。但是，当 Roomba 内的垃圾装满时，仍然需要你来将它清空。目前的机器人技术只能做到这些。

你可以在现实世界中找到人们用来执行特殊任务的其他机器人，不过不是在你的家中。“10 Amazing Real Life Robots”一文介绍了10个这样的机器人。在每种情况下，机器人都针对特定的目标而设计，并以有限的方式进行活动。其他网站也展示了另外一些机器人，不过其中任何一个都不是通用的。在机器人进入家庭成为多面手之前，机器学习需要解决大量的问题，算法也需要更为泛化和更为深入的思考。现在，你应该看到机器人将成为日常生活的一部分，但这不会立即成为现实（甚至在不久的将来也不会）。

3.1.2 在医疗领域使用机器学习

人们一直非常关注的一个问题是老年护理。人们的寿命更长，而养老院似乎并不是安度晚年的理想去处。机器人将使得人们能够留在自己家中，同时为他们提供安全保障。一些国家面临着医疗保健工作者的严重短缺，日本就算一个。因此，该国正在花费相当多的资源来解决机器人所产生的问题。

在家庭护理机器人领域，现在的新技术之一是远程呈现机器人。在这种情况下，机器人是人类医生的延伸，所以它并非日本希望在不久的将来所创造的机器人。像Roomba一样，这个机器人可以成功地在室内进行导航。它让医生可以看到并聆听病患。机器人部分解决了某大片区域患者过多以及医生人手不足的问题，但是要达到自主的解决方案，我们仍然有很漫长的路要走。

3.1.3 为各种需求创建智能的系统

许多你未来能见识到的机器学习解决方案都将成为人类的助手。它们可以很好地执行各种任务，但这些任务在本质上都是普通和重复的。例如，你可能需要找一个餐厅，来招待来自城外的客人。你可以花费自己的时间来寻找合适的餐厅，也可以让AI在更短的时间内以更高的准确性和效率为你完成这件事情。第1章以Siri的形式讨论了这类解决方案。另一个类似的解决方案是Nara。它是一个实验型的AI，在你不断使用它的时候，它会了解你特别喜欢哪些和不喜欢哪些。与Siri回答基本问题有所不同，Nara更进一步并为你做出推荐。我们在第21章会花更多的时间讨论这个特殊的需要。

3.1.4 在工业界使用机器学习

在讲究效率的工业界中，机器学习已经发挥了重要的作用。使用更少的资源更快、更准确地做事情有助于提升基础，并使组织变得更加灵活，从而产生更高的利润。更少的错误也可以减少在组织中开展工作的人们的挫败感。现在，你可以在如下的工作中看到机器学习的身影。

- 医学诊断。
- 数据挖掘。
- 生物信息学。
- 语音和手写识别。
- 产品分类。
- 惯性测量单元（IMU）（如运动捕捉技术）。
- 信息检索。

这个列表只是冰山一角。机器学习在当今的工业界中得到了很多应用，随着高级算法使得更高水平的学习成为可能，应用的数量还会不断增加。目前机器学习在许多领域执行任务，包括以下内容。

- **分析**：确定用户想要什么、为什么想要，以及获取这些时，用户所表现出来的模式（行为、关联、响应等）。
- **丰富**：将广告、小插件和其他功能添加到环境中，以便用户和组织可以获得额外的优势，例如提高生产力或增加销售额。
- **适应**：修改表示形式，使其能够反映用户的品位和选择。每个用户最终都拥有个性化的体验，这会减少他们的挫败感并提高生产力。
- **优化**：修改环境，使表示形式消耗更少的资源，而不会降低用户的体验。
- **控制**：根据输入和成功的最大可能性，将用户引导到特定的流程中。

有关机器学习在工业界中的作用，其理论观点是很棒的，但同样重要的是了解其中的某些在现实世界中是如何运用的。你可以看到机器学习相对普通但非常重要的使用方式。例如，机器学习在自动化员工访问、保护动物、预测急诊室等待时间、确定心力衰竭、预测中风和心脏病发作以及预测医院再入院等多个方面都发挥了作用。

3.1.5 理解更新的处理器和其他硬件的角色

2.3 节介绍了与机器学习有关的五大思想流派。每个思想流派都告诉你，目前的计算机硬件并不足以让机器学习完全准确地工作。例如，某个流派的支持者可能会告诉你需要更大量的系统内存和 GPU 来提供更快速的计算。另一个流派可能会赞成打造新型的处理器。那些模仿人类大脑的学习处理器，都是连接主义者的想法。关键是每个人都同意某种新型的硬件会使机器学习变得更容易，但是这种硬件的具体形式仍有待研究。

3.2 通过机器学习发现新的工作机会

你可以发现很多文章在讨论机器学习及其相关技术将导致人们失去工作。机器人已经执行了许多以前需要人类完成的任务，而随着时间的推移，这种情况会变得越来越普遍。本章前面的章节帮助你了解当今机器学习中的一些实际用途，以及未来可能的发展方向。而在阅读本部分时，你还必须考虑到这些新用途可能会让你或你的亲人失去工作。一些作者甚至说未来可能会有这种情况：学会的新技能也无法保证你找到工作。

事实上，确定机器学习如何影响工作环境是件非常困难的事情，就像人们很难预见这样一个事实：工业革命将促成大规模货物生产并造福普通消费者（详见网站 History 中的“Industrial Revolution”一文）。正如当年那些工人需要寻找新的工作一样，今天因机器学习而面临失去工作的人们需要找到新的工作。

3.2.1 为机器工作

将来，你完全有可能发现自己在为机器工作。事实上，你可能已经在为机器工作了，只是自己还没有察觉到。一些公司已经使用机器学习来分析业务流程并使其更有效率。例如日立公司目前在中层管理中使用这样的设置。在这种情况下，AI 根据它对工作流的分析来发布工作单——就像人类的中层管理者那样。区别在于，AI 实际上比被替代人类的效率高出了 8%。在另一个案例中，亚马逊公司为机器学习专家举办了一场比赛，以确定公司是否可以使用机器学习更好地自动处理员工授权的流程（在 Kaggle 官网搜索 Employee Access Challenge）；还有一个重点是弄清如何取代中层管理者，并减少一些烦琐的环节。

然而，人类的工作机会也显现出来了。AI 指导下的工作人员将执行 AI 告诉他们要完成的任务，但他们可以利用自己的经验和创造力来确定如何执行任务。AI 分析人类工作者所使用的流程，并对取得的成果进行了测算。任何成功的流程都可以添加到技术数据库中，而工作人员可以继续采用该数据库完成任务。换句话说，人类正在教授 AI 新的技术，从而使工作环境更加高效。

这是机器学习如何使人类免受工作压力的一个例子。当在人类中层管理者中推广新流程时，新的流程常常被埋没在不言而喻的潜规则和自我为中心的官僚体系中。AI 中层管理者的设计目标是毫无偏见地学习新技术，所以可以鼓励人们锻炼自己的创造力，这对每个人都有益。简而言之，缺乏自我意识的 AI 是许多工作者一直所期望的、平易近人的经理。

3.2.2 和机器一起工作

人们已经开始经常与机器一起工作——只是他们可能没有意识到。例如，当你与智能手机通话并且手机识别了你所说的话时，那么你正在和一台机器协同工作来实现所期望的目标。大多数人都意识到，随着时间的推移，智能手机所提供的语音交互质量在不断提升——你使用得越多，它对你声音的识别就越准确。随着学习算法得到更好的调优，它可以更有效地识别你的声音并获得期望的结果。这个趋势会持续下去。

然而，机器学习可能以各种意想不到的方式被使用。当你将相机对准被拍摄对象时，相机可以将脸部放入框内（以帮助定位图像），你看到的就是机器学习的结果。相机正在帮助你以更高的效率进行照片的拍摄。此外，相机在一定程度上自动地降低了震动和不良照明的影响。相机在协助人们拍摄的任务上已经变得相当厉害了。

声明性语言〔如 SQL（结构化查询语言）〕的使用，也将变得更加卓有成效，因为机器学习使得进步成为可能。在某些方面，声明性语言只是让你描述自己想要的，而不是实际掌握它。所以，SQL 仍然需要计算机科学家、数据科学家、数据库管理员或其他专业人士来使用。未来的语言将不会再有这样的限制。最终，受过特定训练的工作人员只需要简单地告诉机器人助理该做什么，机器人助理就会发现做的方法。人类会用创造力去发现做什么，细节（如何做）将成为机器的工作领域。

3.2.3 修复机器

本章大部分内容将讨论当前的技术、未来技术将如何发展，以及为什么这些技术会奏效。但是，请注意，讨论总是侧重于技术在做某事。没错，在技术可以做任何事情之前，它必须执行一个实际的任务，来吸引人们的注意力并造福人类，使得人们想要拥有自己的技术。技术具体是什么并不重要。技术最终总会得到突破。让技术做有用的事情是现在的焦点，任何技术最终都将在未来实现，所以像修复技术这样普通的任务仍然会落在人类的肩膀上。即使人类没有直接参与物理的修复，也会引导修复的操作。

一些文章可能会让你相信有修复能力的机器人已经出现了。例如，国际空间站的机器人 Dextre 和 Canadarm 对故障摄像机进行了维修。但是没有说明的是，人决定了如何执行任务，并指示机器人进行具体的工作。在现有的算法下，自主修复是不可能的。修复经常困扰人类专家，除非机器人能够复制这些专家的知识和技能，否则对它们而言，这种修复仍然是不可能的。

3.2.4 创建新的机器学习任务

机器学习算法不具有创造性，这意味着人类必须提供可以改进机器学习的创造力。即使是构建其他算法的算法，也只能提高算法结果的效率和精度——它们不能创造用于执行新型任务的算法。人们必须定义这些任务所需的输入，以及完成这些任务所需的流程。

你可能认为只有机器学习的专家才会创建新的机器学习任务。但是，在3.2.1 节中，有关日立公司中层管理人员的故事，应该让你理解了事情并非如此。是的，专家将从基础入手，帮助机器人定义如何完成任务，但任务的创建实际上来自最了解特定行业的人。日立公司的故事让我们看到，在将来从事各行各业的人都会对机器学习的场景做出贡献，相反，专属的教育可能无法帮助我们制定新的任务。

3.2.5 设计新的机器学习环境

目前，研发公司正在设计新的机器学习环境。一群训练有素的专家需要为新的环境创造参数。例如，美国航空航天局（NASA）需要机器人来探索火星。在这种情况下，NASA 依靠麻省理工学院（MIT）和美国东北大学的科研人员来完成这项任务（参见“NASA Needs Robotic Upgrades for Work on Mars”一文）。鉴于机器人需要自主执行任务，所以机器学习算法将变得相当复杂，包括解决不同层次的问题。

最终，若人们可以使用足够多的细节来描述一个问题，这样专门的程序就可以使用适当的语言来创建必要的算法。换句话说，普通人最终将根据自己期望尝试的想法，开始创建新的机器学习环境。与创建机器学习任务一样，创造未来环境的人员将是其专业领域的专家，而不是计算机科学家或数据科学家。解决机器学习的科学最终将变成一个能够让任何人尝试好主意的工程实践。

3.3 避免未来技术中潜在的陷阱

任何新技术都有潜在的陷阱。对技术的期望越高，陷阱带来的后果就越严重。不切实际的期望导致了机器学习的各种问题，因为人们认为他们在电影中所看到的就是将在现实世界中实现的。记住第 1 章中提出的基本概念非常重要——机器学习算法目前无法进行感知、独立思考或创造任何东西。和 AI 电影描述的内容有所不同，机器学习算法只能严格按照你的期望行事，而无法超越你的期望。当然，某些结果是令人惊喜的，但是将预期与实际技术所能做的事情保持一致是非常重要的。否则，你会错误地向他人承诺技术永远无法提供的东西，那些追随者也不再信任你，转而去寻找另一项重大的技术。

事实上，当今机器学习的应用相当狭窄。狭义的 AI，例如，AI 的商业应用——通过对庞大数据集的分析来获得深入的理解，这都依赖于非常成熟的技术，而公司对它们的使用也是最近才开始的。机器不能推理任何事物，这会导致机器的使用限制于开发人员或数据科学家所设计的任务。事实上，今天针对算法的一个恰当的比喻就是定制的衬衫。你需要专门的技能来开发一种为特定需求量身定制的算法，也许未来我们可能会看到能够处理几乎所有任务的算法。依靠狭义 AI 的公司需要在开发产品或服务方面多花心思。产品或服务的变化可能会将机器学习环境的数据置于学习算法的领域之外，从而使机器学习算法的输出变得杂乱无章（或者至少使其变得不可靠）。

AI 时代的走走停停

AI 经历了几次停滞和发展。在发展的早期，主要是从 1974 年到 1980 年，以及从 1987 年到 1993 年（再加上几次小的时代），AI 经历了所谓的 AI 冬天，当时由于对技术的实际应用感到失望，投资者从先前的 AI 和机器学习投资中撤回了资金。产生该问题的部分原因是新闻界的炒作。

例如，在 1966 年，投资者对机器翻译的失败表示失望。最初，每个人都希望机器翻译在几年内就能顺利实现。实际上，在 50 年之后，谷歌和微软才让机器翻译成为现实。DARPA 和私营公司在 20 世纪 70 年代和 80 年代减少了投资，因为当时的算法无法达到普通用户抱有的高期望。

感谢像杰弗里·希尔顿（Geoffrey Hinton）教授这样的杰出学者和专家，他们的重要学术出版物使得 AI 不断前进，AI 冬天的结束为 AI 技术的研究与开发创造了新的春天。但是，新的冬天可能就在眼前。虽然技术的炒作周期可能很长（因为它们提供了所需的资金），但我们的期望应该基于对新兴的、复杂的、革命性的技术（如 AI 和机器学习）的实际评估。

ON THE WEB

深度学习是将 AI 运用于实际的下一步，它让机器使用多个处理层来分析复杂结构，并对输入进行选择。但目前很少有公司使用它，因为深度学习需要大量的计算能力来执行实际任务。深度学习网站为你提供了深度学习的资源。该网站为你提供了有关深度学习的文章、教程、示例代码和其他信息。虽然你可能会认为如今每个人都在使用深度学习，但实际上这是属于未来的技术，仅有少数的公司选择拥抱这项如今并不完善的技术。

在组织中使用机器学习还要求你雇用具有合适技能的人才并创建一个团队。公司环境中的机器学习相对较新，这意味着基础的版本会被改善。公司面临各种挑战，例如让合适的团队共同努力、制定合理的目标，然后在实践中完成这些目标。为了吸引世界一流的团队，公司必须提出一个令人兴奋的问题，才能在与其他公司的竞争中吸引到人才。这不是一件容易的事情，你需要考虑将其作为创建机器学习环境的一部分。

第 2 部分
准备你的学习工具

在这一部分，你将：

创建 R 的环境

执行基本的 R 任务

创建 Python 的环境

执行基本的 Python 任务

使用其他机器学习的工具

本章内容

- 确定使用何种 R 的发行版
- 在 Windows 系统、Linux 系统和 Mac OS X 上安装 R
- 获取并安装本书的源码和数据集

第4章 安装R

本书通过两种语言来演示机器学习。当然，还有许多其他的语言可以使用，但是 R 和 Python 这两种语言为学习和使用机器学习示例提供了最好的资源和功能。此外，行业中使用最多的也是这两种语言。4.1 节将讨论为了满足特定的机器学习需求，你可能会考虑使用 R 的一些发行版。本章还有助于你了解本书为什么使用特定版本的 R。

此外，本章将介绍如何在系统上安装 R（假设你使用的是 Linux 系统、Mac OS X 或 Windows 系统）。

第 5 章给出了一些有关 R 如何运作的基本信息，让你可以更容易地理解示例。本书无法提供全面的 R 教程，因此第 5 章更多的是一个概述，旨在帮助你快速入门。

第 6 章和第 7 章帮助你安装并大致了解 Python。你需要 R 和 Python 两种语言来完成本书中的所有示例，因为不同任务所需的最佳语言有所差异。换句话说，通过本书中的示例，你不仅可以发现如何执行机器学习任务，还可以深入理解哪种语言对特定的任务最有效。

即使不采用本章所介绍的步骤来安装 R，你也需要遵循 4.5 节中所述的步骤。这些步骤可以帮助你安装本书所使用的示例源代码和数据集。如果不安装这些资源，你很难跟得上本书的步伐。使用可下载的源代码是一个好主意，因为它有助于你专注理解机器学习的工作原理，而不是浪费时间去编写无错误的代码。之后，你可以随时重新创建示例，以锻炼新学到的技能，但是在第一轮使用可下载的源代码（位于达人迷官网）将大大增强学习体验。

4.1 为机器学习选择R的版本

R是环境和语言的组合。它是一种S编程语言的形式，最初由约翰·钱伯斯（John Chambers）在贝尔实验室创建，其目的在于使统计的工作变得更容易。里克·贝克（Rick Becker）和艾伦·威尔克斯（Allan Wilks）也加入了S编程语言开发的行列。R语言的目标是将想法快速、轻松地变成软件。换句话说，R语言旨在帮助没有太多编程经验的人员创建代码，并避免巨大的学习曲线。本书使用R而不是S，其原因是R是免费下载的产品，并可以在不加修改的情况下运行大多数的R代码；相反，你必须为S支付费用。考虑到本书所使用的示例，R是一个很好的选择。

我们不想详细介绍用于机器学习的语言。由于不同的原因，R和Python都成为非常流行的语言。看上去，好像有些文章最初表达了R因某种原因而变得越来越流行的观点，例如“In Data Science, the R Language is Swallowing Python”一文。作者明智地规避了这个说法，指出R最适合用于统计学，而Python是一种更好的通用语言。最好的开发人员总是在他们的工具箱中安装各种编程工具，使任务的执行变得更容易。编程语言解决了开发人员的需求，因此你需要使用正确的编程语言来完成工作。毕竟，所有的编程语言最终都会成为处理器所能理解的机器编码，而这种编码现在很少有开发人员能理解，因为高级编程语言使得开发变得更容易。

你可以从Comprehensive R Archive Network（CRAN）网站上获取R的基本副本。该站点为各种平台提供了源代码版和编译版的R发行包。除非你想对基本的R进行更改，或者想深入了解R的工作原理，否则编译版通常会更好。如下一段所述，如果你要使用RStudio，也须下载并安装R的副本。

本书使用桌面版本的RStudio，这样用起来更方便。该产品是免费下载的，你可以获得Linux（Debian/Ubuntu、RedHat/CentOS和SUSE Linux）、macOS和Windows版。本书无须使用付费版中的高级功能，也不需要RStudio Server的功能。

如果你不喜欢RStudio，可以尝试其他版本的R。最常见的替代版本是StatET、

Red-R 和 Rattle。这些都是好产品，但是 RStudio 似乎拥有最多的追随者，是最容易使用的产品。你可以在诸如 Quora 社区之类的地方阅读有关各种版本选择的讨论。如果你使用其他发行版本，本书的屏幕截图将和你在屏幕上看到的不同，而且下载的源代码在加载过程中可能会出现错误（稍加修改后应该仍然可以使用）。

4.2 在Windows系统上安装R

Windows 系统没有自带 R。在安装 RStudio 之前，你必须在系统上安装 R 的副本。RStudio 附带了 Windows 的图形化安装应用程序，因此要完好地安装就意味着使用向导，就像任何其他安装一样。当然，你需要在开始之前准备好待安装的文件副本，可以在 4.1 节中找到所需的下载信息。以下步骤应该在任何 Windows 系统上都能够运行。

（1）在你的系统中找到所下载的 R 副本。

虽然文件的名称可能有所不同，但它通常显示为 R-3.2.3-win.exe。文件名包含了版本号。在这个示例中，文件名指向的版本是 3.2.3，也就是本书将使用的 R 版本。使用不同版本的 R 可能会导致下载的源代码产生问题。

（2）双击安装程序。

你将看到关于选择安装语言的对话框，如图 4-1 所示。

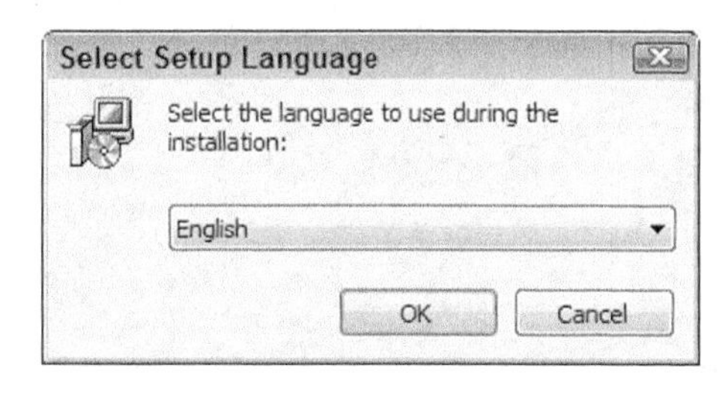

图4-1 为R程序界面选择安装语言。

（3）从列表中选择一种语言，然后单击 OK（确认）按钮。

你将看到安装对话框，此对话框的内容与你所安装的 R 版本相关。但是，如果安装的版本是 3.2.3，则如图 4-2 所示。

图4-2 确认安装了正确版本的R。

（4）单击 Next（下一步）按钮。

你会看到显示许可信息的对话框。

（5）阅读许可信息，然后单击 Next（下一步）按钮。

向导会询问安装 R 的路径，如图 4-3 所示。本书假设你使用了默认的安装位置。如果要使用其他位置，你可能需要修改本书后面的一些程序，使得它们可以在你的配置下工作。

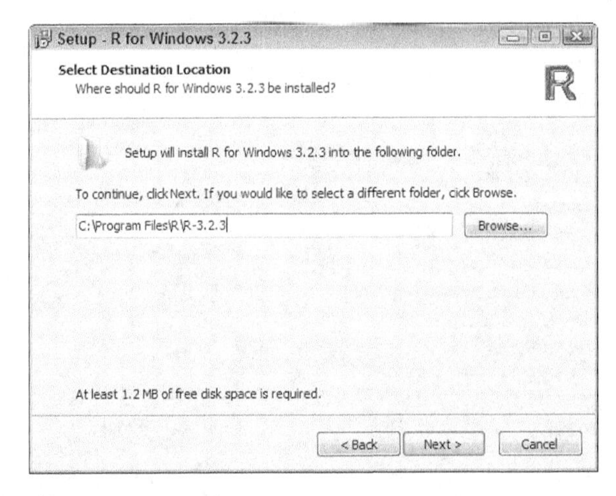

图4-3 为R选择安装路径。

（6）选择安装位置（如果需要）并单击 Next（下一步）按钮。

向导会询问需要安装哪些组件，如图 4-4 所示。考虑到这些组件并不会占用太多的磁盘空间，最好安装所有组件以确保你有一个完整的安装。

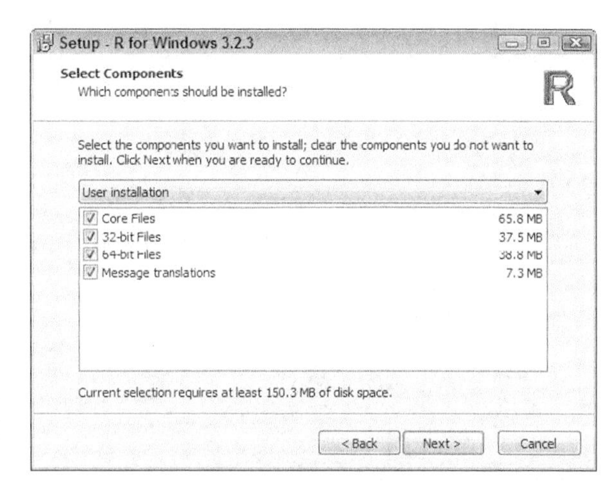

图4–4
确定需要安装的组件。

（7）通过选中或取消选中复选框，来修改选择的组件（如果需要），然后单击Next（下一步）按钮。

向导会询问你是否要自定义启动选项，如图 4-5 所示。修改启动选项需要理解 R 的工作原理。本书将使用默认选项。

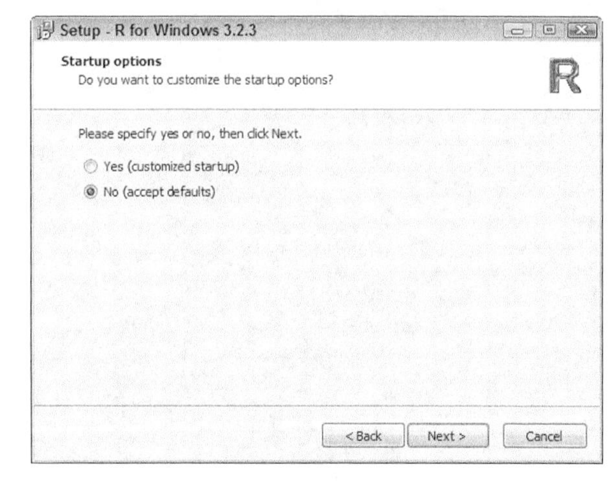

图4–5
使用默认的启动选项，除非你理解R的高级知识。

（8）选中 No（不）单选按钮并单击 Next（下一步）按钮。

向导会询问你想将 R 图标（程序快捷方式）放在“开始”菜单的何处，如图 4-6 所示。本书假定你使用默认的开始菜单设置。如果选择了其他位置，你可能需要修改本书后面的程序。

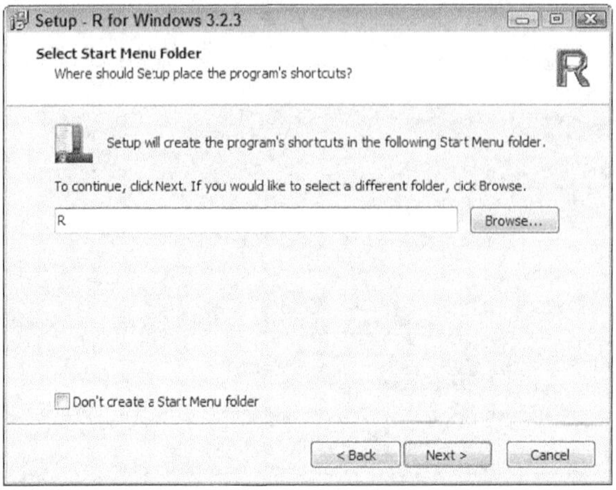

图4–6
根据需要，为R设置开始菜单信息。

（9）选择开始菜单的配置（如果需要），然后单击 Next（下一步）按钮。

向导会要求你设置任何其他脚本配置的选项，请确保选择了在注册表保存版本号的选项，如图 4-7 所示。否则，在配置使用 RStudio 时会遇到问题。

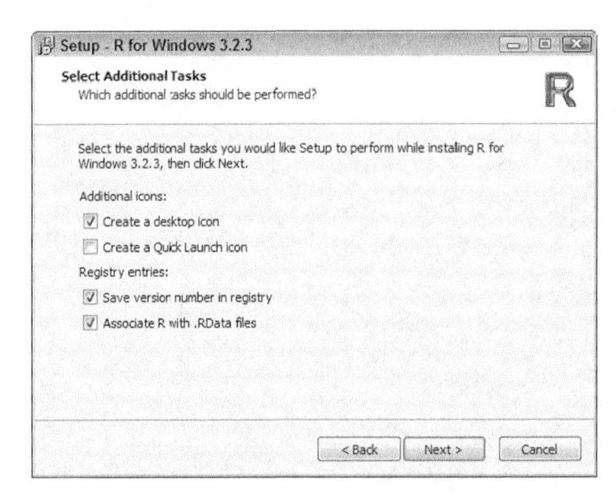

图4–7
根据需要修改附加设置。

（10）根据需要修改附加设置，然后单击 Next（下一步）按钮。

你将看到一个安装对话框，告诉你安装的进度。安装完成后，你将看到提示已完成的对话框。

（11）单击 Finish（完成）按钮。

你现在可以安装 RStudio 了，以便更轻松地使用 R。

（12）为你的系统找到合适的 RStudio 副本并下载。

文件名可能有所不同，但通常它显示为 RStudio-0.99.491.exe。文件名包含了版本号。在这个示例中，文件名指向的版本是 0.99.491，这也是本书使用的版本。如果你使用了其他的版本，可能会遇到源代码的问题，并需要进行调整。

（13）双击安装文件。

（你可能会看到一个“打开文件——安全警告”的对话框，询问是否要运行此文件。如果看到这个对话框弹出，请单击运行按钮。）你将看到一个类似于图 4-8 所示的 RStudio 安装对话框。具体的对话框内容取决于你所下载的 RStudio 安装程序的版本。

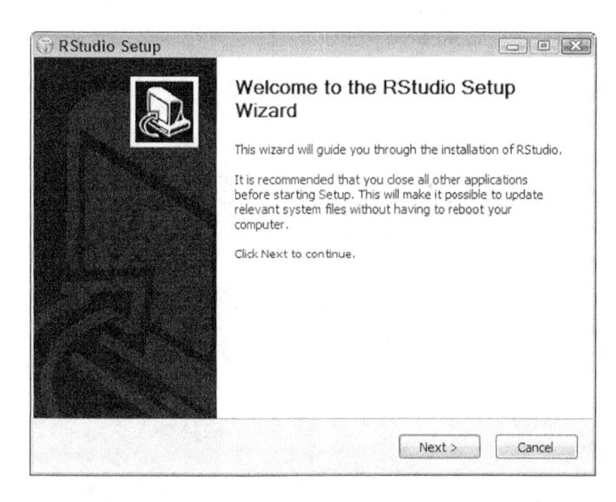

图4-8 对话框告诉你即将开始安装 RStudio。

（14）单击 Next（下一步）按钮。

向导询问你在磁盘上安装 RStudio 的位置，如图 4-9 所示。本书假设使用默认位置。如果你选择了其他位置，可能需要修改本书后面的一些程序以匹配你的设置。

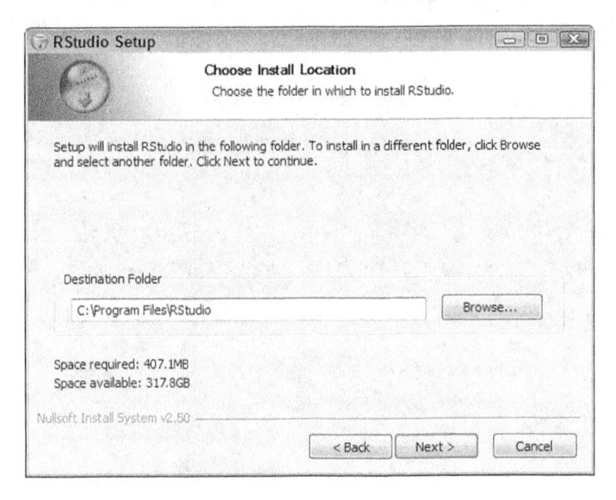

图4-9
指定RStudio的安装位置。

（15）选择安装位置（如有需要），然后单击 Next（下一步）按钮。

向导会询问你要将 RStudio 图标（快捷键）放在“开始”菜单的何处，如图 4-10 所示。本书假定你使用默认的开始菜单设置。如果你选择了其他位置，可能需要修改本书后面的程序。

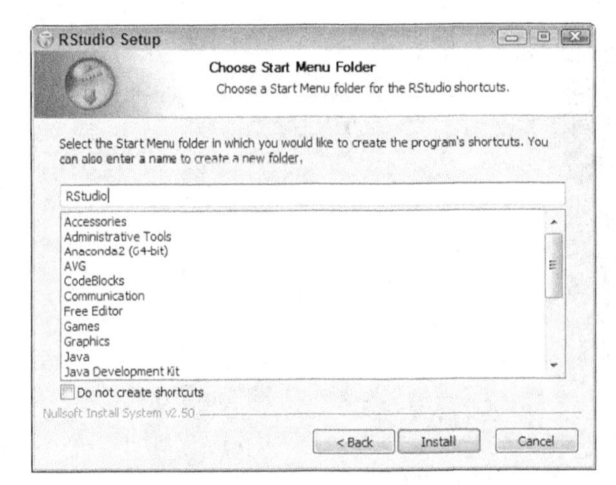

图4-10
根据需要设置开始菜单的信息。

（16）选择开始菜单配置（如有需要），然后单击 Install（安装）按钮。

你会看到一个安装对话框，显示安装进度。完成之后，你将看到提示已完成的对话框。

（17）单击 Finish（完成）按钮。

准备就绪，你可以开始使用 RStudio 了。

关于截图

通读本书时，你将使用自己所选择的IDE来打开包含本书源代码的R文件。在本书中，包含IDE特定信息的每个截图都依赖于RStudio来完成，因为RStudio可以在本书介绍的3个平台上运行。使用RStudio并不意味着它是最好的IDE或者本书作者推荐了它——RStudio只是用于演示的产品。

使用RStudio时，图形（GUI）环境（即界面）的名称在所有3个平台上都是相同的，你甚至在演示中看不到任何显著的差异。你所看到的不同很少，在阅读本书时应该忽略它们。考虑到这一点，本书将主要依赖于Windows 7上的截图。当在Linux、Mac OS X或其他版本的Windows平台上工作时，你应该会看到与介绍有差异的地方，但是这些应该不影响示例的使用。

4.3 在Linux系统上安装R

某些版本的Linux，例如Debian，自带了R。如果是这种情况，而且你就想使用系统自带的版本，则不必安装其他的R副本。本书使用的R版本为3.2.3。如果你安装了其他版本的R，则获得的结果可能与本书所描述的有所不同。要判断是否安装了R，请使用操作系统的搜索工具（例如Dash）来定位R。当你启动R时，将在终端的第一行看到版本信息。如果你在系统上的任何地方都找不到R的图标，则需要安装R。该位置与你所拥有的Linux安装类型有关。你可以在以下官方网站找到各种Linux平台上的安装说明。

- Debian。
- Red Hat。
- OpenSUSE。
- Ubuntu。

TIP

使用OpenSUSE时，强烈建议你使用“一次单击”的安装选项。此选项将自动完成任务，使得安装变得更加容易。这样的安装对于本书而言是可以用的。

Ubuntu 安装要求你修改 /etc/apt/sources.list 文件。首先，请确保使用了 sudo cp/etc/apt/sources.list/etc/apt/sources.list.old 命令为此文件创建一个备份。然后使用 sudo gedit/etc/apt/sources.list 命令来编辑这个文件，并添加所需的源信息。

在系统上安装了 R 之后，你就可以安装 RStudio 桌面版。请确保为你的 Linux 版本下载了正确版本的 RStudio。你可以下载 32 位或 64 位版本的 RStudio。为了获得更好的性能，强烈推荐使用 64 位版本。以下步骤可以帮助你安装 RStudio。

（1）在你的系统中找到所下载的 RStudio 副本。

文件的名字可能会有所变化，但通常它看起来是 rstudio-0.99.491-i386.deb（32 位）或 rstudio-0.99.491-amd64.deb（64 位）这样的。文件名包含了版本号。在这个示例中，文件名指向的版本是 0.99.491，这也是本书所使用的版本。如果你使用其他版本，那么在使用下载的源代码时可能会遇到问题，并需要进行调整。

（2）打开安装文件。

根据不同的 Linux 版本，你将看到不同的安装程序，例如使用 Ubuntu 时的 Ubuntu 软件中心。此窗口包含选择安装语言的选项，以及可能的其他选项。

（3）单击 Install（安装）或者是类似的按钮，具体取决于你的 Linux 版本。

你会看到正在安装或者类似的信息。进度条将显示安装的进度。根据你的 Linux 版本，安装程序可能会要求输入密码并按回车（Enter）键进行身份验证。稍过一会儿，将会提示安装完成。

（4）关闭安装程序的窗口。

你可以开始使用 RStudio 了。

TECHNICAL STUFF

即使安装成功，你也可能会发现 RStudio 无法运行。图标在那里，但是当你单击它时没有任何反应。问题在于可能没有安装所需的依赖包。在大多数情况下，打开一个终端，并输入 sudo rstudio，然后按回车（Enter）键，系统就会告诉你出现了什么问题。最常见的问题是缺少 libgstapp-0.10.so.0 库。以下步骤可以帮助你解决该问题。

a．在终端中输入 sudo apt-get install libgstreamer0.10-0，然后按回车（Enter）键。

终端可能会要求你进行验证。之后，sudo 会安装所需要的库。当系统询问你是否要安装库并使用哪些硬盘空间来安装的时候，只需遵循提示，并回答 yes

（是）。你还必须安装与此库相关的插件。

b．输入 sudo apt-get install libgstreamer-plugins-base0.10-dev，然后按回车（Enter）键。

过一会儿，sudo 会安装所需的插件。只需遵循提示，并对资源使用的情况回答 yes（是）。

c．输入 sudo rstudio，然后按回车 Enter（键）。

RStudio 现在应该可以开始运行了。

在 Linux 的某些版本上，你可能需要继续使用 sudo 来启动 RStudio。关键在于获得适当的权限。

4.4 在Mac OS X上安装R

R 在 Mac OS X 上的安装分为两部分。第一部分是 R 的安装。目前 R 的实现不支持旧的 Mac 系统，为了使用 R，你必须拥有 10.9 及以上版本的系统。即使在安装说明中讨论了在旧版本的 Mac 系统上可以使用旧版本的 R，本书也不支持这些旧版本。Mac OS X 10.6 至 10.8 版虽然也依赖于 R 更早的版本——R 3.2.1，但是本书中的示例可能无法在这个版本中运行。

特别注意 CRAN 网站提供的警告。CRAN 没有 Mac OS X，也不检查二进制发行版中是否有病毒。这意味着你应该采取预防措施，例如在尝试安装文件之前先扫描一下它是否有毒。尽管从 CRAN 网站下载带有病毒的文件是不大可能的，但仍然需要采取预防措施来保障系统的安全。以下步骤可帮助你在 Mac 系统上安装 R。

（1）在你的系统中找到所下载的 R 副本。

虽然具体的文件名称可能有所不同，但通常会显示为 R-3.2.3.pkg。文件名包含了版本号。本书假设你安装的版本是 3.2.3。如果你使用其他版本，下载的源代码可能会遇到问题，并需要在使用时进行调整。

（2）双击安装文件。

安装程序启动。你会看到一个安装程序窗口，可以在其中选择要使用的选项，例如要使用的语言。

（3）单击 Install（安装）按钮。

安装程序会显示状态信息。在安装过程中，你可能会看到更多的请求信息，并需要提供认证信息。安装程序最终完成安装过程。

（4）单击 Continue（继续）按钮。

你可以开始使用 R 了。

一些 Mac 用户喜欢使用 Homebrew 在他们的系统上安装 R。该实用程序依赖于命令行，一些用户觉得这更容易使用。你可以在戴维·辛普森（David Simpson）的博客中找到在 Mac 上如何使用 Homebrew 安装 R 的有关讨论。因为此安装需要手动输入命令并安装第三方应用程序，所以尽可能使用上述的安装程序是一个好主意。

在 Mac 上安装 R 之后，你就可以安装 RStudio 了。按照以下步骤进行安装。

（1）在你的系统中找到所下载的 RStudio 副本。

文件名可能有所不同，但通常显示为 RStudio-0.99.491.dmg。文件名包含了版本号。在这个示例中，文件名指向的版本是 0.99.491，这也是本书使用的版本。如果你使用其他的版本，下载的源代码可能会遇到问题，并需要在使用时进行调整。

（2）将安装文件拖动到应用文件夹。

安装程序启动。你会看到一个安装程序窗口，你可以在其中选择要使用的选项，例如使用的语言。

（3）单击 Install（安装）按钮。

安装程序会显示状态信息。在安装过程中，你可能会看到更多的请求信息，并需要提供认证信息。安装程序最终完成安装过程。

（4）单击 Continue（继续）按钮。

你可以开始使用 RStudio 了。

4.5 下载数据集和示例代码

本书使用 R 和 Python 来执行机器科学的任务。当然，你可以花费大量时间从头开始创建示例代码，进行调试，然后再发现代码与机器学习的关系。你也可以轻松地下载预先写好的代码，马上进入工作状态。同样，创建足够大的机器学习数据集需要相当长的一段时间。幸运的是，你可以使用某些机器学习库所提供的功能轻松地访问标准化的、预处理的数据集。以下部分可帮助你下载并使用示例代码和数据集，以便节省时间并立即开始机器学习的具体任务。

4.5.1 了解本书使用的数据集

本书使用的大多数数据集都直接来自 R 的数据集包。你可以在 The R Datasets Package 网站上找到这些数据集的列表。如果你想在 RStudio 中查看这些数据集，只需在 IDE 的空白页面中输入 data()，IDE 就会将结果显示出来。图 4-11 显示了输入 data() 之后常见的输出。

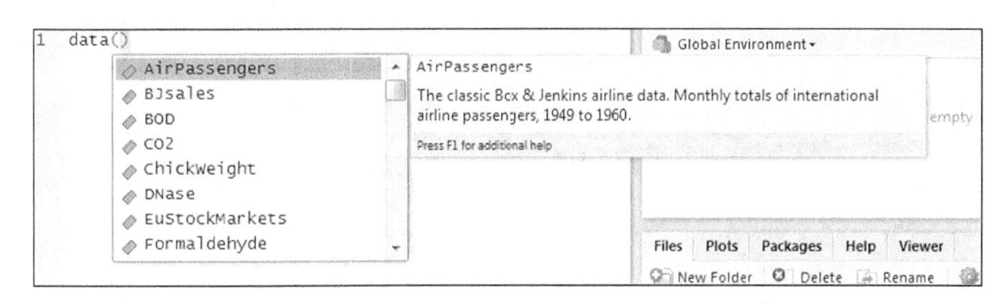

图4–11 data()函数显示了在数据集包中找到的一系列数据集。

除了这些标准数据集，本书还使用了补充的数据集。在许多情况下，用于 Python 示例和 R 示例的补充数据集是相同的，便于你比较 R 与 Python 的输出。这些补充数据集分别如下。

- **波士顿**：Housing Values in Suburbs of Boston。
- **空气质量（airquality）**：New York Air Quality Measurements。
- **泰坦尼克号**：Survival of Passengers on the Titanic。
- **鸢尾花**：Edgar Anderson's Iris Data。
- **垃圾短信（sms_data）**：SMS Spam Collection v.1。

在大多数情况下，你可以使用数据集名称及其所在包的组合，通过 data() 函数下载和使用某个具体的数据集。例如，需要波士顿数据集的时候，可用 data(Boston, package="MASS") 函数来调用。本书会根据需要探讨数据集的使用。

4.5.2 定义代码库

你在本书中创建和使用的代码将位于硬盘上的某个存储库中，可以将存储库视为一种存放代码的柜子。RStudio 让存储库的使用更为便捷。实际上，你使用的结构与操作系统上存储文件的结构基本上是一致的。以下部分介绍如何设置本书所采用的 RStudio。

1．为本书定义一个文件夹

管理文件这事值得一做，之后你就可以更容易地访问它们。本书的文件位于名为 ML4D（Machine Learning for Dummies）的目录中。在 RStudio 中使用如下步骤来创建一个新的文件夹。

（1）在 Files（文件）选项卡中单击 NewFolder（新建文件夹）按钮。

你将看到一个新建文件夹的对话框，在其中输入想要使用的文件夹名称。

（2）输入 ML4D，然后单击 OK（确定）按钮。

RStudio 将创建一个名为 ML4D 的新文件夹，并将其放在文件夹列表中。

（3）单击列表中刚刚新建的 ML4D 条目。

RStudio 将路径更改为 ML4D 文件夹，在这里你可以执行与本书练习相关的任务，如图 4-12 的右下角所示。

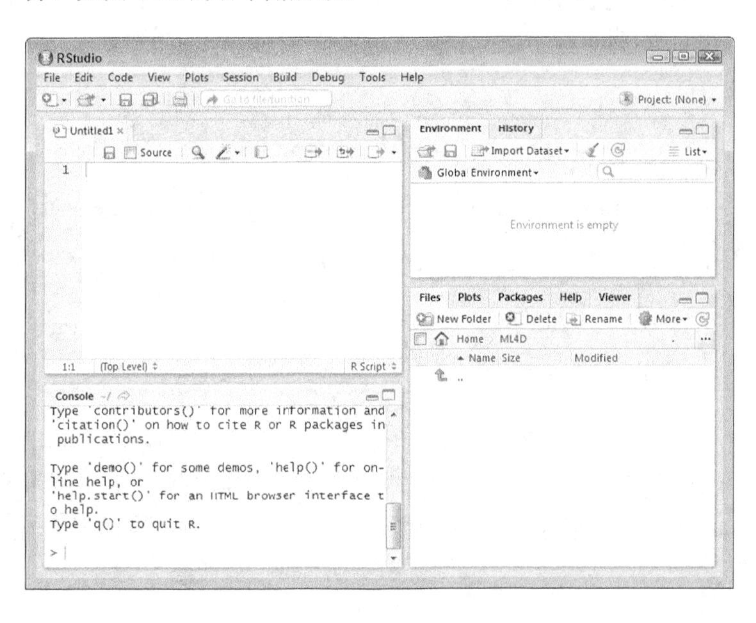

图4-12 使用ML4D文件夹来保存你为本书所创建的文件。

2. 创建新文件

本书不会使用 R 做任何过于奇幻的事情。在大多数情况下，你需要创建新的文件夹来保存脚本。如果要创建新的脚本文件，请选择 File（文件）➪ New File（新建文件）➪ R Script（R 脚本）或按 Ctrl + Shift + N 快捷键。当你需要创建其他类型的文件时，本书会给出相应的说明，不过现在你只需要知道如何创建脚本文件即可。

3. 保存文件

创建一些代码后，你需要将其保存到磁盘。选择 File（文件）➪ Save（保存）或按 Ctrl + S 快捷键执行此任务。R 的文件通常使用 .r 文件扩展名。

4. 删除文件

在某些情况下，你可能需要删除旧的文件。它可能包含了错误或过时的信息。删除旧文件的最简单方法是在 Files 选项卡中选中某个文件旁的复选框，然后单击 Delete（删除）按钮。RStudio 就将该文件从磁盘驱动器中删除。

5. 打开文件

要使用本书的源代码，你必须打开下载的文件。通过以下步骤，你可以在 RStudio 中更改工作路径并打开相关的文件。

（1）在 Files 选项卡中，单击 Home（主页）旁边的省略号（三个点）。

你会看到一个与系统平台一致的文件浏览对话框。

（2）选择你用于存储下载源代码的文件夹并单击 OK（确定）按钮。

RStudio 显示了你在 Files 选项卡中选择的文件夹。

（3）在 Files 选项卡中，选择 More（更多）➪ SetAsWorking Directory（设置为工作目录）。

RStudio 将下载的源代码文件夹设置为工作目录。

（4）单击文件夹中任何一个 .r 文件。

你会看到脚本被加载到 RStudio 中。

本章内容

- 了解 R 的基本数据类型
- 在 R 中使用向量
- 创建并使用数据列表
- 在 R 中使用矩阵
- 使用数组定义多个维度
- 使用数据框
- 使用 R 进行统计分析

第5章

使用RStudio在R中编码

在你可以有效地使用 R 之前，需要了解一些相关的内容。关于如何使用 R，人们已经撰写了成堆的书、设立了专门的网站并且创建了培训课程，不过很有可能还没有覆盖所有的主题。本章将对 R 进行简单概述。本章的目的是提供足够的信息，让你了解本书其余部分的示例。它是围绕着这样的需求而设计的：已经知道如何进行基本的编码，但还需要一些有关 R 的信息，以便更好地理解随后章节的内容。

本章所做的一件事，其他图书、网站中较少涉及，那就是从机器学习的角度介绍 R。你获得的不仅仅是一个普通的概述，而是一个从机器学习角度来帮助你理解 R 的概述。因此，即使你已经了解了 R 的某些内容，也可能需要快速浏览一下本章。本章不会使你成为 R 的天才，但它有助于你在机器学习环境中使用 R。

5.1 理解基本的数据类型

与大多数编程语言相反，R 不要求你声明特定类型的变量。R 将数据存储在 R 对象中。这些对象根据用于存储数据的方式和数据特征自动地为数据分配类型。你将使用以下 R 对象来存储数据：

- 向量；
- 列表；
- 矩阵；
- 数组；
- 因子；
- 数据框。

R 还可以支持其他常见的 R 对象类型。本章讨论了本书中最常使用的 R 对象类型。最容易理解和使用的 R 对象是向量。向量包含以下基本数据类型。

- **逻辑**：包含一个布尔值，如 TRUE 或 FALSE，表示一个真值。
- **数字**：包含任何数字，如 12.3 或 45。数值可以包括整数（不带小数点的数）或实数（包含小数点的数）。
- **整数**：保存整数值——不带小数点的数字，例如 2L 或 34L。数字不能包含小数，而且必须在数字后面附加上字母 L，以表示你希望它以整数形式显示。
- **复数**：指定包含实数值和虚数值的数，例如 3 + 2i。
- **字符**：定义了单个字符或字符串，例如 'a' 、"Hello"、"TRUE" 或 '12.3'。字符数据类型可以使用单引号或双引号作为分隔符。

你也可以使用原始数据类型，通过原始的格式来存储字符串。要创建一个原始数据类型，就要使用 charToRaw() 函数。生成的 R 对象包含原始字符串中每个字符的数值。例如以下代码：

```
MyVar <- charToRaw('Hello!')
print(MyVar)
```

将产生以下输出：

```
[1] 48 65 6c 6c 6f 21
```

你可以使用 class() 函数来确定变量的类型。例如，如果在上述的代码中使用 class() 函数，如 print(class(MyVar))，你将获得以下输出：

```
[1] "raw"
```

获取更多关于 R 的信息

当你开始研究 R 时，可能会发现如果没有额外的帮助信息，绝对无法深入了解 R。幸运的是，你可以通过各种方式从 R 社区获得帮助。如果阅读材料对你而言是最好的学习方式，那么请在阅读本章后访问 R 社区。

有些人使用教程学习得更好。你可以在线上找到各种类型的教程。在许多情况下，可以通过查看实际的示例，然后亲自练习以学习特定的技术。R 社区有各种各样的教程，可以让你在 R 的使用上更有经验。

使用 R 的另一种方法是观看视频。越来越多的人将视频作为学习新技术的手段，观看视频无须实际阅读任何内容或参与教学环境。看到别人运行一个任务确实很有帮助，你可以专注于技术本身，而不是如何实现它。很多视频可以帮助你获得更多 R 的经验。

5.2 使用向量

向量可以存储单个值，如 5.1 节所述。它也可以存储一组值。当我们处理一组值的时候，可以使用 c() 函数将它们进行组合。向量的所有成员都是同一类型的，因此，当你使用 MyNumbers <- c(1, 2, 3) 这样的代码创建向量时，会得到一个数字向量，print(MyNumbers) 函数将显示 3 个不同的值：

```
[1] 1 2 3
```

当你使用类 class(MyNumbers) 函数时，会看到如下的输出：

```
[1] "numeric"
```

向量中的所有值必须是同一类型的。因此，当你在向量中混合不同类型时，例如调用 MyVector <- c(1, "Hello", TRUE)，你仍然可以获得3个不同的值。但是，print(MyVector) 功能显示如下输出：

```
[1] "1"     "Hello" "TRUE"
```

class(MyVector) 的调用告诉你现在所有条目都是字符类型。使用向量时，R 会自动执行任何数据类型转换，以维护 R 对象的完整性。因此，当使用了错误的 R 对象类型时，你可能会得到意想不到的结果。

5.3 使用列表组织数据

与向量不同，列表可以包含多种数据类型。事实上，列表可以包含向量、其他列表和函数（5.7.4 节将讨论这个主题）。因此，列表在存储数据时可能比向量更为强大，可以按照你的期望进行精确的保存。

想要创建列表，必须使用 list() 函数，否则，R 会假定你希望创建一个向量。例如，MyList <- list(1, "Hello", TRUE) 创建了一个包含 3 个单独条目的列表，每个条目都是你所期望的类型。使用 print(MyList) 函数显示以下输出：

```
[[1]]
[1] 1

[[2]]
[1] "Hello"

[[3]]
[1] TRUE
```

每个条目都是分开的。因此，当调用 class(MyList) 时，输出是一个列表。

每个条目也是一个列表。要测试某个条目是否为一个列表，你需要知道索引。索引为你提供了对特定列表成员的访问。例如，调用 print(MyList[1])，你会看到 MyList 列表的第一个成员：

```
[[1]]
[1] 1
```

但是，你看到的是包含所要访问的实际数据的列表。当使用 class(MyList[1]) 函数时，你会看到输出仍然是列表。要访问内部实际的数据成员，必须访问列表中的元素。使用 print(MyList[[1]]) 函数来查看数字 1 的值，并使用

class(MyList[[1]]) 函数来查看该数字的数据类型。

列表可以包含向量。为了在列表中创建一个向量，可以使用 c() 函数。例如，MyVectorList <- list(c(1, 2, 3)) 创建了一个包含向量的列表。函数 print(MyVectorList) 会显示以下输出：

```
[[1]]
[1] 1 2 3
```

要访问向量的特定成员，需要再次使用嵌入索引。例如，如果要显示向量的第二个成员，可以使用 print(MyVectorList[[1]][2]) 函数。输出如下：

```
[1] 2
```

5.4 使用矩阵

向量和列表是一维的 R 对象。有时，需要使用二维来准确地表示数据。矩阵提供了用于表达数据的二维方法。你可以创建包含任何数据类型的矩阵，但通常它们用于保存数字类型的数据。以下部分对矩阵的使用进行了概述。

5.4.1 创建基本矩阵

矩阵意味着更复杂的 R。与列表一样，你使用了一个特殊的函数 matrix() 来创建一个矩阵。然而，与列表不同，matrix() 函数的调用包含的不仅仅是数据。实际上，matrix() 函数可以包括很多元素，其形式为：matrix(data, nrow, ncol, byrow, dimnames)。每个元素都是函数的一个参数，它帮助 R 精确地创建你想要的矩阵。以下是每个参数的简要说明。

- data：定义用于填充矩阵数据元素的数据，数据通常是向量的一部分。
- nrow：指定要创建的行数。
- ncol：指定要创建的列数。
- byrow：定义矩阵中向量元素的排列。当设置为 TRUE 时，R 按照行来排列向量元素。
- dimnames：确定分配给行和列的名称。

创建基本矩阵的时候，可以通过调用不带任何参数的 matrix() 函数来创建一个空矩阵，但是这样的矩阵并不是特别有用。通常你至少要提供输入数据。例如，调用 MyMatrix <- matrix(c(1:5)) 创建了一个单列包含值 1 ～ 5 的矩阵。请注意，此示例使用了一个新形式的 c() 函数，它通过指定范围的开始与结尾，并在中间加冒号，来指定 1 ～ 5 的一系列值。调用函数 print(MyMatrix) 将显示矩阵的输出：

```
     [,1]
[1,]    1
[2,]    2
[3,]    3
[4,]    4
[5,]    5
```

如果你希望矩阵包含多个列，则必须指定行数。例如，调用 MyMatrix <- matrix(c(1:6), 3) 会创建一个 3 行的矩阵。调用函数 print(MyMatrix) 将显示以下输出：

```
     [,1] [,2]
[1,]    1    4
[2,]    2    5
[3,]    3    6
```

指定列的数量确定了你能看到多少列。在这种情况下，当输入数据没有足够的信息来填充矩阵时，R 会简单地重复数据直到矩阵被填满。例如，调用 MyMatrix <- matrix(c(1:6), 3, 4) 创建了一个 3 行 4 列的矩阵。然而，没有足够的数据来填满矩阵。因此，当你调用 print(MyMatrix) 函数时，将看到如下所示的重复数据：

```
     [,1] [,2] [,3] [,4]
[1,]    1    4    1    4
[2,]    2    5    2    5
[3,]    3    6    3    6
```

5.4.2 修改向量的排列

当使用基本的矩阵构造技术时，你将获得一个以列顺序进行元素填充的矩阵。例如，当你调用 MyMatrix <- matrix(c(1:8), 2, 4) 时，会得到如下输出：

```
     [,1] [,2] [,3] [,4]
[1,]    1    3    5    7
[2,]    2    4    6    8
```

遗憾的是，你可能并不希望按照列的顺序来填充矩阵。这时 byrow 参数就有用武之地了。当你将此参数设置为 TRUE 时，填充矩阵的顺序就更改为行顺序。调用 MyMatrix <- matrix(c(1:8), 2, 4, TRUE) 将产生如下输出：

```
     [,1] [,2] [,3] [,4]
[1,]    1    2    3    4
[2,]    5    6    7    8
```

5.4.3 访问单个元素

与列表一样，你可以使用索引来访问矩阵的单个元素。然而，现在你有两个维度需要处理。因此，为了访问单个元素，通常需要同时指定行索引和列索引。例如，当使用 MyMatrix <- matrix(c(1:8), 2, 4, TRUE) 函数调用所创建的矩阵时，调用 print(MyMatrix[2,2]) 函数将生成 [1] 6 的输出。

你总会先指定行，然后再指定列。例如，print(MyMatrix[1, 2]) 产生 [1] 2 的输出，但是 print(MyMatrix[2, 1]) 产生 [1] 5 的输出。以错误的顺序指定行和列将导致脚本出现问题。

你还可以使用范围来访问多个元素。例如，print(MyMatrix[1:2, 2]) 函数调用会生成如下输出：

```
[1] 2 6
```

你也可以使用列的范围。例如，print(MyMatrix[1:2, 2:3]) 函数调用会生成如下输出：

```
     [,1] [,2]
[1,]    2    3
[2,]    6    7
```

5.4.4 对行和列进行命名

在某些情况下，对行和列进行命名会使数据变得更有意义。人类并不擅长用数字命名的行和列，因为我们会忘记这些数字所代表的含义。为了命名行和列，你必须提供一个包含名称的向量。首先是行的名称，然后是列的名称。以下是一个示例，展示了行和列的命名：

```
RN = c("Row1", "Row2")
CN = c("Col1", "Col2", "Col3", "Col4")
MyMatrix <- matrix(c(1:8), nrow=2, dimnames=list(RN, CN))
```

你应该注意 matrix() 函数中的一些新东西。之前，该函数依赖于位置参数——按顺序和位置进行排列。使用位置参数时，你的函数必须包含每个参数，而且参数必须出现在正确的位置。此示例使用了命名参数，其中参数的名称和取值以等号连接。当使用命名参数时，你不必提供每个参数，而且参数不必按顺序显示。这个示例的输出是：

```
     Col1 Col2 Col3 Col4
Row1    1    3    5    7
Row2    2    4    6    8
```

命名行和列使得元素的访问更加清晰。例如，要查看 Row2 和 Col2 的内容，你可以使用 print(MyMatrix["Row2", "Col2"]) 函数。其输出为 [1] 4。

现在有了行和列的名称，你需要知道除了创建新矩阵，其他的时候要如何访问它们。rownames() 函数适用于行名称，而 colnames() 函数适用于列名称。例如，要检索当前的列名称，可以使用 colnames(MyMatrix) 函数。如果要将列名设置为不同的值，你只需使用 colnames() 函数来设置向量。调用 colnames(MyMatrix) <- c("Column1", "Column2", "Column3", "Column4") 函数来更改列的名称，这样输出会显示为：

```
     Column1 Column2 Column3 Column4
Row1       1       3       5       7
Row2       2       4       6       8
```

你也可以决定不再需要命名的行或列。保留值 NULL 表示不存在。当你希望一个元素没有任何值的时候，就可以使用它。使用 rownames(MyMatrix) <- NULL 命令将行名称设置为无。相应地，输出内容变为：

```
     Column1 Column2 Column3 Column4
[1,]       1       3       5       7
[2,]       2       4       6       8
```

5.5 使用数组处理多维

数据并不总是整齐地排列成一维或二维的形式。有时需要三维或更多维来准确地表示数据集。在这种情况下，可以使用数组来保存信息。数组可以包含多个维度的数据，以表示复杂的关系。尽管本章讨论的是三维数组，但数组可以包含任意数量的维数。

数组能使用矩阵的许多函数来执行任务。实际上，数组是以允许使用多个维度的方式来组织的矩阵结构。接下来将简单介绍一下数组，以及使用数组的一些简单方法。

5.5.1 创建一个基本的数组

可以使用 array() 函数来创建数组。数组的语法 array(data, dim, dimnames) 提供了一个方法来创建具有一定复杂度的数组。

» data：定义了用于填充矩阵元素的数据，数据通常显示为向量的一部分。

» dim：指定要创建的行数[①]。

» dimnames：确定分配给行和列的名称。

与矩阵一样，可以创建一个空白的数组，并在之后添加信息。在大多数情况下，即使是一个简单的数组也会包含数据。例如，MyArray <- array(c(1:8)) 创建了一个一维数组，其值为 1 ～ 8，看起来和用起来都非常像一个向量。

更实用的数组至少包含两个维度。可以在创建数组时指定维度，就像在创建矩阵时那样，或者也可以稍后对数组重新定义维度。例如，dim(MyArray) <- c(4,2) 将前一个数组从一维数组更改为一个看起来像矩阵的二维数组。更改之后，你将看到以下输出：

```
     [,1] [,2]
[1,]    1    5
[2,]    2    6
[3,]    3    7
[4,]    4    8
```

当然，可以通过调用 dim(MyArray) <- c(2,2,2) 将同一个数组重新定义为三维数组。现在，输出由两个矩阵组成，如下所示：

```
,,    1

      [,1]  [,2]
[1,]     1     3
[2,]     2     4

,,    2
```

① 由于给定了整个 data，因此确定了行数的同时也就确定了列数。——译者注

```
     [,1]  [,2]
[1,]    5     7
[2,]    6     8
```

5.5.2 命名行和列

与处理矩阵时一样，可以为数组中的元素命名。设定名称可以更容易地使用数组。例如，可以使用 MyArray <- array(c(1:8), c(2,2,2), list(c("Row1","Row2"), c("Col1", "Col2"),c("Mat1","Mat2"))) 函数来创建一个带有命名元素的数组。请注意顺序：行名、列名和矩阵名。也可以单独设置名称，这和使用矩阵的方式一样。使用 print(MyArray) 显示数组的内容。这个示例的输出是：

```
, , Mat1

     Col1 Col2
Row1    1    3
Row2    2    4

, , Mat2

     Col1 Col2
Row1    5    7
Row2    6    8
```

要访问特定的数组元素，可以像使用矩阵一样指定索引，但需要为每个维度提供信息。例如，print(MyArray["Row1", "Col2", "Mat2"]) 显示的输出为 [1] 7。还可以提供部分索引或使用数字代替名称。例如，print(MyArray[, , 2]) 显示以下输出：

```
     Col1 Col2
Row1    5    7
Row2    6    8
```

请注意，即使已经对元素进行了命名，仍然可以使用数字来访问它们。数组使用与矩阵相同的技术来支持重命名。但是没有 matnames() 函数。你可以像以前一样使用 rownames() 和 colnames() 函数，但是要重命名一个矩阵，需要使用通用的 dimnames() 函数。函数 dimnames() 以索引的方式工作，适用于任何维度，无论维度的大小。在这个示例中，矩阵名称看上去是第三个索引，因此可以使用 dimnames(MyArray)[[3]] <- c("Matrix1", "Matrix2") 来重命名矩阵。变化之后的输出是：

```
, , Matrix1

     Col1 Col2
Row1    1    3
Row2    2    4

, , Matrix2

     Col1 Col2
Row1    5    7
Row2    6    8
```

5.6 创建一个数据框

数据框是一种表格结构。换句话说，它类似于矩阵或二维数组，因为它也具有行和列。但是，数据框更像数据库。每列表示一个变量，每行代表一条记录。例如，描述某人时，可能会包括姓名和身高。姓名和身高代表两列——用于描述一个人的两个变量。单个姓名和身高的组合是一行——数据框内的单条记录。接下来我们将更详细地讨论数据框。

5.6.1 理解因子

因子是使你能够对数据进行分类的特殊结构。可以使用数字（带或不带小数点）或字符串创建它们。因子的特别之处在于，只有在创建一个因子后才能看到唯一的值。每一个值都是一个级别。要创建一个因子，可以使用 factor() 函数。例如，调用 MyFactor <- factor(c("North", "South", "East", "West", "West")) 函数创建一个包含字符串的因子。调用 print(MyFactor) 后的输出是：

```
[1] North South East  West  West
Levels: East North South West
```

即使这个因子有 5 个条目，但它只有 4 个级别，因为 West 这个值是重复的。该因子跟踪每个数据条目，但级别仅包含唯一的值。使用 levels() 函数（例如 levels(MyFactor)）只会获取级别。如果你想统计级别的数量，则要使用 nlevels() 函数，例如 nlevels(MyFactor)，它会产生 [1] 4 的输出。

你还可以通过使用新条目向量（例如 levels(MyFactor) <- c("North", "South", "East", "West")）来修改 levels 条目，从而更改级别的顺序。但是，请谨慎更改

条目，因为 R 还会重命名各个值。调用 print(MyFactor) 后新的输出结果是：

```
[1] South East  North West  West
Levels: North South East West
```

在这个示例中，R 将所有 North 值重新命名为 South，South 现在出现在 North 原来的位置。同样，所有 East 条目现在为 North 条目。事实上，唯一没有改变的条目是 West。更改因子级别顺序的最佳方式是将条目放入新变量中。以下代码显示了一个示例。调用 SecondFactor <- factor(MyFactor, levels=c("North", "South", "East", "West")) 产生的输出为：

```
[1] North South East  West  West
Levels: North South East West
```

现在条目仍然相同，但级别的顺序已经变更。当对原始数据进行更改时，请确保你测试了所有的更改以确保不会产生无法预见的后果。如果你不确定变更后程序是否能正常工作，请将修改后的数据放入新变量中。

R 提供了各种数据操作，其中有一个操作可以影响因子。假设你创建了一个数字因子，例如 NumFactor <- factor(c(1, 2, 3, 4, 1, 2, 1, 3))。当你显示 NumFactor 时，会得到预期的结果：

```
 [1] 1 2 3 4 1 2 1 3
Levels: 1 2 3 4
```

一开始，你觉得使用数值可能是个好主意，但现在你发现字符串标签效果更好。使用 labels 参数进行更改，并将这些值放在一个新的变量中，就像这样：StrFactor <- factor(NumFactor, labels=c("North", "South", "East", "West"))。R 将数值型的数据转换为字符串型数据，并将其放在 StrFactor 中，结果如下所示：

```
[1] North South East West North South North East
Levels: North South East West
```

到目前为止，你已经知道了如何计数和列出级别，但有时需要知道因子中每个条目实际出现的次数。在这种情况下，要依靠 table() 函数。例如，使用 Appearances <- table(StrFactor) 来计算每个字符串在 StrFactor 因子中出现的次数。输出结果如下：

```
StrFactor
North South  East  West
    3     2     2     1
```

在这种情况下，North 出现了 3 次，但 West 只出现了 1 次。你可能只想知道其中一个值出现多少次。在这个例子中，需要通过索引来实现，例如 Appearances ["North"]，其输出如下：

```
North
   3
```

5.6.2 创建一个基本的数据框

数据框提供了在单个结构中混合数据类型的方法。使用 R 时，你可以使用数字、字符（字符串）和因子数据类型的列。把列放在一起时，每个列包含了相同数量的条目和表单行。为了了解这一切如何运作，我们使用以下代码创建一些列：

```
Names <- c("Jane", "Sam", "Jose", "Amy")
Ages <- c(42, 33, 39, 25)
Locations <- factor(c("West", "West", "South", "South"))
```

请注意，这些列的长度都是相同的，每个列都将对数据框中的记录产生作用。如果要创建数据框，可以使用 data.frame() 函数，确保在 data 和 frame 之间使用了句点。

可以将名称作为调用的一部分，然后将它们分配给数据框中的每个列。要创建数据框的示例，可以调用 EmpData <- data.frame(Name=Names, Age=Ages, Location=Locations)。EmpData 的输出如下：

```
  Name Age Location
1 Jane  42     West
2  Sam  33     West
3 Jose  39    South
4  Amy  25    South
```

可以看到，数据条目现在以表格的形式显示，可以通过行或列来访问其中的信息。这个访问的方式有点奇怪。可以使用索引，但索引的方法与其他 R 对象不同。要访问第一列，可以调用 EmpData[1] 获取以下输出：

```
  Name
1 Jane
2  Sam
3 Jose
4  Amy
```

要访问第一行，必须在第一个索引号之后加一个逗号。这意味着调用

EmpData[1，] 的输出如下：

```
  Name Age Location
1 Jane  42     West
```

使用列时，还可以使用字符串索引。例如，通过 EmpData["Age"] 访问 Age 列中的年龄。如果要访问特定的行和列，可以像之前一样使用索引的方法，先是行的索引，然后是列的索引。例如，EmpData[1,2] 的输出为 [1] 42。

最后一种访问的方法是直接与包含列值的向量进行交互。此方法依赖于 $ 运算符。例如，要访问 Age 向量，可以调用 EmpData$Age，输出：

```
[1] 42 33 39 25
```

通常，R 会将所有的字符串转换为因子。通过该特性可以将字符串数据作为数据分类的方法。但是，有时你可能不希望看到字符串数据作为因子。在这种情况下，可以将 stringsAsFactors 参数设置为 FALSE。例如，调用 EmpData <- data.frame(Name=Names, Age=Ages, Location=Locations, stringsAsFactors=FALSE) 后创建的 Name 列是字符类型而不是因子类型。

5.6.3 和数据框的交互

随着本书内容的展开，你将看到各种与数据框进行交互的方式。但是，在深入理解后面的内容前，你需要了解一些基本的交互。接下来我们将使用之前创建的 EmpData 数据框来描述这些基本交互。

1. 查询数据框的结构

有时，你需要知道数据框的数据结构。函数 str() 可以帮助你执行此项任务。例如，str(EmpData) 生成以下输出（假设你将 stringsAsFactors 设置为 FALSE[①]）：

```
'data.frame':   4 obs. of  3 variables:
 $ Name    : chr  "Jane" "Sam" "Jose" "Amy"
 $ Age     : num  42 33 39 25
 $ Location: Factor w/ 2 levels "South","West": 2 2 1 1
```

通过了解数据框的结构，你可以确定如何最好地处理数据。例如，在这个示例中你可以使用 Location 进行数据的分类和整理。

① 原著没有解释得很清楚，其实下面的输出中 Location 还是因子类型。——译者注

2. 汇总数据框的数据

数据框中数据的统计摘要，通常可以为你提供有关如何执行某些类型分析的想法，或者告诉你数据框是否需要额外的操作才能适合机器学习。函数 summary() 可以帮助你执行此任务。例如，如果调用 summary(EmpData)，你将获得以下输出，它会描述数据框中的每一列。

```
     Name                Age            Location
Length:4           Min.   :25.00   South:2
Class :character   1st Qu.:31.00   West :2
Mode  :character   Median :36.00
                   Mean   :34.75
                   3rd Qu.:39.75
                   Max.   :42.00
```

3. 提取数据框中的数据

数据框包含的信息可能比你进行分析时所需的信息要多（或者你可能希望将数据框切分为训练部分和测试部分）。用于提取数据的技术取决于你想要获取的结果。例如，你的分析可能不需要 Location 这一列，你可以通过调用 SubFrame <- data. frame(Name=EmpData$Name, Age=EmpData$Age) 提取 Name 和 Age 列来创建数据框的子集。结果数据框如下所示：

```
  Name Age
1 Jane  42
2  Sam  33
3 Jose  39
4  Amy  25
```

或者，你可能需要特定的行。在这种情况下，可以使用索引。例如，可以通过调用 SubFrame <- EmpData[2:3,] 创建一个仅包含第 2 行和第 3 行的数据框。在这个示例中，你将看到以下输出：

```
  Name Age Location
2  Sam  33     West
3 Jose  39    South
```

5.6.4 扩展一个数据框

在某些情况下，需要扩展数据框以包含更多信息。例如，你可能会发现需要组合数据源来创建适合分析的数据集，这意味着要添加列。你还可以从其他来源获取额外的信息，这意味着要添加行。以下部分将介绍如何执行这两项任务。

1. 添加列

添加列时，可以提供足够的条目将新变量添加到全部现有的记录中。数据是向量的一部分。例如，你可能需要为之前示例中的 EmpData 数据框添加一个雇用日期。以下代码显示了如何执行此任务：

```
HireDates <- as.Date(c("2001/10/15", "2012/05/30",
    "2010/06/28", "2014/04/02"))
EmpData$HireDate <- HireDates
```

此示例显示如何创建日期向量。函数 as.Date() 可以让 R 将字符串视为日期而不是字符串。该示例使用 $ 运算符来定义一个新列 HireDate，并为其分配 HireDates 向量。 EmpData 的新版本如下所示：

```
  Name Age Location   HireDate
1 Jane  42     West 2001-10-15
2  Sam  33     West 2012-05-30
3 Jose  39    South 2010-06-28
4  Amy  25    South 2014-04-02
```

请注意，创建 HireDates 的代码显示为两行。可以在 R 中使用多行代码，让代码更具可读性。不必缩进第二行和后续行，但大多数开发人员按惯例执行此操作，以使代码更易于理解。计算机不需要缩进，但人们需要，这样可以查看哪些行属于同一个调用。

2. 添加行

添加行时，将创建一个包含现有全部列的新记录。数据是数据框的一部分，可以通过适用于任何其他数据框的技术来创建它。为了向现有的数据框添加新的行，可以使用 rbind() 函数，如以下示例所示：

```
NewEmp <-  data.frame(
    Name = "Kerry",
    Age = 51,
    Location = "West",
    HireDate = as.Date("2016/06/28"),
    stringsAsFactors = FALSE)

EmpData <-  rbind(EmpData, NewEmp)
```

新记录 NewEmp 包含 EmpData 中现有的全部列（假设你已经遵循了本章之前列出的其他更改）。当使用 rbind() 函数时，将数据框按照希望在结果中看到的顺序来放置。随着这一行的增加，EmpData 现在看起来是这样的：

```
   Name Age Location   HireDate
```

```
1  Jane  42      West 2001-10-15
2   Sam  33      West 2012-05-30
3  Jose  39     South 2010-06-28
4   Amy  25     South 2014-04-02
5 Kerry  51      West 2016-06-28
```

5.7 执行基本的统计任务

到目前为止，本章展示了各种数据结构以及使用它们的技术。然而，在许多情况下，仅仅创建数据结构是不够的。以下部分讲述了可用于执行统计分析的一些基本任务。这些内容可以帮助你了解本书后面的一些示例。

5.7.1 进行决策

为了执行有用的工作，计算机语言提供了决策的手段。R 提供了 3 个决策结构：if、if … else 和 switch。当对有限数量的结果做出决策时，使用 if 形式。当对多重结果做出决策时，switch 形式最有效。以下部分将更详细地介绍这些决策结构。

1. 使用if语句

这里的 if 语句让你做出简单的决策。当某事物为真时，R 将执行相关代码块中的代码。以下是 if 语句的一个示例：

```
A <- 3
B <- 4
if (A < B)
{
   print("Less than!")
}
```

如你所料，代码开始于 if。括号内的部分是一个表达式（expression），必须为 TRUE 或 FALSE。两个变量 *A* 和 *B* 出现在 <（小于）运算符之间。R 支持所有常用的运算符，包括 <、<=、==、!=、>= 和 >。你可以在 R 开发手册中找到 R 运算符的完整列表。

将所有代码块放在大括号内是很好的做法，如本例所示。这个特定的示例在没有大括号的情况下也可以工作，但不使用大括号会导致代码更难阅读。这个示例的输出是 [1] "Less than!"。

2. 使用if…else语句

语句 if…else 的工作方式与 if 语句类似，只不过它在表达式不为 TRUE 时提供响应。当表达式求值为 FALSE 时，if…else 语句的 else 部分将执行。以下是 if…else 语句的一个示例。

```
MyStrings <-  c("This", "is", "a", "string.")

if("This" %in% MyStrings)
{
   print("Found!")
} else
{
   print("Not Found.")
}
```

此示例使用了特殊的运算符——%in%。特殊的运算符执行特殊的比较，在其他语言中并不常见。在这种情况下，%in% 运算符确定“This”是否出现在 MyStrings 向量中。稍后的章节将展示如何使用其他特殊运算符。这个示例的输出是 [1] "Found!"。

3. 使用switch语句

switch 语句可以根据输入值判断输出哪种结果。这个语句有几种形式，但最常见的是对数字输入做出反应，如下所示：

```
Num <- as.integer(readline(
    "Enter a number between 1 and 5: "))

Result <- switch(
    Num,
    "One",
    "2",
    "It's Three!",
    "Almost There!",
    "Done!")

print(Result)
```

代码首先要求用户提供一个输入值。即使在本书中你不经常使用此功能，但知道如何从键盘获取输入对你的实验很有帮助。除非将输入值转换为其他类型，例如使用本例显示的 as.integer() 函数，否则 R 将输入作为字符串处理。

变量 Num 现在包含 1 ～ 5 的数字。函数 switch() 会创建一个变量来保存 Num 的评估和输出。例如，当用户输入 1 时，Result 会输出 "One"。

5.7.2 使用循环

循环语句可帮助你多次执行任务。R 支持 3 种循环语句：repeat、while 和 for。每个循环语句都有一定的属性。例如，for 循环总是执行特定的次数。

1. 使用repeat循环

repeat 循环不断地执行，直到你跳出（break）它。另外两个语句选择性地支持 break 语句，但是当使用 repeat 循环时，必须通过达到一定的条件来跳出。以下示例显示了 repeat 循环的操作。

```
Count <- 1

repeat {
    print(Count)
    if (Count > 5)
    {
        break
    }
    Count <- Count + 1
}
```

该示例从创建计数器变量 Count 开始。使用 repeat 时，你必须提供一些结束循环的方式。然后，该代码打印出 Count 的当前值，确定 Count 是否大于 5，再将 Count 更新为下一个值。最后一步是必不可少的，否则循环将永远不会结束。如下是本示例的输出。repeat 循环至少执行一次。

```
[1] 1
[1] 2
[1] 3
[1] 4
[1] 5
[1] 6
```

2. 使用while循环

while 循环在启动循环之前检查结束条件，这意味着它可能一次都不会执行。其基本原理与 repeat 循环相同，你必须提供一些结束循环的方式，这通常意味着对循环代码块中的变量进行更新。以下是一个 while 循环的示例：

```
Count <- 1

while (Count <= 6)
{
    print(Count)
```

```
    Count <- Count + 1
}
```

此示例与 repeat 循环的输出相同，但使用的代码更少。在合适的条件下，while 循环可以比 repeat 循环更有效。但是，你必须注意循环可能永远无法执行的事实。

3. 使用for循环

for 循环将代码执行特定的次数，它通常用来执行结构化数据相关的任务。例如，你可能需要处理一个向量中的每个元素。以下是 for 循环的一个示例：

```
MyStrings <-  c("This", "is", "a", "string.")

for (AString in MyStrings)
{
    print(AString)
}
```

在这种情况下，for 循环将 MyStrings 向量中的值逐个放入字符串 AString 中。执行此示例时，你将看到以下输出：

```
[1] "This"
[1] "is"
[1] "a"
[1] "string."
```

5.7.3 不使用循环语句来执行循环的任务

在某些情况下，可以在 R 中不使用循环来执行其他语言需要用到循环的任务。例如，假设你创建了一个向量：

```
IntValues <-  c(1, 4, 5, 9, 2)
```

向量包含列表中所示的整数。但是，现在你需要将每个值乘以 0.1，将它们变为小数。当使用其他语言时，需要创建一个循环，单独检索每个值，然后执行乘法，并将结果值存储在一个新的变量中。使用 R 时，可以按照如下所示来简化任务：

```
DecValues <-  IntValues * 0.1
```

请注意，这里没有涉及循环。你只需将向量乘以 0.1。当显示 DecValues 中的值时，会看到以下输出：

```
[1] 0.1 0.4 0.5 0.9 0.2
```

5.7.4 使用函数

函数提供了一种方法，让你可以将多次使用的代码进行打包。你可以打包代码并将其转换成黑箱，其本质是一个实体，可以向其提供输入并预期某些输出，然而，你不必担心它（黑箱）是如何工作的。使用黑箱会降低程序的复杂性。要创建一个函数，可以从使用 function() 函数开始，然后附上一个想要执行的代码块。函数可以通过参数接收输入，并根据其执行的任务提供返回值。以下代码显示了一个接收参数并提供返回值的基本函数：

```
LessThan <- function(Value1, Value2)
{
    if(Value1 < Value2)
    {
        result <- TRUE
    }
    else
    {
        result <- FALSE
    }
}
```

在这种情况下，LessThan() 需要两个参数作为输入。该函数将第一个参数与第二个参数进行比较。当第一个参数小于第二个参数时，函数返回 TRUE；否则返回 FALSE。调用一下这个函数，如 print(LessThan(1, 2))，输出 [1] TRUE。

你可能会认为 LessThan() 仅适用于数字。但是，你还可以使用它来比较各种数据。例如，当调用 print(LessThan("G", "H")) 时，输出为 [1] TRUE。但是，如果反转两个参数，则会得到 [1] FALSE 的输出。可以使用这个简单的功能来比较日期和各种其他数据类型。当然在现实世界中，你所创建的函数会更加复杂，但是这个简单的示例可以让你了解什么是可能的，以及如何扩展函数的功能。

5.7.5 查找平均值和中位数

R 提供了内置的函数来查找平均值和中位数。函数 mean() 具有以下语法：

```
mean(x, trim=0, na.rm=FALSE)
```

其中各个参数的含义如下。

» x：包含输入向量。

» trim：确定从排序向量两端下降的观察次数。

» na.rm：指定是否从输入向量中删除缺失值。

如果创建样本向量，例如 MySamples <- c(19, 4, 5, 7, 29, 19, 29, 13, 25, 19, 42)，则 mean(MySamples) 的输出为 [1] 19.18182。

查找中位数也是一样简单。在这个示例中，你可以使用具有以下语法的 median() 函数：

```
median (x, na.rm = FALSE)
```

使用相同的样本向量并调用 median(MySamples) 产生的输出为 [1] 19。

R 不提供查找模式的内置函数。你必须创建自己设计的函数或使用市场上可用的外部包之一。外部包代表很少的工作量。对于查找模式，你必须安装并使用这样的外部程序包。以下代码显示了如何使用 modeest 2.1 软件包查找模式：

```
install.packages("modeest")
library(modeest)

MySamples <- c(19, 4, 5, 7, 29, 19, 29, 13, 25, 19, 42)
mlv(MySamples, method = "mfv")
```

当你调用 install.packages() 时，可能会看到一条警告消息，R 不能将包信息写入默认的目录。然后函数 install.packages() 建议创建个人库，这也是你应该采用的方式。接下来，函数 install.packages() 要求你选择一个用于下载软件包的镜像。选择最接近你所在位置的镜像。

简单的包安装之后你还无法使用它，你必须使用 library() 函数将包读取到内存中。

函数 mlv() 提供了模式的估计。该库还提供了用于绘图和打印的 mlv() 形式。要查看所有其他的选项，请使用 library(help = "modeest") 函数。在这个示例中，mlv() 使用最常用值（mfv）的方法来计算模式。这个示例的输出是：

```
Mode (most likely value): 19
Bickel's modal skewness: 0
Call: mlv.default(x = MySamples, method = "mfv")
```

5.7.6 通过图表来表示你的数据

R 提供所有典型的图表和图形：饼图、条形图、框图、直方图、曲线图和散点图。

附加库为你提供了更多选项。书中的很多示例都显示了图形输出，所以这一节比较简短。在这个示例中，你首先使用样本数据创建一个向量，MySamples <- c(19, 4, 5, 7, 29, 19, 29, 13, 25, 19, 42)。调用 barplot(MySamples) 会产生如图 5-1 所示的输出。

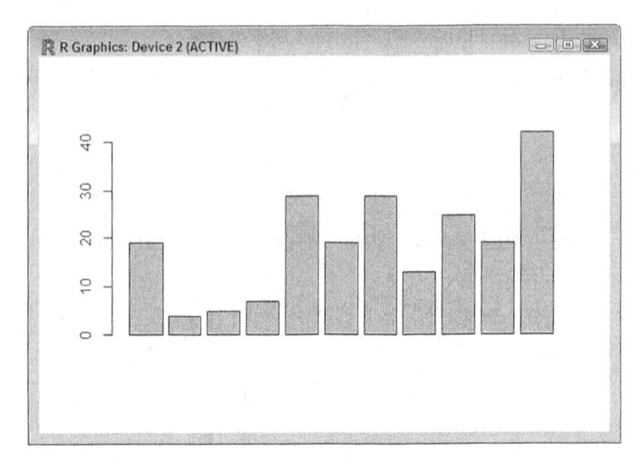

图5-1
条形图的简单示例。

当然，这是你可以创建的最基本的输出。R 提供了许多修改输出的方法，使其看起来像你所期望的那样。基本的 barplot() 函数的语法如下：

```
barplot (H, xlab, ylab, main, names.arg, col)
```

其中各个参数的含义如下。

- H：提供用于条形图的数值向量或矩阵。
- xlab：定义 *x* 轴的标签。
- ylab：定义 *y* 轴的标签。
- main：指定条形图的标题。
- names.arg：提供出现在条形下面的名称向量。
- col：包含用于图中条形着色的颜色列表。

本章内容

确定使用哪个版本的 Python 用于机器学习

在 Linux 系统、Windows 系统和 Mac OS X 上安装 Python

获取数据集和示例代码

第6章 安装Python

在使用 Python 或使用它来解决机器学习问题之前，你需要一个可行的安装。此外，你需要访问本书中使用的数据集和代码。下载示例代码（可以在达人迷官网中找到）并将其安装在系统上是从书中获得良好学习体验的最佳方式。本章帮助你设置系统，以便你可以轻松地按照本书其余部分中的示例进行操作。

使用可下载的源代码并不妨碍你自己输入示例、使用调试器、扩展它们或以其他方式来处理代码。可下载的源代码让你在机器学习和 Python 学习体验中拥有一个良好的开端。看到代码如何正确地被输入、配置和运行后，你可以尝试自己创建示例。如果犯了错误，你可以将输入的内容与下载的源代码进行比较，这样可以准确地发现错误存在的位置。你可以在“ML4D; 06; Sample.ipynb”和“ML4D; 06; Dataset Load.ipynb”文件中找到本章的下载源。（“资源与支持”会告诉你在哪里下载本书的源代码。）

在本书中使用 Python 2.7.x

目前有两个并行的 Python 开发版本。大多数书通过最新版的语言来做示范。但是，实际上，在本书撰写之时，Python 存在两个可以使用的版本：

2.7.11 和 3.5.1。Python 很特殊，因为一组人使用其中一个版本，而其他人使用另外一个版本。由于执行机器学习任务的数据科学家和其他人主要使用 2.7.x 版本的 Python，所以本书主要使用这个版本。（最终，所有的开发任务都将转移到 3.x 版本的产品上。）使用 2.7.x 版本意味着，当你读完本书时，就可以更好地与执行机器学习任务的其他人员合作。如果本书使用的是 3.5.x 版本，那么你可能会很难理解在实际应用程序中看到的示例。

如果你真的想使用 3.5.x 版本来体验本书，没有问题，但你需要明白，这些示例可能不能直接运行。例如，当使用 Python 2.7 的 print() 函数时，绝对不要包含括号。在 Python 3.5 版本中相同的函数则会引发错误，除非你使用了括号。即使它看上去是一个小小的差异，但足以让一些人造成混乱，学习示例的时候你需要牢记这点。

幸运的是，你可以找到许多在线网站，它们记录了 2.7 版本和 3.5 版本的区别。容易理解的网站之一是 nbviewer，另一个很棒的网站是 Spartan Ideas。如果你选择使用 3.5 版本来体验本书，这些网站将对你很有帮助。但是，本书仅支持 2.7 版本，如果使用 3.5 版本，你将自己承担可能的风险。请在本书的博客中关注机器学习的变化。该博客将帮助你进行相应的调整，以跟上最近的更新。

6.1 为机器学习选择Python的版本

你完全可以获取 Python 的通用副本，并添加所有必需的机器学习库。这个过程可能是很困难的，因为你需要确保所有必需的库都具有正确的版本，以保证最终的成功。此外，你还需要执行所需的配置以确保库在需要的时候可以被访问。幸运的是，这些工作并非必不可少的，因为一些 Python 机器学习产品可供你直接使用。这些产品提供了开始机器学习项目所需的一切。

REMEMBER

可以使用以下部分提到的任何包来使用本书中的示例。本书的源代码和可下载的源代码依赖于 Continuum Analytics Anaconda，因为这个特定的包适用于本书支持的每个平台：Linux、Mac OS X 和 Windows。本书之后的章节没有提到这个特定的包，但是任何屏幕截图都反映了在 Windows 上使用 Anaconda 的情况。你可能需要调整代码以使用另一个包，而且如果在其他平台上使用 Anaconda，截图看起来也会有所不同。

使用 Python 时，Windows 10 出现了一些严重的安装问题。你可以在我的博客 John's Random Thoughts and Discussions 了解有关的问题。鉴于我撰写的其他 Python 图书的读者们已经提出了反馈意见，表示 Windows 10 不能提供良好的工作环境，所以我很难将 Windows 10 推荐为本书的 Python 平台。如果你正在使用 Windows 10，那就需要注意了，你的 Python 安装必定是一条崎岖之路。

6.1.1 获取Continuum Analytics Anaconda

你可以在 Anaconda 官方网站上，获取 Anaconda 基本包的免费下载。只需单击 Download Anaconda（下载 Anaconda ）即可访问该免费产品。你需要提供一个电子邮件地址来获取 Anaconda 的副本。提供电子邮件地址后，将跳转到另一个页面，你可以在该页面上选择平台以及该平台对应的安装程序。Anaconda 支持以下平台：

- 32 位和 64 位 Windows（安装程序可能只有 64 位或 32 位版本，具体取决于它检测到的 Windows 版本）；
- 32 位和 64 位 Linux ；
- 64 位 Mac OS X 。

默认的下载版本为 Python 2.7，这也是本书所使用的版本（相关详细信息，请参阅“在本书中使用 Python 2.7.x”）。你还可以通过单击页面的 Python 3.5 部分中的链接之一，选择安装 Python 3.5。 Windows 和 Mac OS X 都提供图形安装程序。使用 Linux 时，你将依靠 bash 实用程序。

你可以获取使用旧版本 Python 的 Anaconda。如果要使用旧版本的 Python，请单击页面底部附近的安装程序存档链接。只有当你迫切需要时，才应使用旧版本的 Python。

Miniconda 安装程序可以通过限制安装的功能数量来节省时间。但是，试图确定你需要哪些软件包是一个容易出错且耗时的过程。一般来说，你需要执行完整的安装，以确保拥有项目所需的一切。在大多数系统上，即使完全安装也不需要太多的时间和精力。

本书只需要免费的产品。但是，当你浏览这些网站时，会看到许多其他附加产品是可用的。这些产品可以帮助你创建强大的应用程序。例如，当你将“Accelerate”添加到组合中时，将获得执行多核和 GPU 操作的能力。使用这些附加产品不在本书的讨论范围之内，但是 Anaconda 网站提供了使用它们的详细信息。

6.1.2 获取Enthought Canopy Express

Enthought Canopy Express 是一款免费产品，它使用 Python 生成技术型和科学型的应用程序。你可以在 Enthought 官方网站中获取它。单击主页上的 Download Free，查看可以下载的版本列表。只有 Canopy Express 是免费的，完整版的 Canopy 产品是需要付费的。但是，你完全可以使用 Canopy Express 来处理本书中的示例。Canopy Express 支持以下平台：

- 32 位和 64 位 Windows；
- 32 位和 64 位 Linux；
- 32 位和 64 位 Mac OS X 。

选择要下载的平台和版本。当单击 Download Canopy Express 时，你会看到一个可选的表单供你提供有关自己的信息。即使你不向该公司提供个人信息，下载仍然会自动开启。

Canopy Express 的优点之一是：Enthought 为学生和教师提供了大力的支持。人们还可以参加课程，包括在线教育，学习 Canopy Express 的各种使用方式。

还有为数据科学家特别设计的直播课堂培训。有关此培训的具体内容，请访问 Enthought 官网。数据科学的课程不会向你介绍解决机器学习问题的细节，但它们可以帮助你了解如何使用大数据，可以解决部分机器学习问题。简而言之，了解数据科学对你使用 Python 进行机器学习有所帮助，但它并不能完全消除学习曲线。

6.1.3 获取pythonxy

pythonxy 集成开发环境（IDE）是一个社区项目，托管在谷歌上。它是一个仅用于 Windows 系统的产品，因此对于跨平台的需求，你无法方便地使用它。（事实上，它只支持 Windows Vista、Windows 7 和 Windows 8。）但是，它附带了一整套库，而且如果你需要，可以轻松地使用它来实验本书的示例。

由于 pythonxy 使用的是 GNU 通用公共许可证（GPL）v3，因此你无须担心附加组件、培训或其他付费功能。此外，你可以访问 pythonxy 的所有源代码，可以根据需要进行修改。

6.1.4 获取WinPython

该名称告诉你，WinPython 是一个仅用于 Windows 的产品，你可以在 WinPython 官网上找到它。这个产品实际上是 pythonxy 的一个附属产品，并不能替换 pythonxy。恰恰相反，WinPython 只是提供一个更加灵活的方式来运用 pythonxy。你可以在 WinPython 官网上了解创建 WinPython 的动机。

该产品的基础是以一点友好性和平台集成作为代价来换取灵活性。但是，对于需要维护多个 IDE 版本的开发人员而言，WinPython 可能会有很大的不同。当使用 WinPython 实验本书时，请特别注意配置问题，否则即使是直接下载的代码也几乎无法运行。

6.2 在Linux系统上安装Python

需要使用命令行在 Linux 上安装 Anaconda——没有图形安装的选项。在执行安装之前，必须从 Continuum Analytics 网站下载一份 Linux 软件的副本。可以在 6.1.1 节找到所需的下载信息。无论是使用 32 位版本的还是 64 位版本的 Anaconda，以下的步骤都适用于任何 Linux 系统。

（1）打开一个终端。

出现终端窗口。

（2）将目录切换到系统中 Anaconda 的下载目录。

文件的名称可能有所不同，但通常在 32 位系统上看起来像 Anaconda2-2.4.1-Linux-x86.sh，在 64 位系统上看起来像 Anaconda2-2.4.1-Linux-x86_64.sh。版本号是文件名的一部分。在这个示例中，文件名指向的版本是 2.4.1，也就是本书使用的版本。如果使用其他的版本，运行源代码时可能会遇到问题，需要进行适当的调整。

（3）输入 bash Anaconda2-2.4.1-Linux-x86.sh（对于 32 位版本）或 Anaconda2-2.4.1-Linux-x86_64.sh（对于 64 位版本），然后按回车（Enter）键。

安装向导启动，然后要求你接受使用 Anaconda 的许可条款。

（4）阅读许可协议，并接受你的 Linux 版本所需方法的条款。

安装向导会要求你提供 Anaconda 的安装位置。本书假设你使用了默认的位置（~/anaconda）。如果你选择了其他的位置，那么可能需要修改本书后面的一些程序以配合你的设置。

（5）提供安装的位置（如果需要），然后按回车（Enter）键，或者单击 Next（下一步）按钮。

开始应用程序提取过程。提取完成后，你会看到完成的提示。

（6）使用你的 Linux 版本的方法，将安装路径添加到 PATH 环境变量。

你可以开始使用 Anaconda 了。

6.3 在Mac OS X上安装Python

Mac OS X 上的安装只有一种形式：64 位。在执行安装之前，必须从 Continuum Analytics 网站下载 Mac 版软件的备份。可以在 6.1.1 节找到所需的下载信息。以下步骤可以帮助你在 Mac 系统上安装 64 位的 Anaconda。

（1）确认系统中 Anaconda 副本下载的位置。

尽管文件的名字有所不同，但它通常看起来像 Anaconda2-2.4.1-MacOSX-x86_64.pkg。版本号是文件名的一部分。在这个示例中，文件名指向的版本是 2.4.1，它也是本书使用的版本。如果你使用其他的版本，运行源代码时可能会遇到问题，需要进行适当的调整。

（2）双击安装程序。

系统将显示一个介绍对话框。

（3）单击 Continue（继续）按钮。

向导会询问你是否要查看 Read Me（自述）文档。你可以稍后阅读这些资料。现在，你可以放心地跳过这些信息。

（4）单击 Continue（继续）按钮。

向导显示了许可协议。请务必阅读许可协议，以便了解使用条款。

（5）如果同意许可协议，单击 I Agree（我同意）按钮。

向导会要求你提供安装的位置。该位置决定了你是为单个用户还是为用户组进行安装。

WARNING

你可能会看到一条错误消息，提示无法在系统上安装 Anaconda。错误消息是由安装程序的 Bug 导致，与你的系统无关。为了消除这个错误消息，请选择 Install Only for Me（仅为我安装）的选项。这也意味着在 Mac 系统上，你无法为一组用户安装 Anaconda。

（6）单击 Continue（继续）按钮。

安装程序将显示一个对话框，其中包含了用于更改安装类型的选项。如果要修改 Anaconda 在系统上的安装位置，请单击 Change Install Location（更改安装位置）按钮。（本书假设你使用 ~/anaconda 的默认路径。）如果要修改程序安装的方式，请单击 Customize（自定义）按钮。例如，你可以选择不在 PATH 环境变量中添加 Anaconda。但是，本书假定你选择了默认的安装选项，因为除非你已经安装了 Python 2.7 的副本，否则没有必要改变默认的安装设置。

（7）单击 Install（安装）按钮。

安装开始。将出现一个进度条告诉你安装的进展。安装完成后，你将看到一个完成的对话框。

（8）单击 Continue（继续）按钮。

你可以开始使用 Anaconda 了。

TIP

Continuum 还提供了命令行版的 Mac OS X 安装。该文件的名称为 Anaconda2-2.4.1-MacOSX-x86_64.sh，你可以使用 bash 实用程序以 Linux 系统的方式进行安装。然而，从命令行安装 Anaconda 没有任何优势，除非你需要将其作为自动安装的一部分。如本节所述的方式使用 GUI 版本，将会更容易。

6.4 在Windows系统上安装Python

Anaconda 配有 Windows 的图形化安装应用程序，因此就像任何其他安装一样，使用向导将获得良好的安装体验。当然，在开始之前，你需要安装文件的副本，可以在 6.1.1 节中找到所需的下载信息。无论使用 32 位还是 64 位版本的 Anaconda，以下步骤都适用于任何 Windows 系统。

（1）确定系统中 Anaconda 副本下载的位置。

文件的名字有所不同，但通常 32 位版本看起来像 Anaconda2-2.4.1-Windows-x86.exe，64 位版本看起来像 Anaconda2-2.4.1-Windows-x86_64.exe。版本号是文件名的一部分。在这个示例中，文件名指向的版本是 2.4.1，它也是本书使用的版本。如果你使用其他的版本，运行源代码时可能会遇到问题，需要进行适当的调整。

（2）双击安装程序。

你可能会看到一个打开文件——安全警告对话框，询问你是否要运行此文件。如果看到此对话框弹出，请单击 Run（运行）按钮。你将看到类似图 6-1 的 Anaconda2 2.4.1 安装程序对话框。你所看到的具体对话框内容取决于你下载的 Anaconda 安装程序的版本。如果你有 64 位操作系统，使用 64 位版本的 Anaconda 始终是最棒的选择，这让你可以获得最佳的性能。第一个对话框会告诉你是否正在安装 64 位版本的产品。

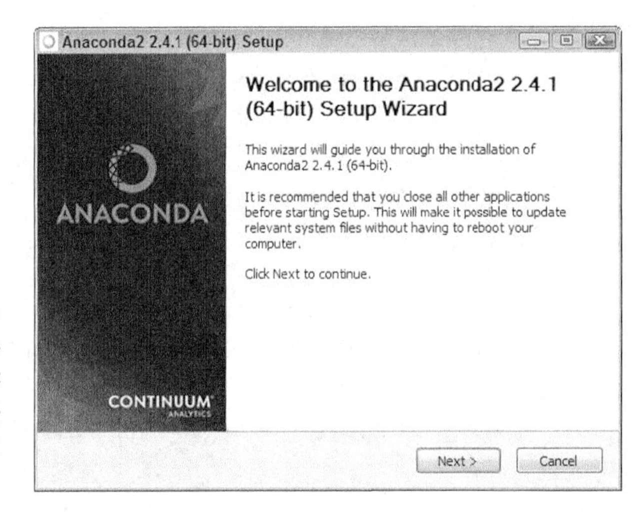

图6–1 安装过程一开始，安装程序会告诉你是否在安装64位的版本。

（3）单击 Next（下一步）按钮。

该向导会显示许可协议。请务必仔细阅读许可协议，以便了解使用条款。

（4）如果同意许可协议，单击 I Agree（我同意）按钮。

有人会问要执行哪种安装类型，如图 6-2 所示。在大多数情况下，你只想为自己安装该产品。例外情况是，如果有多人使用你的系统，并且他们都需要访问 Anaconda。

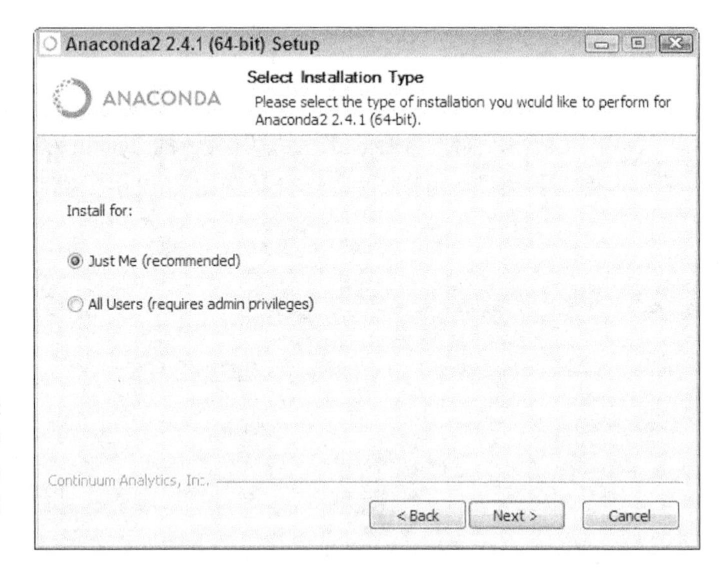

图6-2 告诉安装向导如何在你的系统上安装Anaconda。

（5）选择一个安装类型，然后单击 Next（下一步）按钮。

向导询问在磁盘上何处安装 Anaconda，如图 6-3 所示。本书假设你使用了默认的位置。如果你选择了其他位置，可能需要修改本书后面的一些步骤以配合你的设置。

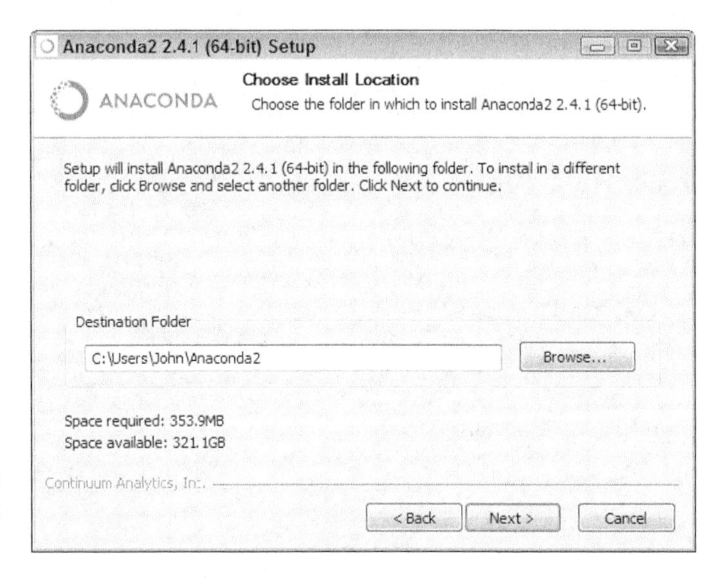

图6-3 指定安装的位置。

（6）选择安装位置（如果需要），然后单击 Next（下一步）按钮。

你将看到高级安装选项，如图 6-4 所示。图中显示的是默认选项，在大多数情况下，无须更改它们。如果 Anaconda 不提供默认的 Python 2.7（或 Python 3.5）安装，你可能需要更改它们。但是，本书假定你使用了默认的选项来设置 Anaconda。

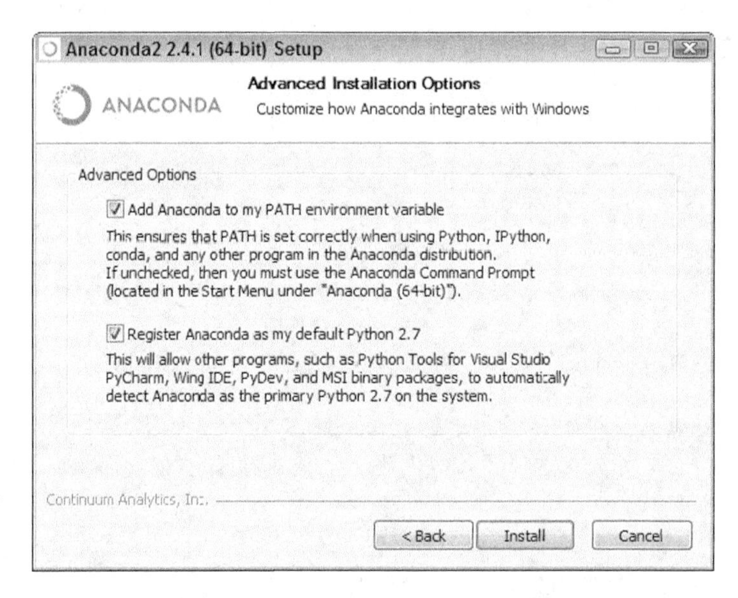

图6–4 配置高级的安装选项。

（7）更改高级安装选项（如有必要），然后单击 Install（安装）按钮。

你将看到一个带有进度条的安装对话框。安装过程可能需要几分钟的时间。安装过程结束后，你将看到 Next（下一步）按钮。

（8）单击 Next（下一步）按钮。

向导告诉你安装已经完成。

（9）单击 Finish（完成）按钮。

你可以开始使用 Anaconda 了。

关于屏幕的截图

当你阅读本书时，可以使用自己选择的IDE来打开包含本书源代码的Python和Python Notebook文件。这里包含IDE特定信息的每个截图都取自Anaconda，因为Anaconda可以在本书支持的所有3个平台上运行。使用Anaconda并不意味着它是最好的IDE或作者正在推荐它，Anaconda只是作为演示的一种选择。

当你使用Anaconda时，图形（GUI）环境的名称Jupyter Notebook在所有3个平台中都是相同的，你甚至在演示文稿中看不到任何显著的差异。（Jupyter Notebook是IPython的最新进化，所以你可能会看到在线资源指向IPython Notebook。）你所看到的差异很小，在阅读本书时可以忽略它们。考虑到这一点，本书确实依赖于Windows 7的截图。在Linux、Mac OS X或其他Windows平台上运行时，你应该会看到演示中存在一些差异，但是这些不同应该不会影响示例的使用。

6.5 下载数据集和示例代码

本书探讨了如何使用Python来执行机器学习任务。当然，你可以花费大量时间从头开始创建示例代码，进行调试，然后发现它与机器学习的关系，或者也可以轻松地下载已经编写好的代码，这样你就可以马上开始工作了。同样，创建足够大的机器学习的数据集需要相当长的一段时间。幸运的是，你可以很容易地使用一些数据科学库提供的功能来访问标准化的预处理数据集（这也适用于机器学习）。以下部分可帮助你下载和使用示例代码和数据集，以便节省时间并立即开始数据科学相关的任务。

6.5.1 使用Jupyter Notebook

为了使本书中相对复杂的代码更容易使用，你可以使用Jupyter Notebook。该界面可让你轻松地创建包含任意数量示例的Python Notebook文件，而且每个示例都可以独立运行。该程序在浏览器中运行，因此使用何种平台进行开发无关紧要，只要系统有一个浏览器，就可以工作了。

1. 启动Jupyter Notebook

大多数平台提供了访问Jupyter Notebook的图标。只需打开此图标就可以访问 Jupyter Notebook。例如，在 Windows 系统上，你可以选择 Start（开始）⇨All Programs（所有程序）⇨Anaconda⇨Jupyter Notebook。图 6-5 展示了在 Firefox 浏览器中查看该界面的效果。具体的外观取决于你所使用的浏览器和安装的平台类型。

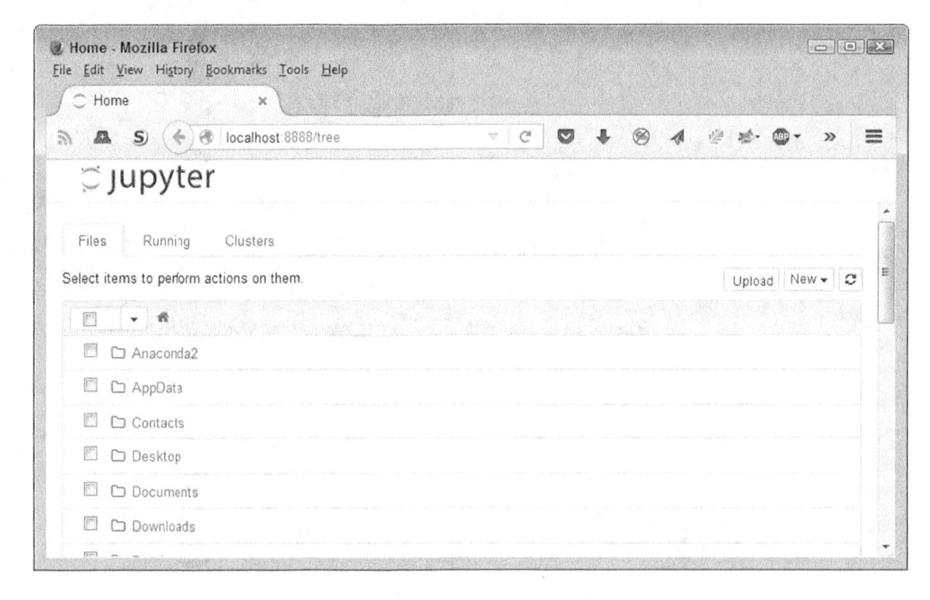

图6-5 Jupyter Notebook 提供了一种简单的方式来创建机器学习的示例。

如果你的平台并不提供基于图标的快捷访问，则可以使用以下步骤访问 Jupyter Notebook。

（1）在你的系统上打开命令提示窗口或者终端窗口。

打开窗口之后，你就可以输入命令了。

（2）在你的机器上，将目录切换到 \Anaconda2\Scripts。

大多数系统允许你使用 CD 命令完成此任务。

（3）输入“..\ python ipython2-script.py notebook”并按回车（Enter）键。

Jupyter Notebook 页面在浏览器中打开。

2. 停止Jupyter Notebook服务器

无论你如何启动 Jupyter Notebook（本书的其余部分只使用 Notebook 一词来表示），系统通常会打开一个命令提示窗口或终端窗口来托管 Jupyter Notebook。此窗口包含使应用程序能够运作的服务器。在会话完成并关闭浏览器窗口后，选择服务器窗口，然后按 Ctrl + C 或 Ctrl + Break 组合键来停止服务器。

6.5.2　定义代码库

你在本书中所创建和使用的代码将位于硬盘驱动器上的存储库中。你可以将存储库视为一种柜子，而代码就放置在其中。Notebook 打开一个抽屉，拿出文件夹，并向你展示代码。你可以修改它，在文件夹中运行各个示例，添加新的示例，并以自然的方式与代码进行简单的交互。通过以下部分，你将开始使用 Notebook，并可以理解整个存储库是如何运作的。

1. 为本书定义文件夹

合理组织文件是一件非常值得做的事情，它让你之后可以轻松地访问这些文件。本书将文件保存在 ML4D（Machine Learning for Dummies）文件夹中。在 Notebook 中使用以下步骤创建一个新的文件夹。

（1）选择 New（新建）➪ Folder（文件夹）。

Notebook 创建一个名为 Untitled Folder（未命名文件夹）的新文件夹，如图 6-6 所示。文件名将以字母数字的顺序显示，因此你可能最初看不到它，必须向下滚动到正确的位置才能看见。

图6-6　新建的文件夹的名称为 Untitled Folder（未命名文件夹）。

（2）选中 Untitled Folder（未命名文件夹）条目旁边的选择框。

（3）在页面的顶部，单击 Rename（重命名）按钮，你将看到如图 6-7 所示的 Rename directory（目录重命名）对话框。

（4）输入 ML4D 并单击 OK（确认）按钮。

Notebook 会为你更改文件夹的名称。

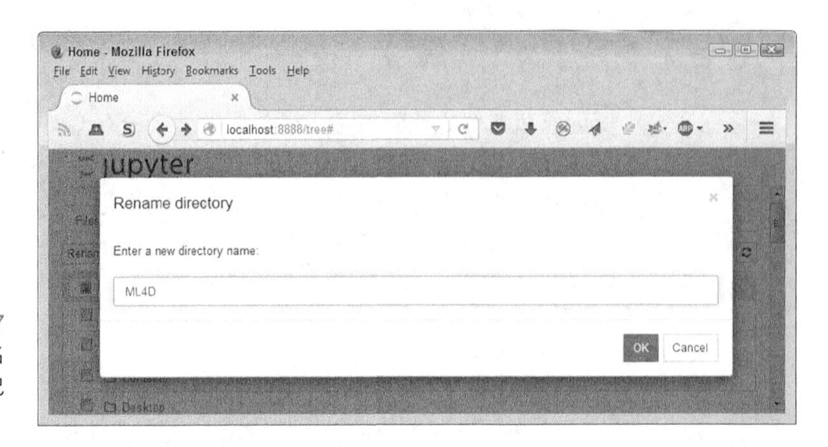

图6-7 修改目录的名称，以便自己记住其中的条目。

（5）单击列表中新的 ML4D 条目。

Notebook 将位置更改为 ML4D 文件夹，你将使用这个文件夹练习本书的示例。

2. 创建一个新的Notebook

每个新建的 Notebook 都像一个文件夹。你可以将单个示例放在文件夹中，就像将纸张放入现实中的文件夹一样。每个示例都显示在单元格中。你也可以将其他类型的东西放在文件夹中，随着本书的展开你将看到相关的内容。使用以下步骤创建一个新的 Notebook。

（1）单击 New（新建）➪ Python 2。

在新的 Notebook 浏览器中打开一个新标签，如图 6-8 所示。请注意，Notebook 包含一个单元格，并突出显示了该单元格，以便你可以在其中输入代码。Notebook 的标题现在是 Untitled。这并不是一个特别有用的标题，你需要修改它。

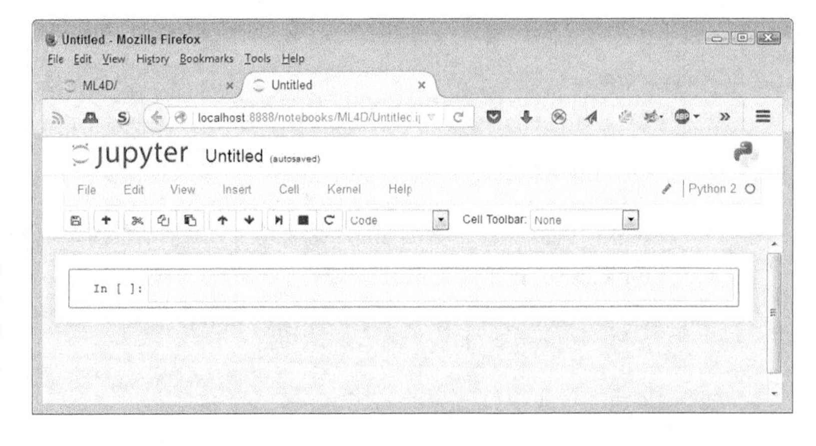

图6-8 Notebook包含了单元格，你将在其中输入代码。

（2）单击页面上的 Untitled。

Notebook 会询问你新的名称，如图 6-9 所示。

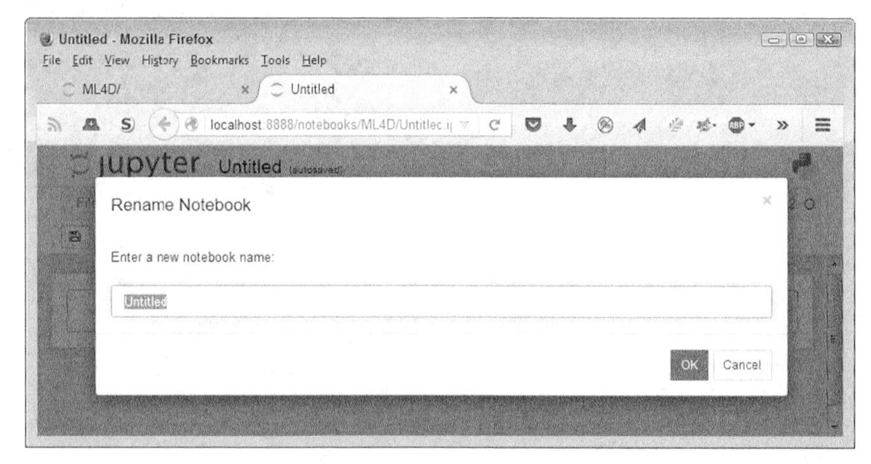

图6-9
为Notebook取个新名字。

（3）输入“ML4D;06;Sample”并按回车（Enter）键。

新的名字告诉我们它是本书第 6 章的 Sample.ipynb 文件。使用这个命名约定，你可以轻松地将这些文件与存储库中的其他文件区分开来。

当然，示例 Notebook 中还没有任何内容。将光标放在单元格中，输入“print 'Python is really cool!'”，然后单击 Run（运行）按钮（工具栏上带有向右箭头的图标）。你将看到如图 6-10 所示的输出。输出和代码处于同一单元格内。但是，Notebook 从视觉上将输出与代码分开，以便你区分它们。Notebook 会自动地为你创建一个新的单元格。

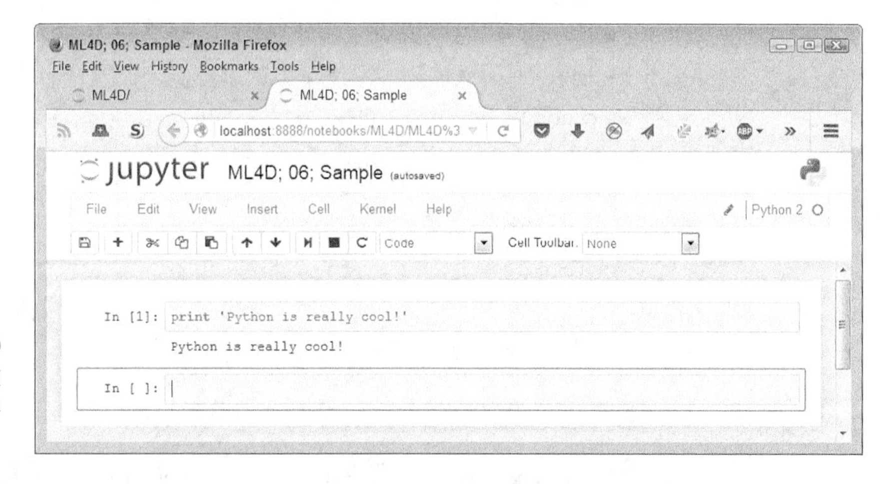

图6-10
Notebook使用单元格来存储代码。

使用完毕后，关闭 Notebook 是很重要的。如果要关闭 Notebook，请选择 File（文件）➪ Close（关闭）来终止它。返回主页，你可以在其中看到刚刚创建的 Notebook 被添加到了列表中，如图 6-11 所示。

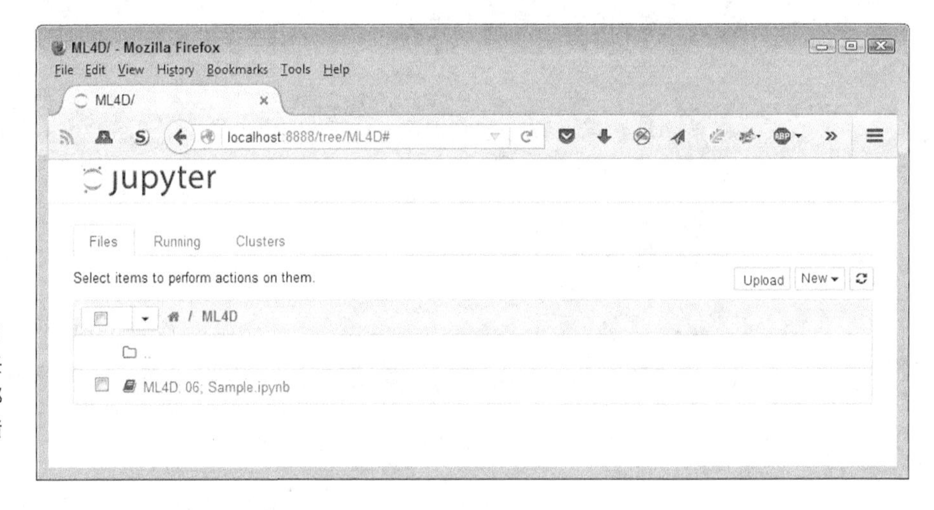

图6-11 你所创建的任何Notebook都会出现在存储库列表中。

3. 导出一个Notebook

将创建的 Notebook 仅留给自己使用并不是很有趣。在某些时候，你想与其他人分享这些 Notebook。为了达到这个目的，必须将你的 Notebook 从存储库中导出为文件。然后，你就可以将其发送给其他人，他们将其导入自己的存储库中。

上面展示了如何创建名为“ML4D;06;Sample”的文件。你可以通过单击其在存储库列表中的条目来打开此 Notebook。重新打开文件，你就可以再次看到自己的代码。要导出此代码，请选择 File（文件）➪ Download As（下载为）➪ IPython Notebook。你看到的内容取决于你的浏览器，但通常会看到某种对话框要求你将 Notebook 保存为一个文件。使用相同的方法来保存 IPython Notebook 文件，就像使用浏览器保存任何其他文件一样。

4. 删除一个Notebook

有的时候 Notebook 已经过时了，或者你根本不再需要使用它们了。你可以从列表中删除这些不需要的 Notebook，而不是让存储库被这些没有用的文件夹塞满。使用以下这些步骤删除文件。

（1）选中条目“ML4D;06;Sample.ipynb”旁边的选择框。

（2）在页面顶部单击 Delete（删除）按钮。

你将看到如图 6-12 所示的 Delete（删除）Notebook 的警告消息。

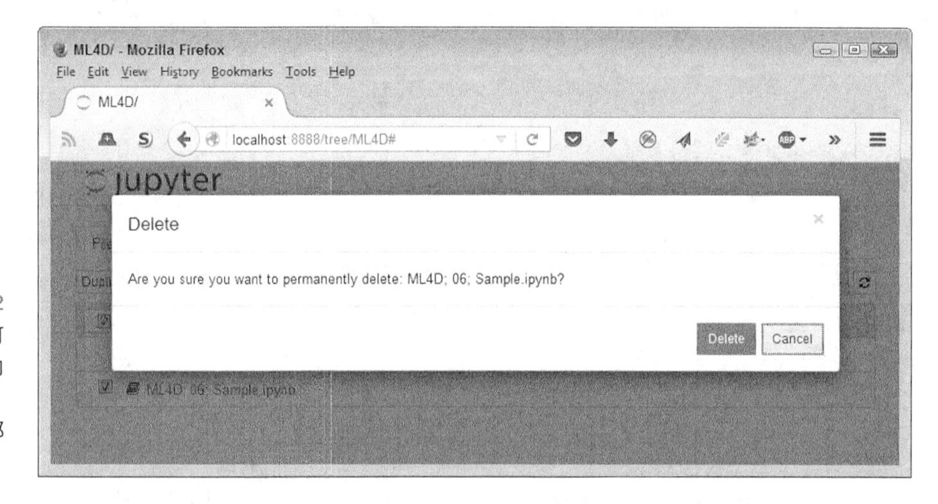

图6-12 在你删除任何存储库中的文件之前，Notebook都会发出警告。

（3）单击 Delete（删除）按钮。

系统将文件从列表中删除。

5. 导入一个Notebook

要使用本书的源代码，你必须将下载的文件导入存储库中。源代码来自一个归档文件，你可以将其解压缩到硬盘上的某个位置。存档包含一个.ipynb（IPython Notebook）文件的列表，这些是本书的源代码（有关下载源代码的详细信息，请参阅前言中的介绍）。以下步骤描述了如何将这些文件导入你的存储库中。

（1）在页面顶端单击 Upload（上传）按钮。

你看到的具体页面取决于你的浏览器。在大多数情况下，你会看到某种类型的文件上传对话框，它可以访问硬盘上的文件。

（2）对于你希望导入 Notebook 中的文件，导航至包含该文件的目录。

（3）选择一个或多个文件，然后单击 Open（打开）按钮开始上传过程。

你将看到选中的文件被添加到上传列表中，如图 6-13 所示。该版本还不是存储库的一部分——你只是选择将其上传。

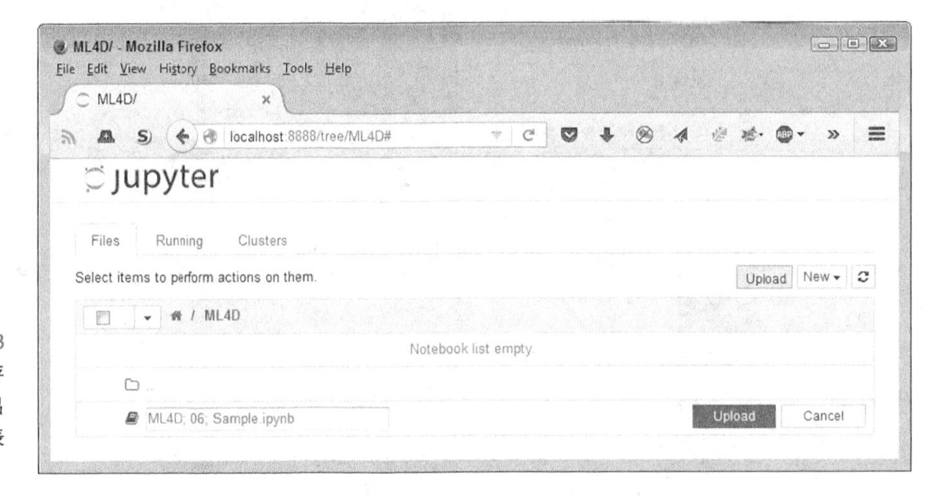

图6-13 你希望加入存储库的文件出现在上传列表中。

（4）单击 Upload（上传）按钮。

Notebook 将该文件放在存储库中，这样你就可以开始使用它了。

6.5.3 了解本书所使用的数据集

本书使用了多个数据集，它们都在 scikit 学习库中。这些数据集展示了你运用数据的各种方式，以及如何在示例中使用它们来执行各种任务。以下列表快速概述了用于将数据集导入 Python 代码中的函数。

- load_boston()：使用波士顿房价数据集的回归分析。
- load_iris()：使用鸢尾花数据集的分类。
- load_diabetes()：使用糖尿病数据集的回归。
- load_digits([n_class])：使用数字数据集的分类。
- fetch_20newsgroups(subset ='train')：来自 20 个新闻组的数据。
- fetch_olivetti_faces()：来自 AT & T 的 Olivetti 面部数据集。

在各个示例中，用于加载数据集的技术是相同的。以下示例展示了如何加载波士顿房价数据集。你可以在 ML4D;06;Dataset Load.ipynb Notebook 中找到代码。

```
from sklearn.datasets import load_boston
Boston = load_boston()
print Boston.data.shape
```

要了解代码如何工作，请单击 Run Cell（运行单元格）按钮。print 调用的输出是 (506L，13L)。你可以看到如图 6-14 所示的输出。

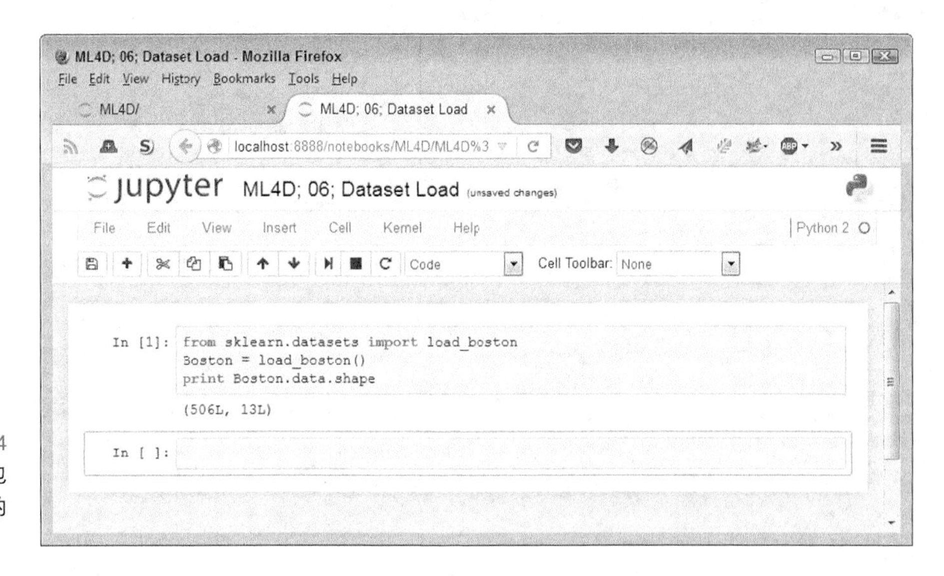

图6-14 Boston项目包含了所加载的数据集。

本章内容

- 执行处理数字和逻辑的任务
- 处理字符串
- 处理日期
- 使用函数封装多个任务
- 决策并重复任务
- 使用集合、列表和元组管理数据
- 使用迭代器访问单个项目
- 使用索引后的存储，让数据更易访问
- 使用模块封装代码元素

第7章

使用Anaconda进行Python编程

第6章介绍了不同场景下的 Python 安装情况，包括用于机器学习和数据科学的场景。本章的重点是提供一个良好的概述：介绍 Python 作为一种语言是如何解决机器学习问题的。如果你对 Python 已经有所了解，可以跳过本章进入下一章。但是，最好快速浏览本章并测试一些示例，以确保你的 Python 安装完好。

如果你刚刚开始使用 Python，那么你不能将本书作为从头开始学习 Python 的入门图书——对于入门，你需要一本书，例如本书的共同作者约翰•穆勒（John Mueller）所撰写的 *Beginning Programming with Python For Dummies*，或者是教程“The Python Tutorial”。本章假设你已经使用过其他的编程语言，对 Python 的工作原理有基本的了解。除此之外，你还可以使用本章来回忆 Python 中的工作原理，这正是许多人真正需要的。你将领悟使用 Python 数据类型、编码结构和数据操作策略的基础知识。

本书使用 Python 2.7.x。如果你在本书的示例上尝试使用 Python 3.5.1（或以上版本），可能需要修改示例以弥补版本不同导致的差异。第 6 章提供了有关 Python 版本差异的详细信息。通过本章的示例，你将了解本书中其他示例的大致内容，以及在解决机器学习问题时是否需要使用 3.5.1 版本。

7.1 使用数字和逻辑

机器学习涉及各种数据的处理，但大部分工作涉及数字。此外，你可以使用逻辑值对数据进行决策。例如，你可能需要知道两个值是否相等或一个值是否大于另一个值。 Python 支持这些数值和逻辑值类型。

- **任何整数都是一个整数类型**。例如，值 1 是整数，因此它是一个整数类型。1.0 不是整数，它有一个小数部分，所以它不是一个整数类型。整数由 int 数据类型表示。在大多数平台上，你可以使用 int 来存储 –9 223 372 036 854 775 808 和 9 223 372 036 854 775 807（这是 64 位变量所能容纳的最大值）之间的数字。
- **包含小数部分的任何数字都是一个浮点类型的值**。例如，1.0 具有小数部分，因此它是一个浮点类型的值。许多人对整数和浮点数感到困惑，但是其区别很容易记住。如果你在数字中看到一个小数，它就是一个浮点数值。Python 在 float 数据类型中存储浮点值。在大多数平台上，浮点数变量可以包含的最大值为 $\pm 1.797\,693\,134\,862\,315\,7 \times 10^{308}$，最小值为 $\pm 2.225\,073\,858\,507\,201\,4 \times 10^{-308}$。
- **复数由实部和虚部组成**。假如你完全忘记了复数，可以阅读“Complex Numbers”一文。复数的虚部总是有个 j 在后面。所以，如果要创建一个复数，3 为其实部，4 为其虚部，那么可以做如下赋值：myComplex = 3 + 4j。

» **逻辑参数需要布尔值，它们以 George Bool 命名。**在 Python 中使用布尔值时，需要依赖 bool 类型。此类型的变量只能包含两个值：True 或 False。可以使用 True 或 False 关键字进行值的分配，也可以创建一个相当于 True 或 False 的逻辑表达式。例如，你可以指定 myBool = 1> 2，由于 1 不可能大于 2，因此这个表达式的取值是假。

现在你已经有了数据类型的基础知识了，可以继续进入实践部分。接下来的部分将简要介绍如何使用 Python 中的数字和逻辑数据。

关于 Python 的风格问题

Python 的开发人员设计 Python 的目的是让其易于阅读和理解。因此，它附带某些有关风格的约定。你可以在 Pep-8 风格指南中读到这些约定。如果你想与别人交换代码或在公共场所使用代码，则需要相对严格地遵守相关的约定。但是，你创建的个人代码或示例代码无须精确地遵循这些约定。

编写代码时必须使用空格规则，因为 Python 使用它们来确定代码段的开始和结束位置。此外，Python 有一些奇怪的规则，这些规则看起来可能是随机实现的，但它们使代码更容易使用。例如，在使用 Python 3 时，你不能在同一文档中混合 Tab 和空格来创建空格。（Python 2 允许混合 Tab 和空格。）首选是使用空格，而且市场上的 Python 编辑器默认情况下倾向于使用空格。

一些有关风格的约定更多是一种偏好，而和代码能否运作无关。例如，方法名称应该全部使用小写字母，并使用下划线来分隔单词，如 my_method。但是，你可以根据需要使用 camel 惯例，例如 myMethod，甚至是 Pascal 的惯例，例如 MyMethod，代码的编译完全没有问题。但是，如果要将方法设置为私有，则必须使用前置的下划线，如 _my_method。添加两个下划线（如 __my_method）会调用 Python 的命名混合，使其更难（尽管不是不可能）被别人所使用。关键在于，只要你愿意承受不完全遵守惯例的后果，就没有必要为其所限。

Python 确实包含一些神奇的关键字，例如 __init__、__import__ 和 __file__。你不会自己创建这些名字，而只会使用 Python 已经定义的现有神奇关键字。这些神奇关键字的列表在 rafekettler 官网上列出。该指南也告诉了你这些神奇关键字最常见的用途。

7.1.1 执行变量赋值

使用应用程序时，会将信息存储在变量（variable）中。变量是一种存储介质。每当你想使用这些信息的时候，都可以通过变量来访问它。如果有新的信息需要存储，则将其置于变量之中。更改信息意味着首先访问变量，然后将新的值存储在这个变量中。就像在现实世界中使用盒子来存储东西一样，在应用程序工作时，要将东西存储在变量（一种存储盒）中。要将数据存储在变量中，可以使用多个赋值运算符（这是一类特殊的符号，告诉你如何存储数据）将数据分配给它。表 7-1 展示了 Python 所支持的赋值运算符（该示例假定 MyVar 的初始值为 5）。

表7-1 Python的赋值运算符

运算符	描述	示例
=	将右边的操作对象赋予左边的操作对象	MyVar = 2 使得 MyVar 变为 2
+=	将右边操作对象的值加上左边操作对象的值，并将相加的结果赋予左边的操作对象	MyVar += 2 使得 MyVar 变为 7
−=	将左边操作对象的值减去右边操作对象的值，并将相减的结果赋予左边的操作对象	MyVar −= 2 使得 MyVar 变为 3
*=	将右边操作对象的值乘以左边操作对象的值，并将相乘的结果赋予左边的操作对象	MyVar *= 2 使得 MyVar 变为 10
/=	将左边操作对象的值除以右边操作对象的值，并将相除的结果赋予左边的操作对象	MyVar /= 2 使得 MyVar 变为 2.5
%=	将左边操作对象的值除以右边操作对象的值，并将余数赋予左边的操作对象	MyVar %= 2 使得 MyVar 变为 1
**=	将左边操作对象的值作为底，将右边操作对象的值作为指数，并将结果赋予左边的操作对象	MyVar **= 2 使得 MyVar 变为 25
//=	将左边操作对象的值除以右边操作对象的值，并将商数的取整赋予左边的操作对象	MyVar //= 2 使得 MyVar 变为 2

7.1.2 做算术

将信息存储在变量中，我们就可以方便地访问这些信息。但是，要对变量执行任何有效的处理，通常会对其执行某种类型的算术运算。Python 支持人类常用的算术运算符。这些运算符如表 7-2 所示。

表7-2　　Python的算术运算符

运算符	描述	示例
+	将两个值相加	5 + 2 = 7
−	将左边操作对象减去右边操作对象	5 − 2 = 3
*	将左边操作对象乘以右边操作对象	5 * 2 = 10
/	将左边操作对象除以右边操作对象	5 / 2 = 2.5
%	将左边操作对象除以右边操作对象，然后返回余数	5 % 2 = 1
**	将左边操作对象的值作为底，将右边操作对象的值作为指数，计算指数值	5 ** 2 = 25
//	执行整数除法，将左边操作对象除以右边操作对象，只返回取整后的商数（也称为向下取整除）	5 // 2 = 2

有的时候你只需要处理一个变量。Python 支持单元运算符，这些运算符作用于一个变量，如表 7-3 所示。

表7-3　　Python的单元运算符

运算符	描述	示例
~	将数字中的位反转，所有为 0 的位变为 1，所有为 1 的位变为 0	～ 4 的结果是 −5
−	将原始值乘以 −1，正值变为负值，负值变为正值	−(−4) 的结果为正 4，−4 的结果为负 4
+	出于完整性的考虑，返回的值和输入的值一样	+4 的结果为正 4

由于处理器的工作方式，计算机可以执行其他类型的数学任务。需要记住的重点是，计算机将数据存储为一系列单独的位。Python 允许使用位运算符访问这些单独的位，如表 7-4 所示。

表7-4　　Python的位运算符

运算符	描述	示例
&（与）	确定参与操作的两个位是否都为 True，如果是，将结果位设为 True	0b1100 & 0b0110 = 0b0100
|（或）	确定参与操作的两个位是否有一个为 True，如果是，将结果位设为 True	0b1100 | 0b0110 = 0b1110
^（异或）	确定参与操作的两个位是否只有一个为 True，如果是，将结果位设为 True。当两个位都为 True 或者都为 False 时，结果为 False	0b1100 ^ 0b0110 = 0b1010

续表

运算符	描述	示例
～（补全值）	计算一个数字的补全值	~0b1100 = –0b1101 ~0b0110 = –0b0111
<<（左位移）	将左操作对象向左位移，次数为右操作对象的值。所有新的位设置为 0，超出范围的位被舍弃	0b00110011 << 2 = 0b11001100
>>（右位移）	将左操作对象向右位移，次数为右操作对象的值。所有新的位设置为 0，超出范围的位被舍弃	0b00110011 >> 2 = 0b00001100

7.1.3 使用布尔表达式来比较数据

使用算术来修改变量的内容是一种数据操作。为了确定数据操作的效果，计算机必须将变量的当前状态与其原始状态或已知值的状态进行比较。在某些情况下，计算机也需要检测一个输入处于何种状态。所有这些操作会检查两个变量之间的关系，所以该运算符是关系运算符，如表 7-5 所示。

表7-5　　Python的关系运算符

运算符	描述	示例
==	确定两个值是否相等。请注意关系运算符使用两个等于符号。很多开发者犯的错误是只使用了一个等于符号，结果导致将一个变量的值赋予另一个变量	1 == 2 的值为 False
!=	确定两个值是否不相等。某些老版本的 Python 允许你使用 <> 运算符来代替 != 运算符。在当前版本的 Python 中使用 <> 运算符会导致错误	1 != 2 的值为 True
>	验证左操作对象是否大于右操作对象	1 > 2 的值是 False
<	验证左操作对象是否小于右操作对象	1 < 2 的值是 True
>=	验证左操作对象是否大于或等于右操作对象	1 >= 2 的值是 False
<=	验证左操作对象是否小于或等于右操作对象	1 <= 2 的值是 True

有的时候，单个的关系运算符无法表述值比较的全部。某些情况下你可能需要检查两个单独的比较，例如 MyAge > 40 和 MyHeight < 74。在比较中加入多个条件需要使用如表 7-6 所示的逻辑运算符。

表7-6　　Python的逻辑运算符

运算符	描述	示例
and	确定两个操作数是否都为 True	True and True 的值为 True True and False 的值为 False False and True 的值为 False False and False 的值为 False
or	确定两个操作数中是否至少有一个为 True	True or True 的值为 True True or False 的值为 True False or True 的值为 True False or False 的值为 False
not	反转单个操作对象的逻辑值。True 变为 False，而 False 变为 True	not True 的值为 False not False 的值为 True

计算机使一些运算符比其他运算符具有更高的优先级，来确定比较的顺序。运算符的排序是运算符优先级。表 7-7 显示了所有常见 Python 运算符的优先级，其中包括一些你尚未看到的内容。进行比较时，请始终考虑运算符的优先级；否则，你对比较结果的假设可能是错误的。

表7-7　　Python运算符的优先级

运算符	描述
()	使用括号将表达式分组，并覆盖默认的优先级，这样你可以强制低优先级的运算符（例如加法）超越高优先级的运算符（例如乘法）
**	计算左操作对象为底，右操作对象为指数的结果
~ + −	处理单个变量或表达式的单元运算符
* / % //	乘法、除法、取模和向下取整除法
+ −	加法和减法
>> <<	向右和向左位移
&	位与
^ |	位的异或和位的标准或
<= < > >=	比较运算符
== !=	等于运算符
= %= /= //= −= += *= **=	赋值运算符
is is not	相等运算符
in not in	成员运算符
not or and	逻辑运算符

7.2 创建并使用字符串

在所有数据类型中，字符串是人们最容易理解的，但计算机完全无法理解字符串。一个字符串只是你放在双引号内的任何一组字符。例如，myString = "Python is a great language." 将一串字符分配给了 myString。

计算机根本不理解字母。你使用的每个字母都由一个内存中的数字表示。例如，字母 A 实际上是数字 65。如果你想亲自验证一下，请在 Python 提示符下输入 ord（"A"），然后按回车（Enter）键。你会看到输出为 65。可以使用 ord() 命令将任何单个字母转换为等价的数字。

计算机并不能真正地了解字符串，但是字符串在编写应用程序时非常有用，因此有时需要将字符串转换为数字。可以使用 int() 和 float() 命令执行此转换。例如，在 Python 提示符下输入 myInt = int（"123"），然后按回车（Enter）键，则会创建一个名为 myInt 的 int 值，其中包含值 123。

REMEMBER

也可以使用 str() 命令将数字转换为字符串。例如，输入 myStr = str(1234.56) 并按回车（Enter）键，则会创建一个包含值 "1234.56" 的字符串并将其分配给 myStr。关键是你可以轻松地在字符串和数字之间来回变换。后续的章节会展示这些转换如何将许多看似不可能的任务变得相当可行。

与数字一样，你可以在字符串上使用一些特殊的运算符（许多其他对象也是如此）。成员运算符可以让你确定字符串是否包含特定的内容。表 7-8 显示了这些运算符。

表7-8　Python的成员运算符

运算符	描述	示例
in	确定左操作对象是否出现在右操作对象中	"Hello" in "Hello Goodbye" 的值为 True
not in	确定左操作对象是否未出现在右操作对象中	"Hello" not in "Hello Goodbye" 的值为 False

本节的讨论也意味着你需要明确地知道变量中所包含的数据。可以使用身份运算符来达到这个目的，如表 7-9 所示。

表7-9　Python的身份运算符

运算符	描述	示例
is	当左操作对象类型和右操作对象中的值或表达式类型相同时，取值为 True	type(2) is int 的结果是 True

续表

运算符	描述	示例
is not	当左操作对象类型和右操作对象中的值或表达式类型不相同时，取值为 True	type(2) is not int 的结果是 False

7.3 和日期打交道

日期和时间是大多数人都需要处理的项目。人类社会中任务的期望完成点或者是实际完成点几乎全部都是基于日期和时间的。我们使用特定的日期和时间进行约会和活动计划。我们每天都离不开时间。考虑到人类面向时间的本质，我们最好看一下 Python 是如何处理日期和时间的（特别是如何将这些值存储以供日后使用）。和其他值一样，计算机只能理解数字——对它们而言日期和时间并不存在。

要使用日期和时间，你必须发出特殊的 import datetime 命令。技术上，这一行被称为导入模块（有关详细信息请参阅 7.9 节）。目前不用担心该命令是如何正常工作的——每当你想处理一些日期和时间相关的事情时，使用它就对了。

计算机系统里确实有时钟，但该时钟是为人类使用计算机而设计的。是的，一些软件也依赖于时钟，但是这些仍然是人们所需要的，而不是计算机所需要的。

要获取当前时间，可以直接输入 datetime.datetime.now() 并按回车（Enter）键。你可以看到计算机时钟上所显示的完整的日期和时间信息，例如 datetime.datetime(2015, 12, 20, 16, 29, 2, 351000)。

你可能已经注意到，现有格式的日期和时间有点难以阅读。假设你想要以可读取的格式获取当前日期。要达到这个目的，你只需访问输出的日期部分并将其转换为字符串。输入 str(datetime.datetime.now().date())，然后按回车（Enter）键。现在，你会看到格式更为友好的输出，如 '2015-12-20'。

有趣的是，Python 还有一个 time() 命令，你可以使用它来获取当前时间。你可以使用 day、month、year、hour、minute、second 和 microsecond 来获取组成日期和时间的每个单独部分的值。稍后的章节可以帮助你了解如何使用各种日期和时间功能，让机器学习的应用变得更容易。

7.4 创建并使用函数

要正确地管理信息，你需要合理地组织用于执行各种任务的工具。你所创建的每行代码都会执行一个特定的任务，将这些代码组合就可以实现所需的结果。有时你需要在不同的数据集上重复执行指令，而有时，你的代码会变得很冗长，要跟踪每个模块的功能都是非常困难的。函数作为组织工具，将使你的代码变得简洁和整齐。此外，函数可让你在不同的数据集上，轻松地重复使用根据需要而创建的指令。本章的这一部分将介绍有关函数的所有内容。更重要的是，在本节中，你将以专业开发人员的方式，开始创建第一个严谨的应用程序。

7.4.1 创建可重用的函数

你走向衣柜，拿出裤子和衬衫，去掉标签，然后将它们穿上。在一天结束的时候，你会将所有的衣服都脱下来，然后扔进垃圾桶里。嗯……这真的不是大多数人的做法。大多数人脱下衣服，洗干净，然后将它们放回衣柜里下次再穿。函数也是可重复使用的。没有人想重复同样的任务，重复只会变得单调乏味。当你创建一个函数时，将定义一个程序包，你可以用它一次又一次地执行相同的任务。你需要做的只是告诉计算机使用哪个函数来执行特定的任务。计算机每次都会按照你的要求，忠实地执行函数中的每条指令。

当你使用函数时，调用函数服务的代码被称为调用者，它会调用该函数为其执行任务。你看到的关于函数的大部分信息都是有关调用者的。调用者必须向函数提供输入信息，而函数将输出信息返回给调用者。

曾几何时，计算机程序并不包括代码可重用性的概念。因此，开发人员不得不持续地重新编写相同的代码。不久，有人提出了函数的概念，而且此概念多年来一直在演变，目前已经变得相当灵活。你可以打造任何你想要的函数。代码可重用性是应用程序的必要组成部分，它可以：

- 降低开发时间；
- 减少程序员的错误；
- 提高应用程序的可靠性；
- 让整个团队从一个程序员的工作中获益；

- 使代码更容易理解；
- 提高应用程序的效率。

事实上，函数通过可重用的形式，为应用程序提供了一整套服务。在学习本书中的示例时，你将看到可重用性如何使你的生活变得更加轻松。如果不是可重用性，你可能仍然需要手动地将 0 和 1 插入计算机来进行编程。

创建一个函数不需要太多的工作量。要查看函数的工作原理，请打开一个 IPython 副本并输入以下代码（在每一行的最后按回车（Enter）键）：

```
def SayHello():
    print('Hello There! ')
```

要结束函数，请在最后一行之后再次按回车（Enter）键。上述函数以关键字 def（用于定义）开头。你将提供一个函数名、可包含函数参数（函数所使用的数据）的圆括号和一个冒号。编辑器会为你自动缩进下一行。Python 依赖空格来定义代码块（在函数中相互关联的语句）。

你现在可以使用该函数了。只需输入 SayHello()，然后按回车（Enter）键。函数名后面的圆括号很重要，因为它们告诉 Python 要执行函数，而不是将函数作为对象来访问（以确定它是什么类型）。你将看到此函数的输出为“Hello There！”。

7.4.2 调用函数

函数可以接收参数（附加数据位）并返回结果值。交换数据的能力使得函数变得更有价值。以下部分将介绍如何以各种方式调用函数来发送和接收数据。

1. 发送所需的参数

函数可以要求调用者提供参数。所需的参数就是一个变量，必须包含使该函数能够运作的数据。打开 IPython 的副本并输入以下代码：

```
def DoSum(Value1, Value2):
    return Value1 + Value2
```

你将拥有一个新的函数——DoSum()。此函数要求你提供两个参数来使用它。至少这就是你迄今为止所需要的。输入 DoSum() 并按回车（Enter）键。你会看到一条错误消息，该消息告诉你 DoSum() 需要两个参数。

只用一个参数尝试 DoSum() 将导致另一个错误消息。为了使用 DoSum()，你必须提供两个参数。要查看这个函数是如何工作的，请输入 DoSum(1,2)，然后按回车（Enter）键。你看到的输出为 3。

请注意，当你提供 1 和 2 作为输入时，DoSum() 提供的输出值始终为 3。语句 return 返回输出值。每当看到函数中的 return 时，你就知道该函数返回了一个输出值。

2. 通过关键字发送参数

随着你的函数及其使用方式变得越来越复杂，你可能希望更精确地控制如何调用函数并提供参数。到现在为止，你已经使用了基于位置的参数，这意味着你已经按照参数在函数定义中出现的顺序提供了相应的值。但是，Python 还有一种通过关键字发送参数的方法。在这种情况下，你将提供参数的名称，后跟等号（=）和参数值。要了解它是如何工作的，请打开 IPython 副本并输入以下代码：

```
def DisplaySum(Value1, Value2):
    print(str(Value1) + ' + ' + str(Value2) + ' = ' +
    str((Value1 + Value2)))
```

请注意，print() 函数的参数包含要打印的所有项目，并且我们以加号（+）将这些项目分隔开来。另外，这些参数是不同的类型，所以你必须使用 str() 函数来转换它们。Python 允许你以这种方式轻松地混合并匹配参数。此函数还引入了代码行自动延续的概念。函数 print() 实际上出现在两行中，Python 将第一行的函数自动续写到第二行。

接下来，是测试 DisplaySum() 的时候了。当然，首先使用位置参数来尝试这个函数，输入 DisplaySum(2，3) 并按回车（Enter）键。和预期一致，你将看到 2 + 3 = 5 的输出。现在输入 DisplaySum(Value2 = 3，Value1 = 2)，然后按回车（Enter）键。同样，即使参数的位置已被颠倒，你仍然会收到 2 + 3 = 5 的输出。

3. 为函数的参数设置默认值

无论你使用位置参数还是关键字参数进行调用，到目前为止，函数都要求你提供一个值。有时一个函数可以使用默认值。默认值使得函数更容易使用，而且在开发人员没有提供输入时降低导致错误的可能。要创建一个默认值，只需在参数名称之后跟随等号和默认值。要了解它是如何运作的，请打开 IPython 副本并输入以下代码：

```
def SayHello(Greeting = "No Value Supplied"):
    print(Greeting)
```

当调用者没有为 Greeting 提供值的时候，SayHello() 函数会提供一个自动的值。当有人试图在没有提供参数的情况下调用 SayHello() 时，Python 不会报出错误；相反，它会输出 No Value Supplied。输入 SayHello() 并按回车（Enter）键进行查看。你会看到默认的消息。输入 SayHello("Howdy!") 查看正常的返回结果。

4. 使用可变数量的参数来创建函数

在大多数情况下，你可以准确地知道函数所需的参数数量。如果可能，尽量实现这一目标，因为拥有固定数量参数的函数，其故障排除更容易。但是，有时你根本无法确定函数将在一开始接收多少个参数。例如，当你创建在命令行中运行的 Python 应用程序时，用户有可能提供零个参数、最多数量的参数（假设有一个上限）或介于其间的任意数量的参数。

幸运的是，Python 提供了一种技术，让我们可以向函数发送可变数量的参数。你只需创建一个前面带有星号的参数，例如 *VarArgs。通常的方法是提供另一个参数，其中包含了作为输入而传递的参数个数。要了解它是如何工作的，请打开 IPython 副本并输入以下代码：

```
def DisplayMulti(ArgCount = 0, *VarArgs):
    print('You passed ' + str(ArgCount) + ' arguments.',
    VarArgs)
```

请注意，print() 函数显示了一个字符串，然后是参数的列表。鉴于此函数设计的方式，你可以输入 DisplayMulti()，然后按回车（Enter）键，你将看到是可以传递零个参数的。要查看多个参数是如何运行的，请输入 DisplayMulti(3, 'Hello', 1, True)，然后按回车（Enter）键。输出是 ('You passed 3 arguments.', ('Hello', 1, True))，这表明传递值的类型不受限制。

7.4.3 使用全局变量和局部变量

与大多数现代编程语言一样，Python 提供了一种定义全局变量（模块中每个人都可以使用的变量）和局部变量（仅适用于特定函数或代码块的变量）的方法。一般来说，使用局部变量比使用全局变量更安全、更清晰，因为任何人都可以更改全局变量，而且全局变量的位置很难弄清楚。但是，有时你需要定义全局变量来创建有用的代码。以下是一个代码示例，演示如何使用全局变量和局部变量：

```
myStr = "Hello"

def printStr():
```

```
    global myStr
    print(myStr)
    myStr = "There!"
    print(myStr)
```

这里，myStr 的第一个实例是全局的，因为你可以在模块中的任何位置访问它。当你调用 printStr() 时，以 global 开始的代码块表示其后的 print() 函数将使用全局的 myStr。然后代码块又定义了一个局部的变量 myStr，并赋予它不同的值。现在当代码调用 print() 函数时，它将显示局部 myStr 变量的值，而不是全局 myStr 变量的值。本例的输出结果是：

```
Hello
There!
```

7.5 使用条件和循环语句

如果计算机应用程序在每次运行时都执行完全相同的任务，那么这些操作就没有太大的价值。是的，它们可以执行有用的工作，但生活中很少有条件保持一致的情况。为了适应不断变化的条件，应用程序必须决定执行任务的次数。条件和循环语句让应用程序可以达成这个目标，如以下部分所述。

7.5.1 使用if语句进行决策

在日常生活中你会经常使用 if 语句。例如，你可以对自己说："如果今天是星期三，我午饭会吃金枪鱼沙拉"。Python 的 if 语句没有那么冗长，但是它仍然遵循一样的模式。要了解它是如何工作的，请打开 IPython 副本并输入以下代码：

```
def TestValue(Value):
    if Value == 5:
        print('Value equals 5!')
    elif Value == 6:
        print('Value equals 6!')
    else:
        print('Value is something else.')
        print('It equals ' + str(Value))
```

奇怪的是，每个 Python if 语句的开始，都用单词 if 表示。当 Python 看到 if 就知道你想要做出决策了。单词 if 之后跟随着条件。条件只是说明你想要 Python 做什么样的比较。在本例中，你要求 Python 来确定 Value 的值是否为 5。

请注意，条件使用关系等式运算符 ==，而不是赋值运算符 =。这里开发者所犯的常见错误是使用赋值运算符而不是等式运算符。

条件语句总是以冒号“:”结尾。如果你不提供冒号，Python 不知道条件已经结束，并将继续寻找额外的条件来做决策。冒号之后，提供你要求 Python 执行的任务。

你可能需要通过单个 if 语句来执行多个任务。子句 elif 允许你添加其他条件和相关的任务。子句是前一个条件的附加内容，在本例中它体现为一个 if 语句。子句 elif 总是提供一个条件，就像 if 语句一样，而且它有自己关联的一组任务需要执行。

有时无论什么情况，你都需要处理一些事情。在这个示例中，你添加了 else 子句。子句 else 告诉 Python 在不满足 if 语句的条件时应该做些什么。

请注意，随着函数变得越来越复杂，缩进变得越来越重要。该函数只包含了一条 if 语句。if 语句只包含了一条 print() 语句。子句 else 包含了两条 print() 语句。

要查看此函数，请输入 TestValue(1)，然后按回车（Enter）键，你可以看到 else 子句的输出。输入 TestValue(5)，然后按回车（Enter）键，现在会展示 if 语句的输出。输入 TestValue(6)，然后按回车（Enter）键，现在，输出显示的是 elif 子句的结果。最终结果是，这个函数比本章以前的函数更加灵活，因为它可以做出决策了。

7.5.2 使用嵌套的决策，在多个选项中进行选择

嵌套是将一个从属语句放在另一个语句中的过程。在大多数情况下，你可以在任何语句中嵌套任何其他的语句。要了解嵌套是如何工作的，请打开 IPython 副本并输入以下代码：

```
def SecretNumber():
    One = int(input("Type a number between 1 and 10: "))
    Two = int(input("Type a number between 1 and 10: "))

    if (One >= 1) and (One <= 10):
        if (Two >= 1) and (Two <= 10):
            print('Your secret number is: ' + str(One * Two))
        else:
            print("Incorrect second value!")
    else:
        print("Incorrect first value!")
```

在这个示例中，SecretNumber() 要求你提供两个输入。是的，你可以在需要的时候，使用 input() 函数获取用户的输入。函数 int() 将输入转换为数字。

这次有两个级别的 if 语句。第一级 if 语句检查 One 所含数值的有效性。第二级 if 语句检查 Two 所含数值的有效性。当 One 和 Two 的值都在 1 ～ 10 时，SecretNumber() 会为用户输出密码。

要查看 SecretNumber() 的执行情况，请输入 SecretNumber()，然后按回车（Enter）键。在询问第一个输入值时，输入 20 并按回车（Enter）键，然后在询问第二个值时输入 10 并按回车（Enter）键。你会看到一条错误消息，告诉你第一个值是不正确的。输入 SecretNumber()，然后再次按回车（Enter）键。这次，使用值为 10 和 20。该函数告诉你第二个值输入不正确。使用 10 和 10 的输入值再次尝试相同的函数。

7.5.3 使用for执行重复的任务

有时需要多次执行某项任务。当需要执行特定次数的任务时，可以使用 for 循环语句。 for 循环有一个明确的开始和一个明确的结束。这种循环执行的次数取决于你所提供的变量中有多少个元素。要了解 for 循环是如何工作的，请打开 IPython 副本并输入以下代码：

```
def DisplayMulti(*VarArgs):
    for Arg in VarArgs:
        if Arg.upper() == 'CONT':
            continue
            print('Continue Argument: ' + Arg)
        elif Arg.upper() == 'BREAK':
            break
            print('Break Argument: ' + Arg)
        print('Good Argument: ' + Arg)
```

在这种情况下，for 循环尝试处理 VarArgs 中的每个元素。请注意，该循环包含一个嵌套的 if 语句，用于测试两个结束条件。在大多数情况下，代码会跳过 if 语句并简单地打印参数。但是，如果 if 语句在输入值中发现了单词 CONT 或 BREAK，则它将执行以下两项任务之一。

- continue：在当前的执行点之后，强制循环继续下一个 VarArgs 中的条目。
- break：停止执行循环。

关键字可以总是显示为大写，因为 upper() 函数将它们转换为大写。函数 DisplayMulti() 可以处理任意数量的输入字符串。要查看它的操作，请输入 DisplayMulti('Hello', 'Goodbye', 'First', 'Last')，然后按回车（Enter）键。你将看到输出中每行单独显示的输入字符串。现在输入 DisplayMulti('Hello', 'Cont', 'Goodbye', 'Break','Last')，然后按回车（Enter）键。请注意，Cont 和 Break 不会出现在输出中，因为它们是关键字。另外，由于在处理单词 Last 之前，for 循环就已经结束了，所以在输出中不会出现该单词。

7.5.4 使用while语句

while 循环语句持续执行任务，直到某个条件不再为真。与 for 语句一样，while 语句支持使用 continue 和 break 关键字来提前结束循环。要了解此语句的工作原理，请打开 IPython 副本并输入以下代码：

```
def SecretNumber():
    GotIt = False
    while GotIt == False:
        One = int(input("Type a number between 1 and 10: "))
        Two = int(input("Type a number between 1 and 10: "))

        if (One >= 1) and (One <= 10):
            if (Two >= 1) and (Two <= 10):
                print('Secret number is: ' + str(One * Two))
                GotIt = True
                continue
            else:
                print("Incorrect second value!")
        else:
            print("Incorrect first value!")
        print("Try again!")
```

这是 7.5.2 节所描述的 SecretNumber() 函数的扩展。在这个示例中我们添加了 while 循环语句，这意味着该函数将继续请求输入，直到它接收到有效的响应。

要查看 while 语句的工作原理，请输入 SecretNumber() 并按回车（Enter）键。输入 20，然后按回车（Enter）键获取第一次的结果。输入 10，然后按回车（Enter）键显示第二次的结果。该示例告诉我们，第一个数字是错误的，然后让你再次尝试。第二次，分别尝试使用值 10 和 20。这次第二个数字是错误的，你仍然需要重试。在第三次尝试中，使用值 10 和 10。这次你将得到一个密码。请注意，使用 continue 子句意味着应用程序不会让你继续尝试。

7.6 使用集合、列表和元组来存储数据

Python 提供了大量在内存中存储数据的方法。每种方法都有优缺点。重要的是，选择最适合自己需求的方法。以下部分将讨论用于机器学习的 3 种常用数据存储技术。

7.6.1 创建集合

大多数人在学校中都或多或少地使用过集合来创建属于一类的项目列表。然后，这些列表成为使用数学运算的主题，例如交集、并集、差集和对称差集。当需要执行成员测试并从列表中删除重复项时，集合是最佳选择。不能使用集合来执行与序列有关的任务，例如索引或切片。要了解如何使用集合，请启动 IPython 副本并输入以下代码：

```
from sets import Set
SetA = Set(['Red', 'Blue', 'Green', 'Black'])
SetB = Set(['Black', 'Green', 'Yellow', 'Orange'])
```

REMEMBER

请注意，你必须将 Set 功能导入 Python 应用程序中。模块 sets 包含了你导入应用程序中的 Set 类，以便使用相应的函数。如果在尝试使用 Set 类之前，并没有导入它，那么 Python 会显示一条错误消息。本书使用了许多导入的库，所以了解如何使用 import 语句是非常重要的。

7.6.2 在集合上进行运算

假设你创建了 7.6.1 节的集合，你可能已经注意到它们包含了一些共同的元素。要了解这些集合的相似程度如何，请通过一些数学运算来创建新的集合用于比较，如以下代码所示：

```
SetX = SetA.union(SetB)
SetY = SetA.intersection(SetB)
SetZ = SetA.difference(SetB)
```

要查看每个数学运算的结果，请输入 print '{0}\n{1}\n{2}'.format(SetX, SetY, SetZ)，然后按回车（Enter）键。你会看到每一行都输出了一个集合，具体如下：

```
Set(['Blue', 'Yellow', 'Green', 'Orange', 'Black', 'Red'])
Set(['Green', 'Black'])
Set(['Blue', 'Red'])
```

输出显示了数学运算的结果：union()、intersection() 和 difference()。（当使用 Python 3.5 时，输出结果可能与 Python 2.7 的输出有所不同，本书中的所有输出都是针对 Python 2.7 的，所以你在使用 Python 3.5 的时候，可能时不时会看到不同之处。）Python 酷炫的打印格式在处理集合时很有用。format() 函数告诉 Python 哪些对象放置在字符串中的哪些占位符上。占位符是一组花括号（{}），其中包含了可选数字。转义字符（本质上是一种控制符或特殊字符）\n 在条目之间提供换行符。你可以阅读 Python 文档中的 Input and output 部分以了解更多关于格式的信息。

你还可以测试各种集合之间的关系。例如，输入 SetA.issuperset(SetY)，然后按回车（Enter）键。输出 True 值告诉我们 SetA 是 SetY 的超集。同样，如果输入 SetA.issubset(SetX) 并按回车（Enter）键，则会发现 SetA 是 SetX 的子集。

重要的一点是，要了解这些集合是可变的还是不可变的。此示例中的所有集合都是可变的，这意味着你可以从中添加或删除元素。举例来说，如果输入 SetA.add('Purple') 并按回车（Enter）键，SetA 将接收一个新元素。如果输入 SetA.issubset(SetX) 并按回车（Enter）键，则会发现 SetA 不再是 SetX 的子集，因为现在 SetA 中包含了 'Purple' 元素。

7.6.3 创建列表

Python 规范将列表定义为一种序列。这些序列提供了允许多个数据项在同一个存储单元中以独立实体的形式共存的一些方法。想想你在公寓楼看到的那些大信箱，一个大信箱内包含一些小信箱，每个小信箱都可以存放邮件。Python 也支持其他类型的序列。

- **元组（tuple）**：元组是一种合集，它用于创建复杂的类似列表的序列。元组的一个优点是可以嵌套其他元组的内容。此功能可以让你创建保存员工记录或 *x-y* 坐标对的结构。
- **字典（dictionary）**：与真实的字典一样，你在使用字典合集的时候会创建键 / 值对（就像一个单词及其相关联的定义）。字典提供了快得惊人的搜索时间，使数据的排序更加容易。
- **堆栈（stack）**：大多数编程语言直接支持堆栈。然而 Python 并不支持堆栈，尽管有一个变通的方法。堆栈是后进先出（LIFO）的序列。想想一堆煎饼：你可以在顶部叠上新的煎饼，也可以从顶部拿下煎饼。堆栈是一个重要的合集，在 Python 中你可以使用列表模拟一个堆栈。

- **队列（queue）**：队列是先进先出（FIFO）的合集。你可以使用它来跟踪需要以某种方式处理的项目。将队列想象为银行中的排队，你排进队伍，轮到你的时候，就与柜员进行交谈。
- **双向队列（deque）**：一个双向队列是一个类似队列的结构，你可以从任一端添加或删除项目，但不能在中间添加或删除项目。你可以使用双向队列作为队列、堆栈或任何其他类型的合集，并以有序的方式从中添加或删除项目（列表、元组和字典有所不同，它们允许项目的随机访问和管理）。

在所有序列中，列表是最容易理解的，并且与真实世界中的对象最为相关。使用列表可以帮助你更好地使用其他类型的序列，而那些序列将提供更强大的功能和更高的灵活性。关键是，数据存储在列表中的方式，就像将它写在一张纸上一样，一项接着一项。列表有开始、中间和结尾。项目都有自己的编号。（即使在现实生活中你通常不会对这些项目进行编号，Python 却总是会为它们进行编号。）要了解如何使用列表，请启动 IPython 副本并输入以下代码：

```
ListA = [0, 1, 2, 3]
ListB = [4, 5, 6, 7]
ListA.extend(ListB)
ListA
```

输入最后一行代码时，你将看到输出为 [0, 1, 2, 3, 4, 5, 6, 7]。函数 extend() 将 ListB 的成员添加到 ListA 中。除了扩展列表之外，还可以使用函数 append() 对列表进行添加。输入 ListA.append(−5)，然后按回车（Enter）键。当输入 ListA 并再次按回车（Enter）键时，你会看到 Python 已将 −5 添加到了列表的末尾。你可能需要删除某个项目，这时请使用 remove() 函数。例如，输入 ListA.remove(−5)，然后按回车（Enter）键。当你再次列出 ListA 时，会看到之前添加的条目 −5 已经消失了。

列表支持使用加号（+）来进行连接。例如，如果输入 ListX = ListA + ListB，然后按回车（Enter）键，你会发现新创建的 ListX 包含了 ListA 和 ListB，其中 ListA 的元素将排列在前。

7.6.4 创建并使用元组

元组是用于创建复杂列表的合集，你可以将一个元组嵌入另一个元组中。这种嵌入使你可以创建层次结构，层次结构就像硬盘驱动器上的目录列表或公司里的组织图一样。这个想法使你可以使用元组创建复杂的数据结构。

元组是不可变的，这意味着你不能改变它们。你可以通过某种方式进行修改，然后创建一个具有相同名称的新元组，但不能修改现有的元组。列表是可变的，这意味着你可以修改它们。所以，乍一看元组可能处于劣势，但是不变的特性也有其优点，比如更安全和更快。此外，不可变对象更容易被多个处理器协同使用。要了解如何使用元组，请启动一个 IPython 副本并输入以下代码：

```
MyTuple = (1, 2, 3, (4, 5, 6, (7, 8, 9)))
```

MyTuple 有 3 层嵌套。第一层包含了值 1、2、3 和 1 个元组。第二层包含了值 4、5、6 和另一个元组。第三层包含了值 7、8 和 9。要查看嵌套的工作原理，请在 IPython 中输入以下代码：

```
for Value1 in MyTuple:
    if type(Value1) == int:
        print Value1
    else:
        for Value2 in Value1:
            if type(Value2) == int:
                print "\t", Value2
            else:
                for Value3 in Value2:
                    print "\t\t", Value3
```

当运行此段代码时，你会发现这些值处在 3 个不同的层级。通过缩进可以看到层级的区别：

```
1
2
3
    4
    5
    6
        7
        8
        9
```

可以执行添加新值等任务，但必须通过将原始条目和新值添加到新的元组来实现。此外，你只能在现有的元组基础之上加上另一个元组。要查看如何进行元组的相加，请输入 MyNewTuple = MyTuple.__add__((10, 11, 12, (13, 14, 15)))，然后按回车（Enter）键。MyNewTuple 在第一层和第二层都包含了新的条目，如下所示：(1, 2, 3,(4, 5, 6,(7, 8, 9)), 10, 11, 12,(13, 14, 15))。如果要对 MyNewTuple 运行之前的代码，你将在输出中看到相应层级的条目，如下所示：

```
1
2
3
        4
        5
        6
             7
             8
             9
10
11
12
       13
       14
       15
```

7.7 定义有用的迭代器

随后的章节将使用各种技术来访问不同类型的数据结构中的每个值。在本节，将使用两个简单的列表，定义如下：

```
ListA = ['Orange', 'Yellow', 'Green', 'Brown']
ListB = [1, 2, 3, 4]
```

访问特定值的最简单的方法是使用索引。例如，如果输入 ListA[1] 并按回车（Enter）键，则会看到输出为 'Yellow'。Python 中的所有索引都是基于零的，这意味着第一个条目的索引是 0，而不是 1。

范围是访问值的另一种简单方法。例如，如果输入 ListB[1:3]，然后按回车（Enter）键，则输出为 [2, 3]。还可以将范围作为 for 循环的输入，例如：

```
for Value in ListB[1:3]:
    print Value
```

这时在输出的几行中你只能看到 2 和 3，而不是整个列表。范围包括由冒号分隔的两个值。但是，这两个值是可选的。例如，ListB[:3] 将输出 [1, 2, 3]。当省略某个值时，范围将从列表的开头或结尾开始，视情况而定。

有时需要并行处理两个列表。最简单的方法是使用 zip() 函数。下面是一个

zip() 函数的示例：

```
for Value1, Value2 in zip(ListA, ListB):
    print Value1, '\t', Value2
```

该代码同时处理 ListA 和 ListB。当 for 循环达到较短列表的结尾时，处理结束。在这种情况下，你将看到以下内容：

```
Orange  1
Yellow  2
Green   3
Brown   4
```

这种迭代器的使用只是冰山一角。本书使用了大量迭代器类型。其基本想法是让你能够列出所需的项目，而不是列表或其他数据结构中的全部项目。即将要讲的内容中所使用的一些迭代器比你在这里看到的要复杂一些，但这是一个重要的开始。

7.8 使用字典来索引数据

字典是一种使用名称和值对的特殊类型的序列。使用名称可以让你轻松地访问非数字索引的值。如果要创建字典，请将名称和值对放在大括号中。通过输入 MyDict = {'Orange':1, 'Blue':2, 'Pink':3} 并按回车（Enter）键，创建一个测试字典。

要访问特定的值，请使用该名称作为索引。例如，输入 MyDict['Pink']，然后按回车（Enter）键查看输出值，显示为 3。使用字典作为数据结构，你可以使用每个人都能理解的术语轻松地访问相当复杂的数据集。在其他方面，使用字典的方式与使用任何其他序列的方式相同。

字典确实有一些特殊的功能。例如，输入 MyDict.keys()，然后按回车（Enter）键查看键的列表。你也可以使用 values() 函数查看字典中的值列表。

7.9 将代码存储在模块中

要使用某个模块，你必须导入它。Python 将模块代码与应用程序的其余部分内联在一起并放入内存中，就像你创建了一个巨大的文件。磁盘上的文件都没有更改，它们仍然是分开的，但是 Python 查看代码的方式是不同的。

REMEMBER

你有两种导入模块的方法。每种技术的使用场景有所不同，具体如下所示。

- import：当你要导入整个模块时，需要使用 import 语句。这是开发人员使用导入模块时最常用的方法，因为它节省时间，而且只需要一行代码。然而，这种方法相比下面所描述的选择性导入，会使用更多的内存资源。
- from…import：当你想要选择性地导入单个模块属性时，请使用 from…import 语句。这种方法可以节省资源，但是要付出复杂性的代价。另外，如果你尝试使用未导入的属性，那么 Python 会抛出一个错误。是的，该模块仍然包含该属性，但 Python 无法看到它，因为你尚未导入它。

要使用模块中的代码，Python 必须能够定位该模块并将其加载到内存中。定位信息作为路径存储在 Python 中。当要求 Python 导入模块时，Python 会查看其路径列表中的所有文件并进行寻找。路径信息有 3 个来源，如下所示。

- **环境变量**：第 6 章讲述了有关 Python 环境变量（如 PYTHONPATH）的内容，环境变量会告诉 Python 在哪里找到磁盘上的模块。
- **当前目录**：本章之前的部分讲到，可以更改当前的 Python 目录，用于查找应用程序所要使用的任何模块。
- **默认目录**：即使没有任何环境变量，而且当前目录也没有任何可用的模块，Python 仍然可以在路径信息的默认目录集中找到自己的库。

了解 Python 在何处寻找模块是非常重要的。有时候，即使你知道某个模块位于磁盘上，Python 也无法找到该模块，并会抛出错误。以下代码显示了如何确定 Python 在磁盘上寻找的模块的位置：

```
import os
os.environ['PYTHONPATH']
```

在某些情况下，你可能会发现更改当前目录有助于 Python 发现特定的模块。以下示例显示了如何执行此任务：

```
os.chdir("C:\ML4D\Chapter10")
```

本章内容

- 使用 SAS、Stata 和 SPSS 执行分析任务
- 使用 Weka 进行知识分析
- 考虑使用 LIBSVM 的支持向量机
- 使用 Vowpal Wabbit 快速访问具有庞大特征列表的数据集
- 采用 KNIME 和 RapidMiner 挖掘数据
- 使用 Spark 管理巨大的数据集

第8章 探索其他的机器学习工具

本书依赖 R 和 Python 来执行机器学习任务，因为它们是目前非常受欢迎的两种语言，适用于入门的学习。此外，这两种语言可以帮助你执行各种各样的通用任务。但是，它们不是可以使用的仅有工具。有时你可能会发现，需要快速执行特定类型的机器学习任务，这意味着要使用专用的工具。本章介绍了一些其他选项——你所要知道的工具，它们可以帮助你锻炼学习 R 和 Python 时所获得的机器学习技能。

为了向你呈现尽可能多的替代方案，本章将简要介绍每个工具，而不是深入其细节。其初衷是帮助你了解每个工具擅长执行何种任务，以及为什么要将它添加到你的工具包中。本章提供的某些工具的复杂度超越了 R 和 Python。甚至有些更专业的工具，需要特殊的硬件才能使用。机器学习是一个快速发展的领

域，涵盖各种学科，所以你不必惊讶于有这么多的工具存在。一些工具可以很好地为你工作，而另外一些则不然。你需要针对机器学习的目标，考虑哪些特定的工具更适合。

8.1 SAS、Stata和SPSS

随着本书的展开，你会发现统计学在机器学习中起着重要的作用，因此了解统计学的基础知识也可以帮助你更好地利用机器学习。3 个常用的统计包[①]是 SAS、Stata 和 SPSS。3 个包都执行了相同的任务：让你能够进行统计分析。（所有 3 个软件包都需要付费，都不是开源软件。）但是由于自身的工作原理不同，这 3 个软件包以不同的方式执行任务，并引起不同群体的关注。表 8-1 比较了 3 种产品，并帮助你更好地了解它们在统计世界中的定位。

表8-1　比较SAS、Stata和SPSS

特性	SAS	Stata	SPSS
学习难度	困难	简单	简单（当使用图形化用户界面时）
接口类型	编程	命令行	图形化用户界面和命令行（命令的语法很难掌握）
数据管理	可进行多个文件上的复杂数据处理，使用 proc sql 查询语言生成 SAS 数据上的 SQL 查询	使用命令界面时，单个文件上的数据操作简单易用而且功能强大	每次处理单个数据文件，使用类似 Excel 的界面而且数据操作的功能很弱
统计分析	支持大多数主要的统计分析，包括回归、逻辑斯谛回归、生存分析、方差分析、因子分析和多变量分析	支持许多主要的统计分析，包括回归、逻辑斯谛回归、生存分析、方差分析、因子分析和某些多变量分析	支持大多数主要的统计分析，包括回归、逻辑斯谛回归、生存分析、方差分析、因子分析和多变量分析
图形表示	被认为是最强大的但是最难学的图形环境之一	被认为是最强大的也是最容易学的图形环境之一，但是缺乏一些图形编辑功能	比较强大的图形化工具，使用所见即所得的界面，但是命令语法不完整，而且难以学习
目标用户	高级用户	高级和中级用户	新手和中级用户

① 原文是“统计页面”，可能是笔误，应该是“统计包”。——译者注

通过框架和工具减少工作量

框架是一种环境。使用框架意味着使用通用软件环境，通过以某种方式修改框架来产生特定的结果。框架可以让你更多地关注问题本身而不是底层代码。机器学习框架让你解决具体的问题，而不必了解编程的细节。

工具使你能够更快地执行常见任务。一些工具在框架内工作，以提高开发人员使用通用编程范例进行修改的能力。以下是你需要了解的一些机器学习框架和工具。

- Apache Singa：这是一个广泛用于自然语言处理和图像识别的深度学习框架。该框架的主要优点是它提供了一个简单的编程模型，可以在机器的集群上工作。该产品的主要问题是它运行缓慢，处理某些问题时可能被误杀。
- Apache Spark MLlib：这是 Apache Spark 的可扩展机器学习库，现在是 Spark 生态系统的一部分，它来自加州大学伯克利分校 AMPLab 实验室。这个框架的主要优点是它从数据中学习的速度非常快。其主要问题是，相比 R 和 Python，MLlib 提供的算法实现不够丰富，但是它也正在稳步增长。这个框架提供了相对较大的预制解决方案库。
- Caffe：当表达性、速度和模块化成为深度学习框架用于视觉任务和一般图像学习的主要考虑因素时，你可以使用 Caffe，这要感谢其预先训练的 CaffeNet 神经网络。开发人员使用 C ++ 作为底层代码，这意味着如果你不了解 C ++，那么修改 Caffe 几乎是不可能的，不过至少它具有 Python 和 MATLAB 的接口。不管如何，你仍然可以使用此框架快速地执行深度学习的任务。（使用单个 GPU，你每天就能处理 6 亿张图片。）
- TensorFlow：这个框架依赖于数据流图，它描述了一系列深度学习算法如何处理数据批次（张量）的过程。图通过该系统来跟踪数据的流动（移动）。你可以通过此框架在 CPU 或 GPU 上使用 C ++ 或 Python 进行复杂的数据处理。这个框架的主要缺点是需要大量的处理能力和丰富的神经网络知识。它的优点在于能够处理复杂的机器学习问题，而且通过修改流程来测试不同的解决方案是比较容易的。
- Oxdata H2O：这个库提供了用于执行机器学习任务的预包装例程。H2O 库提供专门用于满足业务需求的算法。它可以使用 Java、Python、R 和 Scala 直接访问任何 Hadoop 分布式文件存储（HDFS）。

» Nervana Neon：机器学习的方向之一是使用自定义的硬件和软件来执行学习任务。Neon 是一种框架的示例，这类框架可以使用 CPU、GPU 或自定义 Nervana 硬件执行机器学习任务。该框架主要依靠 Python 代码与若干 C ++ 的片段来提高处理的速度。在撰写本书之时，相比任何其他开源代码，其主要的优点是你可以访问更广泛的处理硬件。主要的缺点是它确实具有比较高的学习曲线。

» Shogun：古老的、常见的库之一是 Shogun。你可以使用各种语言，如 C ++、Java、Python、C#、Ruby、R、Lua、Octave 和 MATLAB。

8.2 用Weka做学术研究

Weka 是用 Java 编写的机器学习算法的集合，由新西兰的 Waikato 大学开发。Weka 的主要目的是执行数据挖掘任务，最初学校将其用作教学的工具。现在该工具被包含在 Pentaho 商业智能套件之中，并用于商业智能。你可以将其用于：

» 关联规则；
» 属性选择；
» 聚类；
» 数据预处理；
» 数据分类；
» 数据可视化；
» 回归分析；
» 工作流分析。

Weka 在学校特别流行的原因是 Java 代码几乎可以在任何平台上运行，你还可以免费下载 Weka。你可以将 Weka 算法直接应用于数据集，或者在自己的 Java 代码中使用 Weka，它的使用环境非常灵活。Weka 的一个缺点是，它在非常大的数据集上往往不能很好地运行。要使用 Weka，还必须在系统上安装适当版本的 Java。你可以通过 Java 数据库连接（JDBC），将 Weka 与 Java 或第三方 Java 附加产品所支持的任何 DBMS 配合使用，因此你可以选择多种数据源。

8.3 使用LIBSVM轻松访问复杂的算法

第 17 章帮助你发现支持向量机（SVM）的神奇。LIBSVM 是一个 SVM 库，可用于执行以下任务：

- 模型选择的交叉验证；
- 概率估计；
- 对不平衡的数据进行建模；
- 多分类。

LIBSVM 的优点是它依赖扩展来提供各种类型的支持。因此，你可以通过各种语言访问 LIBSVM：Python、R、MATLAB、Perl、Ruby、Weka、Common LISP、CLISP、Haskell、OCaml、LabVIEW、PHP、C#、.NET 和 CUDA。其支持者还为这个库创造了丰富的工具，包括为不了解 SVM 的用户而设计的简单脚本界面。（你需要安装 Python 和 gnuplot 来获取简单脚本的支持。）

在支持页面上滚动过半，就能找到图形界面的部分，你可以在其中查看 LIBSVM 的操作。示例程序是一个 Java 小程序，它允许你创建数据点，然后使用 LIBSVM 与它们进行交互。该演示允许你在视觉上尝试许多 LIBSVM 功能，而不用花时间编写代码。这个小程序使 LIBSVM 成为容易使用的产品之一。

8.4 使用Vowpal Wabbit，运行起来像闪电那么快

第 12 章将讨论简单的学习器，这可能是有效的，但是也很缓慢。随着本书的展开，你将接触到逐渐复杂的学习器，直到在第 18 章了解复合型的学习器。关键是机器学习可能相当耗费计算资源，所以加快分析速度的方法非常重要。这也是 Vowpal Wabbit 发挥作用的地方。这个开源软件旨在快速地构建学习器，以便你可以通过数据的直接访问、案例教学（例如在线学习）来快速地获取答

案。它最初由雅虎实验室开发，目前是微软的一个研究项目。

Vowpal Wabbit 依赖于稀疏梯度下降（在第 10 章有初步的介绍，在第 15 章和第 18 章有更深入的探讨）完成其工作。这是一个 C++ 语言的产品，你必须安装 Boost 库才能使用它。但是，它支持 Python 接口。除此之外，该产品可以帮助你执行特征散列、多类 / 多标签的分类、矩阵分解和主动学习等任务。主动学习是一种在数据上进行交互式学习的方法，其算法需要某些类型的示例来近似目标函数。

8.5 使用KNIME和RapidMiner进行可视化

人类在可视化抽象数据的时候面临很大的困难，机器学习的输出有时会非常抽象。之所以本书中的许多示例都具有图形输出，就是为了方便你能以图形化的方式浏览数据。本章中所描述的大多数产品都提供了某种图形化的输出。不过，KNIME 和 RapidMiner 擅长帮助用户轻松地制作高质量的图形。它们用于各种数据挖掘任务，这也成为它们不同于其他产品的特色。

制药行业严重依赖于 KNIME，它通过与第 18 章所讨论的学习器相似的数据流（管道）进行机器学习和数据挖掘任务。图形化用户界面的使用让 KNIME 的学习变得比较容易。事实上，KNIME 依赖于当今流行的图形化用户界面之一：Eclipse，它也支持大量的编程语言，例如 Java、C/C ++、JavaScript 和 PHP（许多其他的语言可通过插件实现）。它还可以与 Weka 和 LIBSVM（两者都在本章之前有所介绍）完美整合，因此易用性并不意味着功能的缺失。

RapidMiner 更符合业务需求，可以将其用于机器学习、数据挖掘、文本挖掘、预测分析和业务分析需求。与本章中描述的许多产品相反，RapidMiner 依赖于客户端 / 服务器模型，其中服务器显示为基于云的软件即服务（SaaS）选项。这意味着一个企业不需要在任何软件或硬件上进行巨大的初始投资，就可以进行环境的测试。RapidMiner 与 R 和 Python 兼容。像 eBay、Intel、PepsiCo 和 Kraft Foods 这样的公司目前都使用 RapidMiner 来满足各种需求。

这两种产品的主要特征在于它们依赖于提取、变换、加载（ETL）模型。在此模型中，流程首先从各种来源中提取所需的所有数据，将数据转换为通用格式，然后将转换后的数据加载到数据库中进行分析。在第 13 章中，该过程作为数据预处理要求的一部分。不过，这里你可以阅读“Overview of Extraction，Transformation，and Loading”一文了解有关流程的简要概述。

8.6 使用Spark处理海量数据

即使本书中的大多数示例都依赖于小数据集（只是为了避免太多的数据喧宾夺主从而让读者忽视了技术），但现实世界依赖于巨大的数据集。想象一下，你试图处理亚马逊网站每天发布的巨大数据集。关键在于，你需要能够帮助自己管理这些巨大数据集的产品，使其易于使用和快速处理。这是 Spark 所擅长的方向，它依赖于第 10 章将提到的聚类技术，第 14 章会更全面地解释聚类技术。

Spark 的重点是速度。当你访问该网站时，将看到包含了多项统计数字的欢迎页面，例如 Spark 在内存中处理数据的能力比其他产品，如 Hadoop 的 MapReduce 快了 100 倍。然而，Spark 也具有与 Java、Scala、Python 和 R 兼容的灵活性，并且可以在任何支持 Apache 的平台上运行。你甚至可以在云中运行 Spark。

Spark 与巨大的数据集一起工作，这意味着你需要知道编程语言、数据库管理和其他的开发技术才能使用它。这也意味着 Spark 学习曲线可能相当高，你需要为团队的开发人员提供时间来学习。“Apache Spark Examples”一文的简单示例为你提供了一些基本想法。请注意，所有示例都包含某种程度的编码，因此你确实需要一定的编程技巧来使用此选项。

第 3 部分
从数学的基础知识开始

在这一部分，你将：

- 理解机器学习中所使用的数学
- 理解机器学习功能的本质
- 确保获取正确的结果
- 使用简单的学习器来执行任务

本章内容

- 想想你为什么需要一个矩阵
- 利用矩阵微积分的优势
- 了解概率是如何工作的
- 通过概率来解释贝叶斯观点
- 使用统计测量来描述观察

第9章

揭秘机器学习背后的数学

如果要从头开始实现现有的机器学习算法，或者设计新的机器学习算法，那么需要深入了解概率、线性代数、线性规划和多变量微积分。你还需要知道如何将数学知识转化为可工作的代码，这意味着需要具备更复杂的计算能力。本章首先帮助你了解机器学习的数学机制，然后介绍如何将数学基础知识转换成可用的代码。

如果你要将现有的机器学习应用于实际之中，可以在数学和统计学的基础知识之上利用现有的 R 和 Python 软件库。最后，你不得不学会一些相关的技能，因为数学和统计是机器学习的重要基础，当然你也不必过度学习。在你获得一些数学基础知识后，本章将介绍简单的贝叶斯原理如何帮助你执行一些有趣的机器学习任务。

即使这本介绍性的图书着重于使用 R 和 Python 进行机器学习实验，但在本书中，你仍然可以找到有关向量、矩阵、变量、概率及其分布的许多参考内容。本书有时也使用描述性的统计。因此，它有助于你理解什么是平均值、中位数和标准偏差，便于你理解使用的软件其背后究竟发生了些什么。这种知识使得软件的使用更容易、更准确。本章的最后一部分演示了若你所拥有的信息并不完整，机器学习如何帮助你做出更好的预测。

9.1 处理数据

机器学习非常具有吸引力，因为它允许机器从真实世界的例子（如销售记录、来自传感器的信号和来自互联网的文本数据流）进行学习，并确定这些数据的含义。机器学习算法的常见输出是对未来的预测、现在需要采取的措施或者按组分类的示例所蕴含的新知识。利用这些结果，许多有价值的应用已经成为现实：

- 诊断疑难杂症；
- 发现犯罪行为、审讯犯罪分子；
- 向用户推荐合理的产品；
- 对来自互联网的海量数据进行过滤和分类；
- 自主驾驶汽车。

机器学习的数学和统计学基础使得输出的结果更有价值。使用数学和统计数据将使算法能够以数字为基础来理解任何内容。

作为这个流程的开始，你将问题的解决方案表示为一个数字。例如，如果你想使用机器学习算法诊断疾病，则可以将响应设置为 1 或 0（二进制响应），以指示某人是否生病，其中 1 表示该人生病。或者，你可以使用 0 和 1 之间的数字传达模糊的答案。其数值可以代表某人生病的可能性，0 表示该人没有生病，1 表示该人肯定生病了。

当被信息（样本数据）和相关的响应（你想要猜测的预测示例）所支持的时候，机器学习的算法就可以提供答案（预测）。信息可以包括事实、事件、观测、计数、测量等。用作输入的任何信息是特征或变量（来自统计学的术语）。有效的特征描述了与响应相关的值，并在其他相似的情况下，帮助算法使用其创建的函数来猜测响应。

特征有两种：定量特征和定性特征。定量特征是机器学习的理想选择，因为它们将取值定义为数字（整数、浮点数、计数、排名或其他度量）。定性特征通常是以非数字方式传达有用信息的标签或符号，你可以将其视为更像人的处理方式（文字、描述或概念）。

你可以在约翰·罗斯·昆兰（John Ross Quinlan）的论文“Induction of Decision Trees”中找到一个经典的定性特征的示例，昆兰是一名为决策树模型的发展做出突出贡献的计算机科学家。迄今为止，决策树仍然是受欢迎的机器学习算法之一。在论文中，昆兰描述了一组有助于决定是否在室外打网球的信息，使用合理的技术，机器可以对其进行学习。昆兰所描述的一系列特征如下。

- **天气**：晴朗、阴天或下雨。
- **温度**：凉爽、温暖、炎热。
- **湿度**：高或正常。
- **有风**：是或否。

从真正的意义而言，机器学习算法不能消化这些信息。你首先必须将信息转换为数字。方法有很多，但最简单的是独热编码，针对所有符号化的取值，这种编码将每个特征转换为一组新的二进制（值 0 或 1）特征。例如，考虑到天气变量，我们将建立 3 个新的特征“天气：晴朗；天气：阴天；天气：下雨”。根据条件是否成立，每个特征的取值为 1 或 0。所以阳光明媚时，天气为晴朗的取值为 1，天气为阴天和天气为下雨的取值为 0。

除了独热编码之外，还可以使用其他一些技术将定性特征转化为数字，特别是当特征由单词组成时，例如来自 Twitter 的推文、来自在线评论的一小段文本或一个新闻提要。在本书的后半部分，你有机会学习其他方法来有效地将单词和概念转换成有意义的数字，这些数字在处理文本分析时可以被机器学习算法所理解。

为了机器学习算法的正确处理，无论信息是什么，它应该总是被转化成一个数字。

9.1.1 创建矩阵

将所有的数据进行数字化之后，机器学习算法要求你将各个特征转换为特征矩阵，将各个响应转换为向量或矩阵（当有多个响应时）。矩阵是数字的集合，以行和列的形式进行排列，非常像棋盘中的方形棋格。然而，与总是正方形的棋盘不同，矩阵可以拥有不同数量的行和列。

按照惯例，用于机器学习的矩阵通过行来表示样本，通过列来表示特征。因此，在像学习打网球的最佳天气这类示例中，将构建一个矩阵，新的一行表示每天的数据，而列则包含了天气、温度、湿度和有风的不同值。通常，使用由方括号括起的一系列数字来表示矩阵，如下所示：

$$\boldsymbol{X}=\begin{bmatrix} 1.1 & 1 & 545 & 1 \\ 4.6 & 0 & 345 & 2 \\ 7.2 & 1 & 754 & 3 \end{bmatrix}$$

在此示例中，名为$\boldsymbol{X}$的矩阵包含3行和4列，因此可以说矩阵的维数为3乘4（也被写为3×4）。在公式中，你通常可以使用字母n作为行数，而字母m作为列数。了解矩阵的大小是正确操作矩阵的基础。

在矩阵上操作还需要能够检索用于特定计算的矩阵的数值或某一部分。可以使用索引来达到这个目的，而索引是表示矩阵中元素位置的数字。索引指出你所感兴趣的值的位置，包括其相对应的行和列。通常使用i作为行索引，j作为列索引。索引i和j都以数字0（基于0的索引）或1（基于1的索引）开始统计行和列。

R中的矩阵是基于1的索引，而Python中的矩阵是基于0的索引。使用不同的索引起点可能会令人困惑，因此你需要知道该语言的运作方式。

当查看示例矩阵时，元素2,3是位于第2行与第3列相交处的元素，也就是345（假设矩阵是基于1的索引）。因此，如果需要表达矩阵$\boldsymbol{X}$的3个不同元素，则可以使用以下表达式：

```
X1,1=1.1, X2,3=345, X3,4=3
```

有时，可以将多个矩阵堆叠成更复杂的、称为数组的数据结构片段。数组是二维以上的数值型数据的集合。例如，可以使用三维数组，其中每个矩阵表示不同的时间点，然后将矩阵像蛋糕切片一样堆叠在一起。当你连续记录医疗数据时，比如通过扫描仪记录大脑活动这样的身体功能，就可能会采用这种数组。在这种情况下，行仍然是样本，列是特征，第三维代表时间。

具有单个特征的矩阵是一种特殊情况，称为向量。向量是在不同的科学学科中都会采用的术语，从物理学到医学再到数学，所以你以前的专业知识可能会产生一些混淆。在机器学习中，向量只是维数n乘1的矩阵，仅此而已。

向量是连续值的列表。与二维矩阵相比，你需要将其视为并表示为单列。使用向量时，有一个单一的位置索引 i，它会告诉你所要访问的值在元素序列中的位置。在讨论响应值（响应向量）或处理某些算法的内部系数时，大多数时候要使用向量。在这个示例中，它被称为系数向量。

$$\boldsymbol{y}=\begin{bmatrix}44\\21\\37\end{bmatrix} y_1=44, y_2=21, y_3=37$$

在机器学习中，特征矩阵通常以 $\boldsymbol{X}$ 的形式出现，而对应的响应向量为 $\boldsymbol{y}$。更一般的情况下，矩阵通常使用大写字母，而向量使用小写字母进行标识。此外，还可以使用小写字母表示常量，因此在确定字母是表示向量还是常量时，需要额外小心，两者可能的操作集是有很大不同的。

你在机器学习中经常会使用矩阵，因为它们允许你以统一且有意义的方式快速组织、索引和检索大量的数据。对于特征矩阵 $\boldsymbol{X}$ 中的每一个样本，你可以确定矩阵的第 i 行表达其特征，以及响应向量中的第 i 个元素告诉你指定特征集合所蕴含的结果。该策略允许算法快速地查找数据并进行乘积的预测。

矩阵表示法还允许你快速地对整个矩阵或其部分执行系统性的运算。矩阵对于快速编写和执行程序也很有用，因为你可以使用计算机命令来执行矩阵运算。

9.1.2 理解基本的运算

基本的矩阵运算是加法、减法和标量乘法。只有当你有两个大小相同的矩阵并且结果是一个具有相同维数的新矩阵时，这些运算才是可行的。如果你有两个相同形状的矩阵，则只需将该运算应用于两个矩阵中每个对应的位置即可。因此，要执行加法，一开始你将两个源矩阵的第一行和第一列中的值进行求和，并将结果值放在结果矩阵的相同位置。继续执行两个矩阵中配对元素的相加过程，直到完成所有运算。相同的过程同样适用于减法，如以下示例所示：

$$\begin{bmatrix}1&1\\1&0\end{bmatrix}-\begin{bmatrix}1&0\\0&1\end{bmatrix}=\begin{bmatrix}0&1\\1&-1\end{bmatrix}$$

在标量乘法中，你可以使用单个数值（标量），并将其乘以矩阵的每个元素。如果你的值是小数，例如 1/2 或 1/4，乘法将变成除法。在前面的示例中，你可以将所得到的矩阵乘以 −2：

$$\begin{bmatrix}0 & 1\\1 & -1\end{bmatrix}\times(-2)=\begin{bmatrix}0 & -2\\-2 & 2\end{bmatrix}$$

你还可以执行标量加减法。在这种情况下，可以从矩阵的所有元素中添加或减去单个值。

9.1.3 进行矩阵的乘法

使用索引和基本的矩阵运算，你能以紧凑的方式表达相当多的运算。索引和运算的组合允许你：

- 截取矩阵的一部分；
- 屏蔽矩阵的一部分，并将其中的值变为零；
- 通过从所有的元素中减去一个值来中心化矩阵的值；
- 重新调整矩阵的值，更改取值的范围。

但是，只有当你将矩阵与向量或其他矩阵相乘时，才能一次实现最大数量的运算。你会经常在机器学习中执行这些任务，并且频繁地将矩阵乘以向量。许多机器学习算法都需要一个系数向量，而该系数向量乘以特征矩阵就可以产生响应向量的近似值。在这样的模型中，公式大致为：

```
y = Xb
```

其中 $\boldsymbol{y}$ 是响应向量，$\boldsymbol{X}$ 是特征矩阵，$\boldsymbol{b}$ 是系数向量。通常，算法还包括一个名为 a 的标量需要添加到结果中。在这个示例中，你可以将其设想为零，因此并未显示出来。最终，$\boldsymbol{y}$ 是由 3 个元素构成的向量：

$$\boldsymbol{y}=\begin{bmatrix}2\\-2\\3\end{bmatrix}$$

考虑到这一点，你可以将 $\boldsymbol{X}$ 和 $\boldsymbol{b}$ 之间的乘积表示为：

$$\boldsymbol{Xb}=\begin{bmatrix}4 & 5\\2 & 4\\3 & 3\end{bmatrix}\begin{bmatrix}3\\-2\end{bmatrix}$$

当乘法中涉及向量或矩阵时，标准的符号写法是将两者并排。无论是否将其放

在圆括号内或方括号内，都无关紧要。这是矩阵乘法的常见表示方法（称为隐式，因为没有符号来表示运算的类型）。作为替代方案，你有时可以使用一个明确的点表示乘法运算，例如 $\boldsymbol{A} \cdot \boldsymbol{B}$。星号的使用仅限于标量乘积，如 $\boldsymbol{A} * 2$ 或 $\boldsymbol{A} * b$，其中 b 为常数。

接下来，需要知道 $\boldsymbol{X}$ 乘以 $\boldsymbol{b}$ 如何生成 $\boldsymbol{y}$。想要执行乘法，多项式中涉及的矩阵和向量应该具有相匹配的大小。实际上，矩阵的列数应该等于向量中的行数。在这个示例中，存在这样一个匹配，因为 $\boldsymbol{X}$ 是 3 乘 2 维，$\boldsymbol{b}$ 是 2 乘 1 维。知道形状之后，就可以预先确定结果矩阵的形状，它由矩阵的行和向量的列共同确定，也就是 3 乘 1 维。

矩阵向量的乘法是一系列向量乘法的相加。乘法将矩阵 $\boldsymbol{X}$ 的每行作为向量，并将其乘以向量 $\boldsymbol{b}$。计算结果将成为结果向量的相应行元素。例如，第一行 [4，5] 乘以 [3，−2]，得到一个向量 [12，−10]，其元素相加得到的值为 2。第一个求和乘法对应于结果向量的第一行，然后其他计算如下：

```
sum([4*3, 5*-2]) =  2
sum([2*3, 4*-2]) = -2
sum([3*3, 3*-2]) =  3
```

得到的向量是 [2, −2, 3]。当两个矩阵相乘时，事情会变得更加棘手，但是可以将第二个矩阵视为一系列特征向量，像前面的例子一样来执行一系列的矩阵向量乘法运算。通过将第一个矩阵乘以 $\boldsymbol{m}$ 个向量，可以获得所求矩阵的单个列。

下面这个示例可以说明矩阵乘法的步骤。以下示例将 $\boldsymbol{X}$ 乘以 $\boldsymbol{B}$，$\boldsymbol{B}$ 为 2×2 的方阵：

$$\boldsymbol{XB}=\begin{bmatrix}4 & 5\\2 & 4\\3 & 3\end{bmatrix}\begin{bmatrix}3 & -2\\-2 & 5\end{bmatrix}$$

可以通过将矩阵 $\boldsymbol{B}$ 分解为列向量，将运算划分为两个不同的矩阵和向量的乘法。

$$\begin{bmatrix}4 & 5\\2 & 4\\3 & 3\end{bmatrix}\begin{bmatrix}3\\-2\end{bmatrix}=\begin{bmatrix}2\\-2\\3\end{bmatrix}$$

$$\begin{bmatrix}4 & 5\\2 & 4\\3 & 3\end{bmatrix}\begin{bmatrix}-2\\5\end{bmatrix}=\begin{bmatrix}17\\16\\9\end{bmatrix}$$

现在需要做的就是使用最终的列向量来重建输出的矩阵，将第一列向量的乘积作为新矩阵中的第一列，以此类推。

$$\boldsymbol{XB}=\begin{bmatrix}4&5\\2&4\\3&3\end{bmatrix}\begin{bmatrix}3&-2\\-2&5\end{bmatrix}=\begin{bmatrix}2&17\\-2&16\\3&9\end{bmatrix}$$

在矩阵乘法中，由于矩阵的形状有所不同，相乘的顺序就变得非常重要。因此不能像标量乘法那样，调换两者的相乘顺序。因为标量乘法的交换属性，5×2 和 2×5 的乘积是相同的。但 $\boldsymbol{Ab}$ 与 $\boldsymbol{bA}$ 不一样，因为有时候矩阵的乘法是不可能的（因为矩阵的形状是不兼容的）。或者更糟糕的是，它产生了不同的结果。当有一系列矩阵乘法（如 $\boldsymbol{ABC}$）时，相乘的顺序并不重要，无论是先计算 $\boldsymbol{AB}$，还是先计算 $\boldsymbol{BC}$，都会得到相同的结果。像标量一样，矩阵乘法满足结合律。

9.1.4 了解高级的矩阵运算

在某些算法公式中，你可能会遇到两个重要的矩阵运算，它们是矩阵的转置和逆。通过行和列的交换，将形状 $n\times m$ 的矩阵变换为 $m\times n$ 的矩阵时，就发生了转置。大多数情况下，使用上标 T 表示这个运算，如 $\boldsymbol{A}^{\mathrm{T}}$。这个运算最常用于乘法，以获得正确的维度。

将矩阵求逆应用于形状为 $m\times m$ 的矩阵，这种矩阵是具有相同行数和列数的方阵。这个运算是非常重要的，因为它可以快速解开涉及矩阵乘法的方程，例如你需要求得 $\boldsymbol{y}=\boldsymbol{bX}$ 之中向量 $\boldsymbol{b}$ 的值。因为大多数标量数字（零除外）都有一个对应的值，它们的乘数结果为 1。这里的想法是对于给定的矩阵求逆，该逆使得两者的乘法生成一个称为单位矩阵的特殊矩阵，该矩阵中除了对角元素（索引 i 等于索引 j 的元素）之外，其余的元素都为零。找出标量的倒数是非常容易的（标量 n 的倒数为 n^{-1}，也就是 $1/n$）。而矩阵的情况有所不同。矩阵的逆涉及相当多的计算，所以需要在 R 或 Python 中执行特殊数学函数的计算。矩阵 $\boldsymbol{A}$ 的逆表示为 $\boldsymbol{A}^{-1}$。

有时，求矩阵的逆是不可能的。当矩阵不可逆时，它被称为奇异矩阵或退化矩阵。奇异矩阵不是常态，它们相当罕见。

9.1.5 有效地使用向量

如果执行矩阵运算，比如将矩阵和向量相乘，似乎有点困难，好在计算机为你做了所有的事情。当你将数字放入矩阵、向量和常量中的时候，需要做的只是在理论上确定这些数字会如何变化，然后对它们进行加、减、乘、除运算。

了解机器学习算法中的原理将使你在使用算法之时游刃有余，因为你知道如何对数据进行消化和处理。要获得正确的结果，需要根据算法处理数据的方式，将合适的数据提供给合适的算法。

在 Python 中，NumPy 软件包提供了创建和操作矩阵所需的全部功能。通过数据队列的列表，ndarray 对象可以快速创建数组，例如多维矩阵。

术语 ndarray 表示“*n* 维的数组”，这意味着你可以创建多个维度的数组，而不仅仅是行－列形式的矩阵。使用一个简单的列表，ndarray 可以快速创建一个向量，如下面的 Python 示例：

```
import numpy as np
y = np.array([44,21,37])
print (y)
print (y.shape)

[44 21 37]
(3,)
```

方法 shape 可以及时地告知你矩阵的形状。在这个示例中，它会告诉我们有 3 行，没有列，这意味着该对象是一个向量。

要创建由行和列组成的矩阵，可以使用由列表所组成的列表。主列表所包含的子列表的内容是矩阵的某一行。

```
X = np.array([[1.1, 1, 545, 1],[4.6, 0, 345, 2],[7.2, 1, 754, 3]])
print (X)

[[   1.1   1.   545.     1. ]
 [   4.6   0.   345.     2. ]
 [   7.2   1.   754.     3. ]]
```

还可以通过单个列表获得相同的结果，该列表创建一个向量，你可以将其重新组成所需的行和列。将数字逐行插入新的矩阵中，从元素 (0, 0) 开始直到最后一个。

```
X = np.array([1.1, 1, 545, 1, 4.6, 0, 345, 2, 7.2, 1, 754, 3]).
reshape(3, 4)
```

使用 NumPy 的 ndarray 进行标量的加法和减法运算是非常简单的。你只需使用标准运算符就能执行加法、减法、乘法或除法：

```
a = np.array([[1, 1],[1, 0]])
b = np.array([[1, 0],[0, 1]])
print (a - b)

[[ 0  1]
 [ 1 -1]]

a = np.array([[0, 1],[1, -1]])
print (a * -2)

[[ 0 -2]
 [-2  2]]
```

要对向量和矩阵执行乘法，可以使用 np.dot 函数。该函数的输入是两个大小兼容的数组，该函数可以根据给定的顺序进行乘法运算。

```
X = np.array([[4, 5],[2, 4],[3, 3]])
b = np.array([3,-2])
print(np.dot(X, b))

[ 2 -2 3]

B = np.array([[3, -2],[-2, 5]])
print (np.dot(X, B))

[[ 2 17]
 [-2 16]
 [ 3  9]]
```

切换到 R，你可以轻松地重新创建出与前面示例中相同的输出。使用 R 时，你不需要任何额外的库，因为 R 使用标准的函数来执行任务。R 将数字的级联定义为向量，而矩阵的定义则需要使用 matrix 函数。

```
y <- c(44, 21, 37)
X <- matrix(c(1.1, 1, 545, 1, 4.6, 0, 345, 2, 7.2,
    1, 754, 3), nrow=3, ncol=4, byrow=TRUE)
```

针对矩阵函数需要解释一下，因为它可以通过你对行数、列数或两者的定义将数字向量转换成矩阵（定义一个就足够了，定义两者是为了让你的代码更清晰）。与 Python 相反，R 按列排列数值，而不是按行排列。因此，如果想要使用与 Python 相同的方法，则必须将 byrow 参数设置为 TRUE；否则，R 会将你的输入向量依照如下顺序排列：

```
X <- matrix(c(1.1, 4.6, 7.2, 1, 0, 1, 545, 345, 754,
    1, 2, 3), nrow=3, ncol=4)
```

TIP

可以使用 length() 函数来确定向量的维数。对于矩阵要使用 dim() 函数，因为对矩阵应用 length() 只是告诉你它所包含的元素数量。

定义矩阵和向量后，可以使用 %*% 运算符来执行乘法。使用标准乘法运算符有时会产生一个结果，但输出是标量，而不是矩阵乘法的结果。

```
X <- matrix(c(4, 5, 2, 4, 3, 3), nrow=3, byrow=TRUE)
b <- c(3, -2)
print (X%*%b)

B <- matrix(c(3, -2,-2, 5), nrow=2, byrow=TRUE)
print(X %*% B)
```

REMEMBER

如果将上一个示例更改为使用标准乘法，如 ***X* * *b***，则可以看到输出是标量乘法的结果，矩阵的第一列乘以向量的第一个元素，矩阵的第二列乘以向量的第二个元素。

9.2 探索概率的世界

概率指一个事件发生的可能性，可以将其表示为一个数字。事件的概率在 0（事件不可能发生）到 1（事件确定要发生）之间。中间的值，例如 0.25、0.5 和 0.75，表示当尝试了足够的次数后，事件发生的频率。如果将概率乘以尝试的次数，则可以估计所有试验都被尝试的情况下，事件平均发生的次数。

举个例子，如果事件发生概率 $p = 0.25$，那么尝试 100 次，你可能会看到事件发生 $0.25 \times 100 = 25$ 次。0.25 是从一堆纸牌中随机选择一张时选中某种花色的概率。法国扑克牌是一个解释概率的经典案例。桌面上有 52 张牌，分成 4 种花色：梅花和黑桃是黑色的，方片和红桃都是红色的。所以如果想确定选择 A 的概率，必须考虑到有 4 种不同的花色。按照概率来看，答案是 $p = 4/52 = 0.077$。

REMEMBER

概率在 0 和 1 之间，没有概率可以超过这个边界。按照实际的观察来定义概率。仅需统计一个特定事件在所有你感兴趣的事件中发生的次数。例如，假设想要计算进行银行交易时欺诈发生的概率，或者在特定国家 / 地区患上某种疾病的概率。在看到某个事件之后，可以通过对其发生的次数进行统计并除以事件总数来估计与之相关的概率。

可以使用记录的数据（主要取自数据库）来计算欺诈或疾病发生的次数，然后将该次数除以通用事件或观测的总数。这样，就可以用一年内的诈骗次数除以总的交易次数，或者也可以用一年内某地区的生病人数除以总人口数。结果是从 0 到 1 的数字，可以在某些情况下将其用作特定事件的基准概率。

统计事件发生的所有情况并不总是可能的，因此需要了解采样。采样是一种基于特定概率预期的行为，通过它你可以观察到一大组事件或对象中的一小部分，但是仍然能够推断事件的正确概率以及确定的度量，例如与一组对象相关的定量度量或定性分类。

例如，如果想跟踪上个月美国的汽车销量，没有必要跟踪美国发生的每一次销售。使用来自美国几个汽车卖家的销售样本，就可以确定定量度量（例如所销售汽车的平均价格）或者是定性度量（例如最畅销的汽车型号）。

9.2.1 概率的运算

关于概率的运算确实与数字的运算有所不同。因为它们总是在 0 ～ 1，所以必须依靠特定的规则才能使操作具有意义。例如，如果事件是相互排斥的（它们不可能同时发生），概率之间的相加是可能的。比如，你想知道从一堆纸牌中抽中一张黑桃或方片的概率。你可以像这样将抽中黑桃的概率和方片的概率相加：$p = 0.25 + 0.25 = 0.5$。

可以使用减法（差值）来确定与已计算事件的概率不同的事件的概率。例如，为了确定从桌面上没有抽中方片纸牌的概率，你只需从抽中任何类型纸牌的概率（$p = 1$）中减去抽中方片的概率，就像这样：$p = 1-0.25 = 0.75$。当你从 1 中减去概率时，得到的是概率的补充概率。

乘法有助于计算独立事件的交集。独立事件是相互不影响的事件。例如，如果你玩骰子游戏，扔了两个骰子，得到两个六点的概率是 1/6（第一个骰子获得六点的概率）乘以 1/6（第二个骰子获得六点的概率），其为 $p = 1/6 \times 1/6 = 0.028$。这意味着，如果你将骰子扔 100 次，出现两个六点的次数只有 2 或 3。

使用求和、求差和求积，你可以获得复杂情况下事件的概率。例如，你现在可以计算从两个投掷的骰子中获得至少一个六点的概率，这是互斥事件的总和。

- 有两个六点的概率：$p = 1/6 \times 1/6$。

- 第一个骰子获得六点，而第二个骰子不是六点的概率：$p = 1/6 \times (1-1/6)$。
- 第二个骰子获得六点，而第一个骰子不是六点的概率：$p = 1/6 \times (1-1/6)$。

因此，从两个骰子获得至少一个六点的概率是 $p = 1/6 \times 1/6 + 2 \times 1/6 \times (1-1/6) = 0.306$。

9.2.2 贝叶斯理论的条件概率

概率从时间和空间的维度而言都是有意义的，但是一些其他的条件也会影响概率的测量。上下文环境很重要。当你估计事件的可能性时，可能（有时错误地）倾向于相信自己可以将计算得到的概率应用于任何可能的情况。表示这种信念的术语是先验概率，意味着事件的一般概率。

例如，当你抛硬币时，如果硬币是均匀的，出现正面的先验概率是 50%。无论你抛多少次硬币，正面朝上的概率仍然是 50%。然而，情况会有所变化，如果你换了一个环境，则先验概率可能不再有效，因为某些微妙的事情改变了它。在这种情况下，你可以将这种信念表示为后验概率，这是发生了改变计数的事件之后的先验概率。

例如，一个人为女性的先验概率约为 50%。然而，如果只考虑特定的年龄范围，概率可能会大幅变化，其原因是女性往往寿命更长，在一定年龄之后女性比男性更多。另一个与性别有关的例子是，如果在大学的某些学院考察女性的出现情况，那么你会注意到从事科学研究的女性比男性少。因此，考虑到这两个上下文环境，后验概率与预期的先验概率是不同的。在性别分布方面，自然和文化都会产生不同的后验概率。

可以将这种情况视为条件概率，并将其表示为 $p(y|x)$，就是在 x 发生的情况下 y 发生的概率。条件概率是机器学习中非常强大的工具。事实上，如果某种情况下先验概率会大幅发生变化，那么通过观察实例了解可能的情况能够提高你正确预测事件的机会，这正是机器学习所要做的。举个例子，如前所述，通常来说一个随机的人是男性或女性的期望是 50%。但是，如果你添加了表明该人的头发是长还是短的证据，那会怎样？你可以估计人口中长发的概率是 35%；但是，如果只观察女性人口，这个概率将上升到 60%。如果女性人口中该百分比如此之高，并与先验概率相反，那么机器学习算法可以从人的头发是长还是短的情况中获取更多有价值的信息。

实际上，朴素贝叶斯（Naïve Bayes）算法真正可以通过了解周围环境的预测来提高正确预测的机会，在第 12 章将会阐述，这一章涵盖了最初的、最简单的学习器。一切都从牧师贝叶斯和他的革命性概率理论开始。实际上，其中一个机器学习流派（详见 2.3 节）就是以他的名字命名的。此外，对于基于贝叶斯概率的高级算法的发展，大家抱有很大的期望。麻省理工学院的《技术评论》杂志提到贝叶斯机器学习是一种新兴技术，将改变我们的世界。然而，这个定理的基础并不是那么复杂（如果你通常只考虑先验概率而不考虑后验概率，那么它们可能有点违反直觉）。

牧师托马斯・贝叶斯是一位统计学家和哲学家，他在 18 世纪前半叶提出了自己的定理。在他活着的时候定理从未发表过。该定理通过引入刚才提到的条件概率的思想，彻底改变了概率论。

多亏了贝叶斯定理，如果有证据表明某人是否长发，那么预测一个人为男性或女性的概率将变得更加容易。托马斯・贝叶斯使用的公式是非常有用的：

```
P(B | E) = P(E | B) * P(B) / P(E)
```

读取使用之前的示例作为输入的公式，可以帮助我们更好地理解其他违反直觉的公式。

- $P(B \mid E)$：给定一组证据（E）（后验概率）的信念概率（B）。这里“信念”是假设的替代说法。在这个示例中，假设是一个人为女性，证据是长发。给定信念，知道这种证据的可能性，就可以帮助我们在一定置信度上预测某个人的性别。
- $P(E \mid B)$：当某人是女性时长发的概率。这个术语是指子集中证据的概率，其本身是条件概率。在这个示例中，数字为 60%，转换为公式中的 0.6（先验概率）。
- $P(B)$：成为女性的一般概率，也就是信念的先验概率。在这种情况下，概率为 50%，或 0.5（似然值）。
- $P(E)$：长发的一般概率。这是另一个先验概率，这次与观察到的证据有关。在这个公式中，它的概率是 35%，即 0.35（证据）。

如果你使用贝叶斯公式和你所选择的值来解决前面的问题，则结果为 $0.6 \times 0.5 / 0.35 = 0.857$。这是一个很高的似然值，会让你得出这样的结论：给出这样的证据，这个人很可能是女性。

另一个常见的示例是阳性的医学测试，它可能会让人惊奇不已，常常出现在教科书和科学杂志中。它让我们能更好地了解在不同的情况下，先验概率和后验概率是如何变化的。

假设你担心你得了一种罕见的疾病，只有 1% 的人会得这种病。你做了测试，然后发现结果是阳性的。医学测试永远不会是百分百准确的。如果实验结果表明你生病了，这个测试有 99% 的可能是阳性的，而当你健康的时候，这个测试有 99% 的可能是阴性的。

现在，使用这些数字，考虑到生病的时候测试呈阳性的比例很高（99%），你马上就会相信自己生病了。然而，事实并非如此。在这个示例中，插入贝叶斯定理的数字如下：

- 0.99 作为 $P(E \mid B)$；
- 0.01 作为 $P(B)$；
- $0.01 \times 0.99 + 0.99 \times 0.01 = 0.0198$ 作为 $P(E)$。

然后，计算结果为 $0.01 \times 0.99 / 0.0198 = 0.5$，这对应于你生病的概率只有 50%。最后，你没有生病的概率超过你的预期。你可能会想知道为何如此。事实上，在测试中看到阳性反馈的人数如下。

- **患病的人，并得到正确的测试结果：**这个群体是真阳（true positive），占 1% 患病人口的 99%。
- **没有患病的人，并得到错误的测试结果：**这个群体是 99% 人口中的 1% 得到了阳性的反馈，即使他们没有生病。再次，这是 99% 和 1% 的乘积。该组对应于假阳（false positive）。

如果从这个视角来看待问题，结果显而易见，将上下文环境限制在对测试有阳性反馈的人身上时，在真阳组的概率与在假阳组的概率一样。

9.3 介绍统计的使用

作为与概率相关的总结主题，重要的是通读一些与概率和统计相关的基本统计概念，并了解它们如何可以更好地帮助描述机器学习算法所使用的信息。之前章节讨论的概率迟早会派上用场，因为采样、统计分布和统计描述性度量都是以某种方式基于概率的概念。

在这里，不仅仅是通过统计事件的频率来描述一个事件，而是关于在不统计所有次数的情况下，以可靠的方式描述一个事件。举个例子，如果你想要找到一种算法来学习如何检测疾病或犯罪意图，则必须面对一个现实：不可能创建包含所有疾病或犯罪事件的矩阵，因此，你所要阐述的信息必然是片面的。此外，如果你在现实世界中测量某些东西，由于过程中出现的某些误差，你测量的值往往不可能完全精确。误差包括仪器的不精准、测量记录过程的随机干扰等。举例来说，一个简单的测量（如测量体重），每次你上秤的时候都会发生变化，指针会在被认为是真正的体重附近稍微摆动。如果你更大规模地进行这种测量，例如将所有城市中的居民放在一个巨大的秤上，你可以感受到精确地（因为误差的发生）和完全地（因为很难测试所有的事情）测量有多么得困难。

仅仅拥有部分信息，并非完全不利的局面，即使你想要描述的是非常复杂和多样化的情况。你可以使用较小的矩阵，这意味着较少的计算。有时针对想要描述和学习的特定问题，你甚至无法获得样本，因为事件是复杂的，并且具有大量的特征。考虑另外一个例子，机器学习如何从互联网获取的文字（例如Twitter 上的推文）中确定人们的情绪。除了转推，一生之中你不可能看到来自另一个人的完全相同的推文（使用完全相同的词语，针对完全相同的话题，表达一样的情感）。你可能碰巧看到一些与之相似的东西，但永远都不会完全相同。因此，你不可能提前知道将某些词与情感联系起来的所有可能的推文。简而言之，你必须使用样本并从部分集合中推导出一般的规则。

即使有这样的实际限制，而且也不可能得到所有可能的数据，你仍然可以把握自己想要描述和学习的东西。采样是统计实践的一部分。使用采样时，请根据特定的标准选择样本。认真执行操作之后，你的局部视图有一定可能拟合全局的视图。

在统计学中，总体是指被测量的所有事件和对象，而样本是通过某些标准从总体中选出的一部分。随机采样（随机抽取事件或对象）可以帮助我们创建一组用于机器学习的样本，并有机会通过所有可能的样本来学习。采样的方法之所以奏效，是因为样本值的分布与总体值的分布相似，这就足够了。

随机采样并不是唯一可行的方法。还可以应用分层采样，通过该采样来控制随机采样的某些方面，以避免选择过多或者过少的某类事件。毕竟，随机就是随机，无法完全保证总是复制了总体的确切分布。

分布是一个统计公式，通过告诉你看到特定值的可能性，来描述如何观察事件或度量。分布以数学公式（本书未涵盖的主题）进行描述，你可以使用直方图或分布点图等图表进行图形化描述。放入矩阵的信息有一个分布，你可能会发现不同特征的分布是相关的。分布自然地意味着一种变化。在处理数字型的取值时，重要的是确定一个变化中心，变化中心通常是统计平均值，通过对所有值进行求和并将其除以取值的总数来计算。

平均值是一种描述性的度量，告诉你在所有可能的情况下最值得期待的值。平均值最适合对称和钟形分布（因此，高于平均值的分布类似于低于平均值的分布）。一个著名的分布是正态分布或高斯分布，它就是这样的形状。在现实世界中，你也会发现许多有偏向的分布，只在分布的一边具有极值，这会对平均值产生很大的影响。

中位数是将所有观察结果从最小值到最大值进行排列后，将中间值作为度量值。由于中位数基于取值的顺序，所以它对于分布中的值是不敏感的，并且在某些情况下可以表示比平均值更公平的描述。平均值和中位数的重要性在于它们描述了分布中的值在何处附近变化，机器学习算法确实关心这种变化。大多数人称这种变化为方差。因为方差是一个平方数，所以也存在一个平方根，称为标准差。机器学习考虑了每个变量（单变量分布）和所有特征（多变量分布）中的方差，以确定这种变化如何影响学习中的响应。

换句话说，统计学在机器学习中是重要的，因为它们表达了特征具有分布的观点。分布意味着变化，而变化就像信息的量化——特征的方差越大，与响应相匹配的信息就越多，这便于我们从某些类型的信息或某些响应中抽取规则。然后，你可以使用统计信息来评估特征矩阵的质量，甚至利用统计学方法来构建有效的机器学习算法，如本书后面所讨论的，其中矩阵运算、分布中的采样、统计和概率都有助于我们的解决方案，并让计算机有效地从数据中进行学习。

本章内容

- 了解机器学习背后的工作原理
- 认知学习过程中的不同部分
- 定义最常见的错误函数
- 确定哪个错误函数最适合你的问题
- 了解使用梯度下降时机器学习优化中的步骤
- 区分批量、小批量和在线学习

第10章 降低合适的曲线

机器学习对任何入门者来说都像是一种神奇的技巧，很多人都这样认为，就像亚瑟·查尔斯·克拉克（Arthur C. Clarke）这位未来主义者，他还是畅销科幻书（其中一本图书已经改编成了经典电影：*A Space Odyssey*）的作者，他的第三法则表示：“任何足够先进的技术都和魔法没有两样”，但是机器学习根本不是魔术，它是数学公式在我们如何看待人类学习过程中的应用。

机器学习算法期望世界本身就是通过数学和统计学公式来表示的，并尝试从数量有限的观察结果中来学习这些公式。就像你不需要看到世界上所有的树木才能学会识别一棵树（因为人类可以理解树木的显著特征），机器学习算法可以使用计算机的计算能力和无处不在的数据来学习如何解决大量重要且有价值的问题。

虽然机器学习本质上是复杂的，但是将其设计出来的是人类，在其初始阶段它只是开始模仿我们学习世界的方式。我们可以基于孩子如何看待和理解世界来表示简单的数据问题和基本的学习算法，或者通过采用自顶向下的方式并采取正确的下降坡度来解决具有挑战性的学习问题。本章会帮助你将机器学习作为技术而不是魔术来理解。为此，以下部分介绍了一些基本理论，然后深入研究了一些展示理论的简单问题。

10.1 将学习解释为优化

根据算法及其目标的不同，学习有许多不同的方式。可以根据目标将机器学习算法分为三大类：

- 监督式学习；
- 无监督式学习；
- 增强学习。

10.1.1 监督式学习

当算法在样本数据以及由数值或字符串标签（例如类或标签）组成的关联目标响应中进行学习后，在提供新的样本后，该算法可以预测正确的响应，这就产生了监督式学习的行为。监督式学习的方法与老师监督之下的人类学习行为相似。老师为学生提供了良好的例子用于记忆，然后学生从这些具体的例子中得出一般规则。你需要区分回归问题和分类问题，回归问题的目标是数值，而分类问题的目标是定性变量，例如类或标签。参考本书中所使用的示例，回归任务确定了波士顿地区房屋的平均价格，而分类任务根据花萼和花瓣的度量来区分各种鸢尾花。

10.1.2 无监督式学习

无监督式学习发生在算法从没有任何相关响应的样本中学习之时，它让算法自己确定数据的模式。这种类型的算法倾向于将数据重组为其他内容，例如可能表示的类别或一系列不相关值的新特征。在为人类提供数据的含义、为监督式机器学习算法提供新的有价值的输入方面，无监督式学习非常有用。作为学习方式的一种，它类似于人们用来确定某些对象或事件来自同一个类的方法，例如通过观察对象之间的相似度。你在网络上所看到的一些自动化营销的推荐系统就是基于这种类型的学习。自动化营销算法从你以前购买的产品中获得建议。这些建议是基于你最像哪组客户的估计，然后根据该客户组推测你可能的偏好。

10.1.3 增强学习

当向算法提供了缺少标签的样本时，就会发生增强学习。它和无监督式学习类似。但是，你可以根据算法提供的解决方案，为样本提供正向或负向的反馈。增强学习适用于算法必须做出决策的应用（所以产品是规范性的，而不仅仅是无监督式学习那样的描述性的），并且决策会产生结果。在人类的世界里，增强学习就像是通过试错法进行学习。错误可以帮助你学习，因为它们附加了一个惩罚（例如费用、时间的损失、遗憾、痛苦等），让你知道某些行动方式比其他行动方式更不可能成功。一个有趣的增强学习的例子是计算机自己学习玩电子游戏。在这种情况下，应用程序向算法提供了具有特定情况的案例，例如让玩家在躲避敌人时被卡在迷宫中。该应用程序可以让算法知道其动作的结果，并且在尝试避免危险并追求生存时，发生学习的行为。你可以在 Youtube 上查看谷歌 DeepMind 公司如何创建一个增强学习的程序，该程序可以玩旧款的 Atari 电子游戏。在观看视频时，请注意该程序最初表现得笨拙和不熟练，但是随着训练的展开，它能不断提高，直到成为冠军。

10.1.4 学习的过程

尽管监督式学习是 3 种类型中最受欢迎和最频繁使用的，但所有的机器学习算法都能对相同的逻辑做出回应。其中心思想是，你可以使用算法事先并不知道的数学函数来表示现实，但算法可以在看到一些数据后进行猜测。你可以按照机器学习算法的未知数学函数表达现实和所有具有挑战性的复杂性，并使其具有优势。这个概念是各种机器学习算法的核心思想。为了创建清晰的例子，本章将重点介绍监督分类，它是所有学习类型中最具代表性的。本章还会对其内在的函数进行解释，可以将这些函数延伸到其他类型的学习方法中。

监督式学习的分类器，其目标是在检视样本的某些特点之后，对其分配类别。这些特点被称为特征，它们可以是定量的（数值）也可以是定性的（字符串标签）。为了正确地分配类别，分类器必须仔细检查一些已知的样本（已经拥有类别的样本）以及对应的特征，而没有类别信息的样本同样有特征数据。训练阶段包括使用分类器观察多个样本，而这些样本有助于分类器的学习，这样稍后在看到没有类别信息的样本时，分类器可以预测一个分类。

为了理解在训练过程中会发生什么，想象一个孩子正在学习将树木与其他物体区别开来的过程。在孩子以独立思考的方式做到这一点之前，老师向孩子呈现一定数量的树木图像，其中包含所有可以将树木和世界其他对象区分开来的事实。事实可能是构成材料（木材）、组成部分（树干、树枝、叶子、根）和地理位置（种植在土壤中）这样的特征。孩子通过将树木的可视化特征与其他不同对象的图像（例如由木材制成但没有其他树木特征的家具）对比来产生树应该长什么样子的想法。

机器学习分类器的工作原理与此相同。它通过创建一个包含所有给定特征的数学公式来建立其认知能力，该方法可以创建一个能够区分不同类别的函数。假设存在一个数学公式（也称为目标函数）可以用于表达树的特征。在这种情况下，可以将机器学习分类器作为其表示形式的复制或近似（与之相似的不同函数）。能够表达这种数学公式就是分类器的表示能力。

从数学的角度来看，你可以使用映射（mapping）这个等效的术语来表达机器学习中的表示过程。当你通过观察某个函数的输出而发现了其构造时，就会发生映射。机器学习中成功的映射与孩子将对象内在化的想法相似。他以一种有效的方式理解从世界事实中得出的抽象规则，例如，当他看到一棵树时，就能立即认出来。

这样的表示（来自现实世界事实的抽象规则）是可能的，因为学习算法具有许多内部的参数（由数值的向量和矩阵构成），其等同于算法的记忆，即将特征和响应相对应。内部参数的维度和类型定义了算法可以学习的目标函数的种类。在学习期间，算法中的优化引擎从参数的初始值开始改变参数，直到可以成功表示目标的隐藏函数。

在优化期间，该算法在其参数组合的可能变化之中进行搜索，以便经过训练之后能找出在特征和类之间进行正确映射的最佳方法。该过程会评估学习算法可以猜测到的目标函数的潜在候选。学习算法可以确定的所有潜在函数的集合称为假设空间。可以将分类器及其所有参数设置称为假设，通过这种方式，机器学习中的算法就可以设置参数来复制目标函数，并且随后就可以进行正确的分类（稍后会展示这个事实）。

假设空间必须包含所有机器学习算法的所有参数变体，而这些算法是你在试图解决分类问题时尝试将其映射到未知函数的算法。不同的算法可以有不同的假设空间。真正重要的是，假设空间包含了目标函数（或是其近似，这是一个虽然不同但相似的函数）。

你可以将这个阶段想象为一个孩子在努力弄清楚自己对一棵树的想法，他通过组合自己的知识和经验（给定特征的类比），尝试了许多不同的创造性想法。很自然地，父母也参与了这一阶段，并提供了相关的环境输入。在机器学习中，必须有人提供正确的学习算法，提供一些不可学习的参数（称为超参数），还要有人选择一组要学习的样本，并选择这些样本所附带的特征。就好像一个小孩如果在世界上独自一人，不可能自己学会分辨是非，所以机器学习算法需要人类的参与才能成功学习。

即使在完成学习过程之后，机器学习分类器通常也无法将样本明确地映射到目标分类函数中，因为可能存在许多假的和错误的映射，如图 10-1 所示。在许多情况下，算法缺少足够的数据点来发现正确的函数。混在数据中的噪声也可能引起问题，如图 10-2 所示。

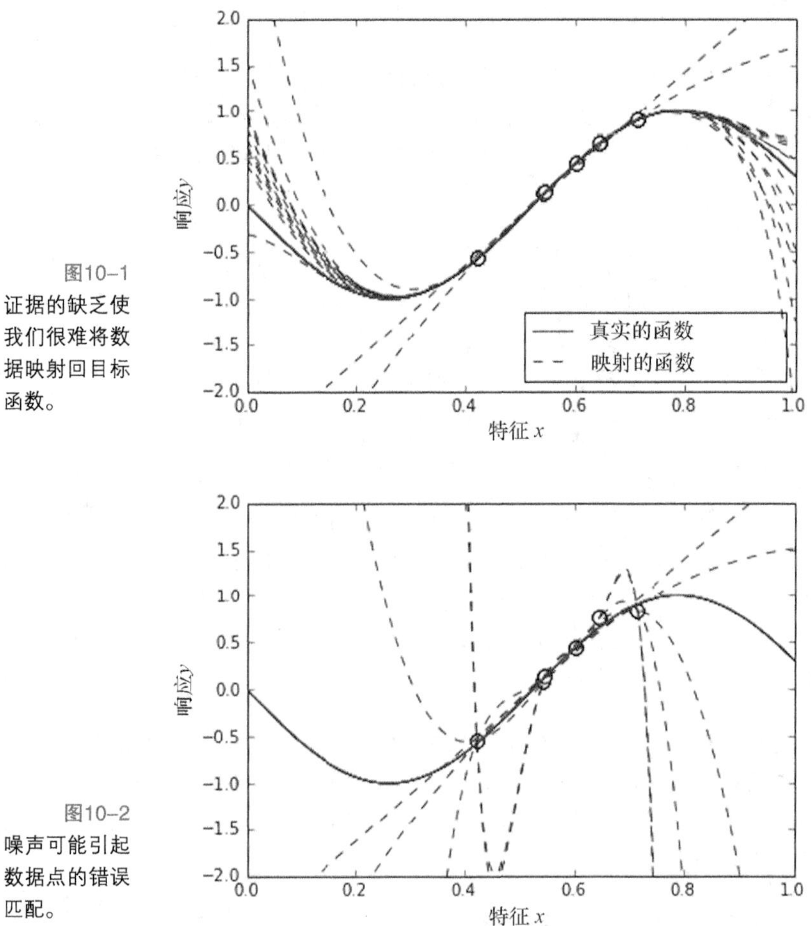

图10–1 证据的缺乏使我们很难将数据映射回目标函数。

图10–2 噪声可能引起数据点的错误匹配。

在现实世界的数据中，噪声是常态。记录数据时的许多外来因素的干扰和错误都会扭曲特征值。良好的机器学习算法应该能够将外部噪声和映射回目标函数的信号区分开来。

10.2 探索成本函数

机器学习优化背后的驱动力是算法内部函数的响应，称为成本函数。你可能会在某些情况下看到其他术语，例如损失函数、目标函数、评分函数或错误函数。成本函数是一种评估函数，它可以衡量机器学习算法映射目标函数时的表现。另外，成本函数会确定机器学习算法在监督式预测或无监督优化问题中执行的效果。

评估函数（即成本函数）会比较算法的预测与真实记录的实际结果。使用成本函数将预测值与其实际值进行比较，能够确定算法的误差水平。因为它是一个数学公式，所以成本函数以数值的形式表达了误差水平，从而使误差保持在较低的水平。成本函数将对你的目标非常重要且有意义的信息传递给学习算法。因此，你必须根据自己对想要解决的问题的理解，或想要达到的成就的水平，来选择或准确地计算成本函数。

例如，在考虑股市预测时，成本函数表达了避免不正确预测的重要性。在这个例子中，你想通过避免大额的损失来赚钱。在销售的预测中，由于需要在常见和频繁的情况下减少错误，而不是在罕见且特殊的情况下，因此考虑的方面有所不同，而且需要使用不同的成本函数。

当问题是预测哪些人可能会患上某种疾病时，你会奖励这样的算法：高效地将具有相同特征并最后实际生病的人挑选出来。基于疾病的严重性，你也可能更倾向于算法错误地选择了一些没有生病的人，而不是错过实际生病的人。

成本函数真正地推动了机器学习应用的成功。它对于学习过程的表示（近似某些数学函数的能力）和优化（机器学习算法如何设置其内部参数）而言至关重要。大多数算法可以优化自己的成本函数，而你只需应用它们即可。一些算法允许你选择一定数量的函数，这提供了更多的灵活性。当算法在优化过程中直接使用成本函数时，该函数是在内部使用的。假设算法被设置为与特定的成本函数一起工作，优化目标可能与你所期望的目标不同。在这种情况下，你可以使用外部成本函数来测量结果。用术语来表达，我们可以把它称作错误函数或损失函数（如果必须最小化）或评分函数（如果必须最大化）。

对于你的目标，一个良好的实践是定义能够解决问题的最有效的成本函数，然后确定哪些算法能够最佳地优化它，并定义你想要测试的假设空间。当你采纳的算法无法使用你想要的成本函数时，你仍然可以设定算法的超参数，并根据

成本函数来选择输入特征，从而最终间接地影响优化的过程。最后，当你收集完所有算法结果时，可以使用自己选择的成本函数对其进行评估，然后根据所选择的错误函数来确定最佳假设。

当算法从数据中学习时，成本函数通过指出最有利于进行更好预测的内部参数来指导优化的过程。随着成本函数的响应不断改进迭代，优化也在继续。当响应停止或恶化时，就应该停止调整算法的参数，因为算法不太可能继续获得更好的预测结果。当算法处理新数据并对其进行预测时，成本函数可以帮助你评估其是否正常工作，是否确实有效。

成本函数的决定是机器学习中被低估的步骤。这是一项基本任务，因为它决定了算法在学习之后的行为以及如何处理你想要解决的问题。不要依赖默认选项，时常问问自己要使用机器学习实现什么，并检查哪些成本函数最能代表成果。

在第 4 部分中，你将了解一些机器学习算法，而在第 5 部分你会了解如何将理论应用于实际问题。第 5 部分介绍了文本评分和情感的分类问题。如果你需要选择成本函数，机器学习的解释和样本将引入一系列用于回归和分类的误差函数，包括均方根误差、对数损失、准确度、精度、召回率和曲线下面积（AUC）。（如果现在对这些术语还不清楚，请不要担心，第 4 部分和第 5 部分将详细介绍。）

10.3 降低误差曲线

梯度下降算法是机器学习如何工作的完美示例，它总结了本书迄今为止所表达的所有概念。你可以为它提供直观的图像解释，而不仅仅是数学公式。此外，尽管梯度下降只是许多可能的方法之一，但它是一种广泛使用的方法，适用于本书提出的一系列机器学习算法，如线性模型、神经网络和梯度增强机。

当给定一组参数（由特征和响应构成的数据矩阵）时，梯度下降从随机解开始，进而寻找问题的答案。然后它在每次迭代中使用成本函数的反馈来改变其参数，逐渐改进初始随机解并降低误差值。即使在达到良好的映射之前优化可能需要大量的迭代次数，但它仍然依赖于在每个迭代期间最大限度地改善响应成本函数（更低的误差）的变化。图 10-3 显示了一个具有许多局部最小值（曲线上标有字母的最小点）的复杂优化过程的示例，其过程可能会被卡住（它碰到带有星号的深度最小值之后，不再继续），并且无法继续下降。

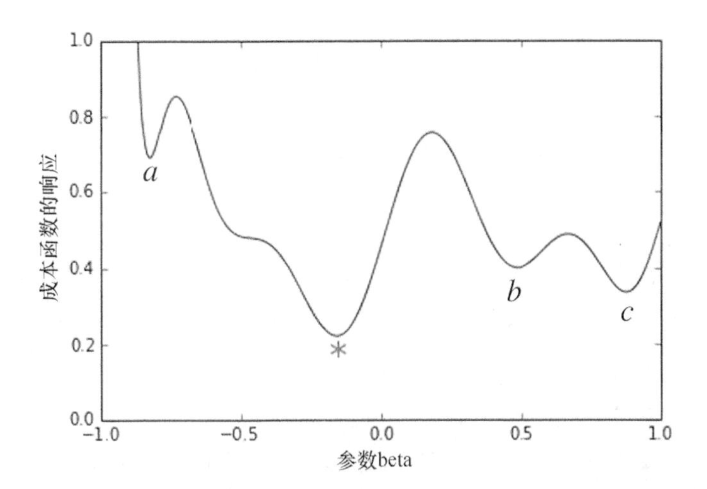

图10–3 参数数据和成本函数输出的对应图。

可以将优化过程视为在高山上步行，参数是到达山谷的不同路径。每一步都会发生梯度下降优化。在每次迭代中，算法选择最大限度地减少误差的路径，而不考虑所采用的方向。其想法是，如果步子迈得不是太大（导致算法跳过目标），总是沿着最向下的方向会让我们发现最低的位置。遗憾的是，这个结果并不总能实现，因为算法可以到达中间的谷，造成它已经到达目标的错觉。然而，在大多数情况下，梯度下降能让机器学习算法发现成功映射问题的正确假设。图 10-4 显示了不同的出发点如何导致不同的结果。起点 x_1 终止于局部最小值，而点 x_2 和 x_3 达到全局最小值。

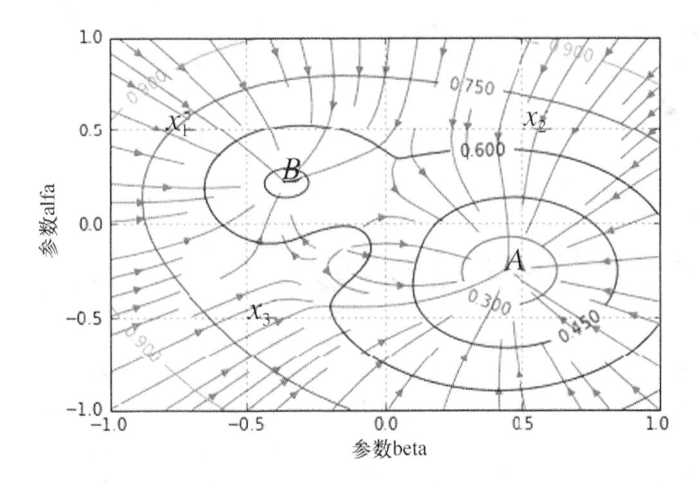

图10–4 不同起点导致不同结果的可视化。

在优化过程中，可以区分不同的优化结果。可以得到全局最小值，这是成本函数的最小误差，也可以得到许多局部最小解，它们似乎可以生成最小错误，但实际上并不是（卡住算法的那些中间谷底）。考虑到优化过程所采用的随机初始化，作为补救措施，多次运行优化是不错的选择。这意味着尝试不同的下降路径序列，并且不会在同一个局部最小值内卡住。

Rocket Fuel 公司的适时营销

在线机器学习比你想象得更常见。随着世界变得更加数字化，互联网上有价值的信息流不断增加。在线机器学习有趣的应用之一是 Rocket Fuel，它提供了一个有用且独特的程序化交易平台。

程序化交易会通过基于机器交易、算法和数据的组合来自动地购买大量商品或服务。当用于 Rocket Fuel 公司所运营的广告业务时，程序化交易的目标是让在线出版商（广告所在的网站）所代表的卖方与广告商所代表的买方达成一致，这种方法有助于广告显示在对其有兴趣的用户面前。

Rocket Fuel 依赖实时出价（RTB）平台，该平台采用一种使用机器学习连接买卖双方的智能方法。机器学习决定了如何最好地将网站的受众与特定的广告相匹配。

这个方法中的机器学习部分依赖于线性和逻辑斯谛回归，以及使用在线学习训练得到的神经网络（因为网络上的信息流是连续的，而且广告的场景是可变的）。这些算法根据客户在线所产生的大量数据，决定他是否会接受特定的广告。这类数据包括网站上的行为和社交网络所暗含的兴趣（参见 PNAS 官网，网站提供的社会和人口信息，以及电子商务网站的偏好和意图。例如，通过使用机器学习技术，Rocket Fuel 可以确定为用户提供产品或服务的正确时机，从而优化公司和消费者之间的沟通，而不会白白浪费人们的精力和注意力。

10.4 小批量和在线的更新

机器学习可以归结为一个优化问题，可以根据某一个成本函数来寻找全局最小值。因此，使用所有可用的数据进行优化显然是一个优点，因为它允许通过迭代不断地进行查看，来确定相对于所有数据的最小值。这就是为什么大多数机器学习算法喜欢使用所有可用的数据，而且它们希望数据可以在计算机内存中进行访问。

基于统计算法的学习技术使用了微积分和矩阵代数，它们需要将所有的数据放入内存中。对于更简单的算法，例如通过部分解（例如前面讨论的梯度下降）进行迭代从而逐步搜索下一个最佳解的算法，在基于所有数据进行假设的时候，它们有一定优势。因为它们可以捕获现场较弱的信号，并不会被数据中的噪声所迷惑。

当使用的数据没有超过计算机内存限制（假设大约 4 GB 或 8 GB）的时候，是在核心内存中工作，使用这种方法可以解决大多数机器学习的问题。与核心内存一起使用的算法称为批处理算法，就像工厂机器处理批量的材料那样，这样的算法学习如何处理和预测单个数据批次，而这批数据通过数据矩阵来表示。

然而，有时数据无法装入核心内存，因为它太大了。从网络获取的数据是难以放入内存的信息的典型示例。此外，由传感器、跟踪设备、卫星和视频监控所产生的数据往往也有问题，它们与计算机内存的维度不同。但是经济的、可以轻松容纳数 TB 数据的大型存储设备已经存在，所以前面的数据可以轻松存储在硬盘上。

当数据太大而无法装入单台计算机的标准内存中时，一些方法可以帮助我们。你可以尝试的第一个解决方案是进行子采样。通过基于统计的采样，我们选择部分样本（有时甚至是特征），从而重新形成一个更易于管理的、更精简的数据矩阵。显然，减少数据量并不总能提供与全局分析时完全相同的结果。处理部分的可用数据，甚至会让生成的模型不够强大。然而，如果子采样得以正确地执行，该方法可以产生几乎等效并且仍然可靠的结果。成功的子采样必须正确使用统计采样，一般采用随机或分层样本抽取的方法。

在随机抽样中，我们会随机选择一部分数据作为样本。样本越大，样本的结构和数据多样性与原有数据的就越类似，但无论从原始数据的表示还是从机器学习的目标来看，即使仅含有限数据的样本，通常结果也是可以接受的。

在分层抽样中，你可以控制目标变量或某些特征的最终分布，而这些特征对成功复制完整的数据特征至关重要。一个典型的例子是在由不同比例的男生和女生组成的教室中，抽取一个样本，以猜测平均身高。如果平均而言，女性比男性矮且比例更小，那么你希望抽取一个复制了相同比例的样本，以获得对平均身高的可靠估计。如果你错误地只采样男性，就会高估平均身高。如第 11 章所述，采样的时候使用先验的知识（例如知道性别在身高猜测中很重要），对于获得适合机器学习的样本非常有帮助。

选择采样策略之后，考虑到内存的限制，你必须抽取一个包含足够样本的子样本集来表示各种数据。高维度的数据，其特点是具有许多样本和许多特征，因此它需要更大量的样本，而这些样本甚至可能无法装入你的核心内存，相应地采样就更困难。

除了子采样之外，第二个针对内存数据的可能解决方案是利用网络并行性将数据分配到多个在网络中连接的计算机上。每台计算机都处理部分数据从而进行优化。在每台计算机完成自己的计算之后，所有的并行优化工作都被简化为单个处理结果，这就完成了一个解决方案。

要了解该解决方案的工作原理，请比较让单个工人逐一组装汽车零件和让许多工人分别在汽车零件总成上工作的过程——只让一个工人执行最后的装配。除了更快地组装执行，你也不必将所有零件同时保留在工厂内。类似地，你不必将所有数据部分保存在一台计算机中，而是充分利用它们在不同的计算机上分别进行处理的优势，从而克服核心内存的限制。

这种方法是 map-reduce 技术和集群计算机框架（Apache Hadoop 和 Apache Spark）的基础，它们专注于将问题映射到多台机器上，并将它们的输出最终归到所需的解决方案。遗憾的是，并非所有的机器学习算法都可以轻易地分解为多个分离的进程，而该问题限制了这种方法的可用性。更重要的是，当你维护计算机网络使其进行此类数据处理时，会面临显著的设置和维护成本以及时间开销，所以此方法仅适用于大型组织。

第三个解决方案是依靠外核算法，将数据保存在存储设备上并将其分块送入计算机的内存中进行处理。这种过程称为流式处理。由于分块小于核心内存，所以算法可以正确地处理它们，并将其用于更新机器学习算法的优化。更新后，系统丢弃旧的数据块，并将资源留给新的数据块。这个过程重复进行，直到没有更多的分块。分块可以很小（取决于核心内存的大小），这个过程叫作小批量学习。分块甚至可以由单个的样本组成，我们将其称为在线学习。

与其他迭代算法一样，先前描述的梯度下降可以用这种方法运作。然而，达到优化需要更长时间，因为梯度的路径对于批处理方法更不稳定且为非线性。该算法的内存版本可以使用相对较少的计算来找到解决方案。

当基于小批量和单个样本来重复更新其参数时，梯度下降被称为随机梯度下降。给定两个先决条件，它将找到适当的优化解决方案：

» 流式处理的样本是随机抽取的（这里的随机表示从一个样本的分布中随机进行抽取的想法）；

» 根据观察次数或其他标准，适当地定义固定或灵活的学习率。

不考虑第一个先决条件意味着你还必须考虑样本的顺序——有时候是不需要的。学习率使得学习或多或少地对更新敏感，使学习本身在处理流中样本特征方面或多或少地变得更加灵活。

TIP

学习参数可以使优化的质量有所差异，因为高学习率虽然使优化更快，但会让参数受到流开始时的噪声或错误样本的影响。高学习率也使算法对稍后流中的观察不敏感，当算法从自然演变和可变的来源学习时，这可能是一个问题，例如来自数字广告部门的数据，其中新的广告活动经常会改变目标人群的关注和反应程度。

本章内容

- 解释在机器学习中，正确的采样为何至关重要
- 强调由偏差和方差决定的错误
- 提出不同的验证和测试方法
- 注意有偏差的样本、过拟合、欠拟合和窥探

第11章 验证机器学习

拥有样本（以数据集的形式）和机器学习算法，并不能保证可以解决学习的问题，或者结果能提供所需的解决方案。例如，你想要计算机将小狗的照片与小猫的照片区分开来。首先，你可以提供很好的小狗和小猫的样本。然后，你可以通过一些机器学习算法训练狗和猫的分类器，该算法可以输出给定照片是小狗或小猫的概率。当然，输出是一种概率——不能绝对保证照片是小狗或小猫。

根据分类器给出的概率，你可以根据算法预估的概率来决定照片的分类（小狗或小猫）。当小狗的概率较高时，你可以通过选择更偏向于狗的分类来最大限度地减少评估错误的风险。狗相对猫的概率差距越大，你在选择时就越有自信。由于照片有时会含糊不清（照片不清楚或者小狗实际上长得有点像小猫），可能会出现难以定夺的情况。对于这个问题，它甚至可能不是一只狗——算法并不知道照片实际显示的是一只浣熊。这是训练分类器的强大之处：你提出问题；提供样本，每个样本都有经过仔细标注的标签或类别供学习；然后计算机训练算法一段时间；最后，你将得到一个模型的结果，它为你提供了一个答案或概率。（标注本身就是一个具有挑战性的活动，以下章节会介绍。）最后，一个概率只是提出一个解决方案并获得正确答案的机会（从另一个角度来看，也许是风险）。迄今为止，你可能认为已经解决了所有的问题，并认为这项工作已经完成了，但是仍然需要验证结果。本章帮助

你了解为什么机器学习不仅仅是按下按钮就可以放任自流的活动。

11.1 检查样本之外的误差

最初获得用于训练算法的数据时，它们只是一些数据的样本。大多数情况下，你收到的数据并不是能够获得的全部数据。举例来说，如果你从市场营销部门收到了销售数据，那么收到的数据并不是所有可能的销售数据，因为除非停止销售，否则将来还会有新的销售数据。

如果你的数据并不完整，那么它被称为样本。样本是一种选择，而随着选择的不同，数据可以反映出人们做出这种选择的不同动机。因此，当你收到数据时，必须考虑的第一个问题是人们是如何选择它的。如果人们是随机选择的，而且没有任何具体的标准，你可以预期如果事情相较过去没有改变，那么未来的数据和你手头上的数据不会有太大的差别。

统计学预计未来与过去不会相差太远。因此，你可以通过采用随机采样理论，基于过去的数据对未来进行预测。如果你不用任何标准，而是随机选择样本，那么确实有机会选择到和今后样本相当的数据。或者在统计学方面，你可以期望当前样本的分布和未来样本的分布非常相似。

然而，若你获得的样本是特殊的，训练算法时可能会出现问题。事实上，特殊数据可能会迫使算法不能学习随机数据所创建的映射，而是学习与特殊响应相对应的特殊映射。例如，如果你只从单个门店或单个地区的门店（实际上是特定的样本）收到销售数据，则该算法可能不会学习如何预测所有地区所有门店的未来销售情况。具体的样本会导致问题，因为其他门店可能和你所观察的那家有所不同，并遵循不同的规律。

确保算法从数据中正确地学习，这也是为什么你总是应该通过样本外数据来验证样本内数据（用于训练的数据）所生成的预测。样本外数据是指在学习时没有的数据，它应该代表你将要预测的数据类型。

寻求泛化

泛化是从手头的数据中学习出普遍规则的能力，而这些规则可用于所有其他数据。因此，样本外的数据成为衡量数据学习是否可行以及多大程度上可行的关键。

不管你的样本内数据集多大，某些选择标准所产生的偏差仍然会导致这种现实的情况：很难经常性且系统性地看到类似的样本。例如，在统计学中，有一个关于从偏差样本推断的轶事。这要追溯到 1936 年在阿尔弗雷德·兰登（Alfred Landon）和富兰克林 D. 罗斯福（Franklin D. Roosevelt）之间的美国总统大选，当时 *Literary Digest* 使用有偏差的投票信息来预测获胜者。

当时，*Literary Digest* 是一本受人尊敬的、畅销的文学杂志，它让其读者就谁是下一任美国总统进行投票，自 1916 年以来这种做法都很成功。民意调查的结果对兰登很有利，超过 57% 的投票人认同他。这个杂志还使用了一个庞大的样本——超过 1000 万人（只有 240 万人回应），结果似乎是无懈可击的：一个巨大的样本加上赢家和输家之间的巨大差异，往往不会受到大家的质疑。但是这次民意调查却完全失败了。最终，误差幅度为 19%，兰登获得的投票只有 38%，而罗斯福获得了 62% 的投票。这个幅度是民意调查史上最大的错误。

究竟发生了什么？简单地说，这本杂志询问了美国电话簿、杂志订阅列表、俱乐部和协会名单上的人，收集了超过 1000 万个名字。这个数量令人印象深刻，但是在大萧条时期，拥有电话、订阅杂志或是加入俱乐部，意味着此人是很富有的，所以该样本只是针对富裕的选民，完全忽略了低收入的选民，而这些低收入的选民恰恰代表了多数人（从而导致选择偏差）。此外，由于只有 240 万人做出了回应，这些做出回应的人往往想标新立异。这个特殊事件的重大错误让人们开始采用更科学的方法进行采样。

这些经典的选择偏差例子指出，如果选择过程偏向于某种采样，那么学习过程将具有相同的偏差。然而，有时偏差是不可避免的，也不易被发现。举例来说，当你用渔网去捕鱼的时候，只能看到无法穿过渔网而被捕获的鱼。

在某次战争中，设计师不断地改进美军战机，为轰炸机最容易受到攻击的部位增加额外的装甲。数学家亚伯拉罕·瓦尔德（Abraham Wald）的推理指出，设计师们实际上需要在返回飞机上没有弹孔的地方加强装甲。这些位置可能非常重要，因为这些部位被击中的飞机没有返回家园，因此没有人能够观察到它的损坏（这是一种幸存者偏差数据）。幸存者偏差今天仍然是个问题。事实上，你可以在 fastcodesign 官网上看看这个故事如何影响了 Facebook 的设计。

使用样本集外的样本，对数据和测试结果进行初步的推理，可以帮助你发现或至少感知到可能的采样问题。然而，获取新的样本外数据往往是非常困难的、昂贵的，并且需要时间上的投资。在稍早讨论的销售案例中，你必须等待很长时间——也许是一整年才能测试你的销售预测模型，才能确定假设是否有效。

另外，准备数据可能花费大量的时间。例如，当你标注小狗和小猫的照片时，你需要花时间标记大量来自网络或数据库的照片。

扩展附加数据的可能捷径是从可用的数据样本中抽出样本集外的样本。可以根据时间或随机采样，划分训练和测试数据来保留数据样本的一部分。如果时间是问题的重要组成部分（如预测销售），则可以寻找时间标签作为分隔符。某一个日期之前的数据作为样本内数据，而该日期之后的数据作为样本外数据。当你随机选择数据时也会发生这种情况：你提取的样本数据仅用于训练；剩下的作为样本外数据，用于测试目的。

11.2 理解偏差的局限

现在，你对数据的样本内和样本外部分有了更深的了解，也知道学习很大程度上取决于样本内数据。数据这部分很重要，因为你想要发现观测世界的视角，该视角与所有视角一样，它可能是错误的、扭曲的或只是局部的。你也知道自己需要样本集外的样本来检查学习过程是否正常运作。然而，这些方面只是一部分内容。当你使用机器学习算法对数据进行处理以猜测某种响应时，你实际上是在打赌，这里说打赌不仅仅是因为用于学习的样本，还有其他因素。现在，假设你可以自由地访问适当的、无偏差的样本内数据，因此数据不是问题。相反，你需要专注于学习和预测的方法。

首先，你必须考虑到你是在打赌该算法可以合理地猜测响应。可是，你不可能总是做出这种假设，因为无论你事先知道什么，都不可能找到某些答案。例如，你不能通过了解人们以前的历史和行为来完全确定他们将来的行为。也许在我们行为的生成过程中涉及一个随机的效果（例如不合理的行为部分），或者这个问题是有关自由意志的（这也是一个哲学 / 宗教的问题，而且有许多不一致的观点）。因此，你只能猜测某些类型的响应，对于许多其他类型的响应，例如，当你尝试预测人们的行为时，必须接受一定程度的不确定性（对你的目的而言，运气成分是可以接受的）。

其次，你必须考虑你是在打赌一件事：所拥有的信息与想要预测的响应之间的关系可以表达为某种数学公式，并且你的机器学习算法实际上能够猜测这个公式。算法猜测响应背后的数学公式的能力，本质上是内嵌在算法之中的。有些算法几乎可以猜到一切；而其他算法实际上选择有限。算法可能猜到的数学公式的范围是其可能的假设的集合。一个假设就是一个单独的算法，所有参数都已确定，因此能够表达单一的具体公式。

数学太神奇了，它可以通过一些简单的符号来描述大部分的现实世界，是机器学习的核心，因为任何学习算法都具有一定的数学公式表达能力。有些算法（如线性回归）明确地使用特定的数学公式来表示响应（例如房屋的价格）是如何与一组预测信息（例如市场信息、房屋位置、房产的表面等）相关联的。

有些公式错综复杂，尽管在纸上表示它们是可能的，但在现实中这样做太困难了。一些其他更精细的算法，例如决策树（第 12 章讨论的主题）没有明确的数学公式，但是适应性非常好，它们可以很容易地近似出大量的公式。考虑一个简单易懂的公式，线性回归只是由响应和所有预测因子给出的坐标空间中的一条线。在最简单的例子中，你可以有一个响应 y 和一个单一的预测因子 x，公式为：

$$y = \beta_1 x + \beta_0$$

在使用单一特征进行响应预测的简单情况下，当你的数据自动排列为一条线时，这样的模型是完美的。但情况并非如此，它们排列出的是曲线，这会发生什么？为了表示这种情况，只需观察图 11-1 所示的二维表示。

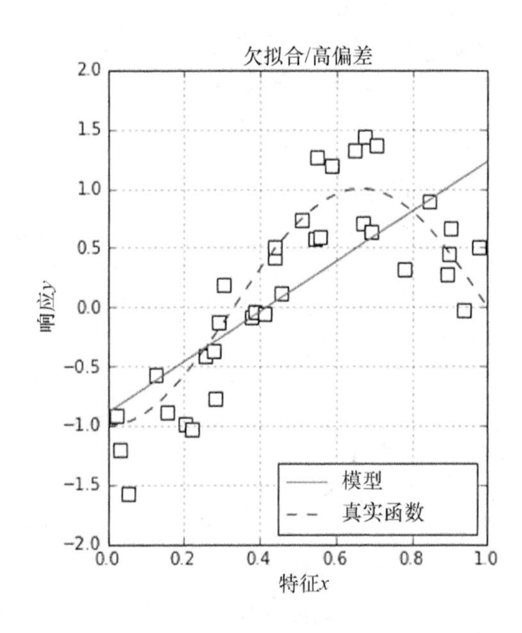

图11–1 试图匹配一个曲线函数的线性模型示例。

当多个点近似于线或云时，如果你确定结果是直线，那么会产生一些错误，因此，前述公式所提供的映射在某种程度上是不精确的。但是，错误不是系统性地出现，而是随机地出现，因为某些点高于映射的直线，而其他点在该线之下。弯曲形状、云状点的情况是不同的，因为这一次，线条有时是精确的，有时是系统性错误的。有时点总是在线的上方，有时它们在线的下方。

鉴于响应映射的简单性，你的算法往往会高估或低估数据背后的真实规则，从而出现偏差。这种偏差是因为简单算法不能表达复杂数学公式的特征而导致的。

11.3 记住模型的复杂性

简单的公式是一个问题，与此相似，自动采用映射而产生的非常复杂的公式并不总是能提供解决方案。其实，你并不知道所需的响应映射其真正的复杂性（比如它是拟合直线还是曲线）。因此，正如简单性可能会产生不适当的响应一样（参见图 11-1），用来表示数据复杂性的映射也可能过于复杂。在这种情况下，复杂映射的问题是它有许多术语和参数——在某些极端情况下，算法的参数可能比你的数据更多。因为必须指定所有参数，所以算法需要记住数据中的所有内容，不仅是信号，还包括随机噪声、误差以及样本所有的具体特征。

在某些情况下，算法甚至可以直接记住样本。但是，除非所处理的问题只有少量不同值的简单特征（这基本上就是一个小数据集，只含非常少量的样本和特征，因此可以轻松处理并用于展示），否则在数据集海量的可变特征组合的情形下，很难遇到完全相同的样本。

当记忆发生的时候，你可能会觉得一切都很好，因为机器学习算法似乎已经将样本数据拟合得很好了。然而，当你开始使用样本外数据时，可能很快会产生问题，它会在其预测中产生错误，或者使用稍微不同的算法从相同的数据重新学习时，错误实际上会发生很大的变化。当算法从数据中学到了太多东西时，就会发生过拟合，直到映射出不存在的曲线和规则为止，如图 11-2 所示。过程或训练数据的任何微小变化都会产生不稳定的预测。

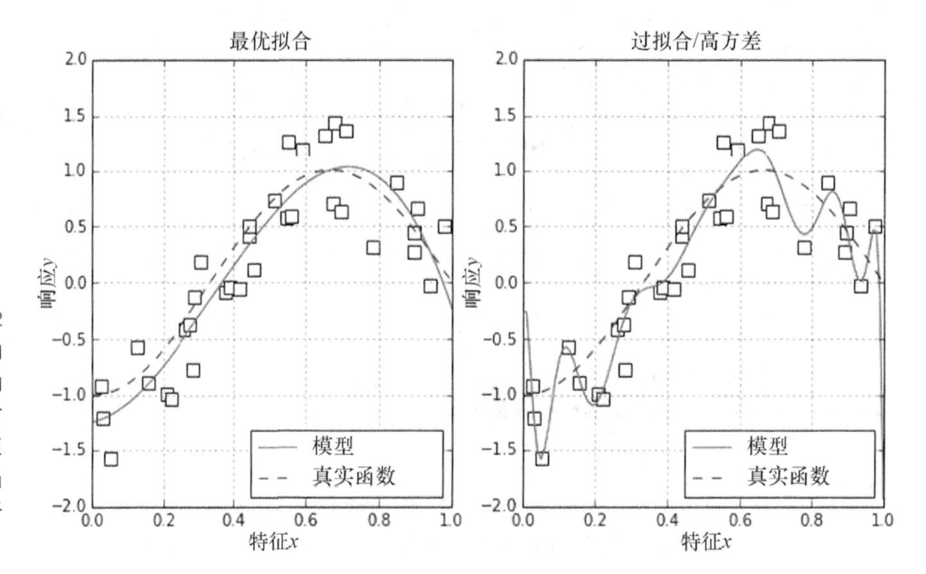

图11-2 线性模型的示例，左侧的刚刚好，而右侧的在试图匹配一个曲线函数时变得过于复杂。

11.4 让解决方案保持均衡性

为了创造出很好的解决方案，机器学习模型必须在简单性（意味着更高的偏差）和复杂性（产生更高的估计方差）之间做出权衡。如果你打算实现最佳的预测性能，那么需要了解哪种方式更好，在其中的某一个点找到解决方法，你可以通过对数据进行试错来实现这一目的。因为数据帮助我们发现预测问题最适合的解决方案，所以如果要解决所有的机器学习难题，你既没有灵丹妙药，也没有简单的重复性方案。

在数学界，一个经常引用的定理是大卫•沃尔珀特（David Wolpert）和威廉•麦克雷迪（William Macready）的"无免费午餐"定理，其中指出"当任何两种优化算法应用于所有可能的问题上时，它们的平均性能都是相当的"。如果算法整体上是等价的，除非在具体的实际问题中得到证明，否则没有哪个算法优于另一个算法。（有关"无免费午餐"定理的更多详细信息，请参阅 No Free Lunch Theorems 的讨论。实际上，两个理论用于机器学习。）

沃尔珀特讨论了这样一个事实，即算法之间没有先天的区别，无论它们多么简单或复杂。数据表明什么是有效的，以及它的效果有多好。最后，你不能总是依靠单一的机器学习算法，必须测试许多算法并找到最适合你问题的算法。

除了通过“无免费午餐”定理的“尝试一切”原则进入机器学习实验之外，还可以考虑另一个经验法则：奥卡姆剃刀原则。这归功于奥卡姆（Ockham），一位14世纪的哲学家和神学家。奥卡姆剃刀原则指出，理论应该被削减到最低限度，以便更合理地表示真实情况（因此是剃刀的命名由来）。该原则并不是表明更简单的解决方案就更好，但是在更简单的解决方案和更复杂的解决方案之间，如果它们有相同的结果，那么更简单的解决方案始终是首选。原则是我们现代科学方法论的基础，甚至阿尔伯特·爱因斯坦（Albert Einstein）也经常提到这一点，指出“一切都应该尽可能简单”。总结一下到目前为止所讲的内容，具体如下。

- 要获得最佳的机器学习解决方案，请在数据上尝试所有的方法，并用学习曲线表示数据的性能。
- 从简单的模型开始，比如线性模型，如果简单模型和复杂模型表现几乎一致，则倾向于更简单的解决方案。当处理现实世界中的样本外数据时，你会从该选择中获益。
- 请务必使用样本集外的样本，检查你的解决方案的性能。

刻画学习曲线

为了可视化机器学习算法相对于数据问题的偏差或方差的程度，可以使用名为学习曲线的图表类型。学习曲线显示了一个或多个机器学习算法相对于训练数据的性能。学习曲线绘制的值是预测的误差测量，而且该度量同时用于样本内采样和交叉验证或样本外的性能测量。

如果图表描绘了与数据量相关的性能，则它是一个学习曲线图。当它描绘了不同的超参数或模型选择的学习特征的性能时，它是一个验证曲线图。要创建学习曲线图，你必须执行以下操作。

- 将你的数据划分为样本内和样本外的集合（可以将训练 / 测试的划分比例设置为70/30，或者可以使用交叉验证）。
- 在不断增长的训练数据中，创建一个子集。根据可用于训练的数据大小，你可以使用10%的部分，或者如果你有大量的数据，则可以按照10^3、10^4、10^5这样的级别来增加样本的数量。
- 在不同的数据子集上训练模型。测试并记录它们在同一训练数据和样本外集合上的表现。

» 将记录结果绘制成两条曲线，一条用于样本内数据的结果，另一条用于样本外数据的结果（见图 11-3）。如果使用交叉验证，还可以根据结果本身的标准偏差绘制边界，用其表示多个验证（不同的置信度间隔）的结果稳定性。

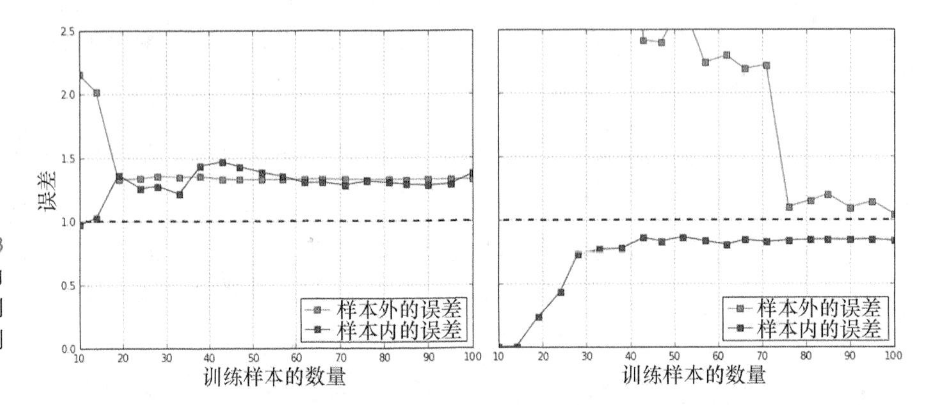

图11-3 学习曲线的示例，左侧是偏差，右侧是方差。

理想情况下，应该获得两条拥有不同起始误差点的曲线：基于样本外数据的误差更高；而基于样本内数据的误差较低。随着训练集规模的增加，两者之间的差异应该减小，直到在一定数量的观察值下，它们变得趋近于常见的误差值。

值得注意的是，输出图表后，发生以下情况时会出现问题。

» **这两条曲线趋于收敛，但是在图表上你看不到它们彼此靠近，因为你的样本太少了。**如果你想通过被测的机器学习算法成功地进行学习，这种情况明显地提示你要增加数据集的大小。

» **两条曲线之间的收敛点有很高的误差，所以你的算法有太多的偏差。**在这里添加更多的样本并没有帮助，因为你拥有足够的数据量达到收敛。你应该增加特征的数量或使用更复杂的学习算法来找到解决方案。

» **这两条曲线没有趋于收敛，因为样本外的曲线开始表现得不规律。**这样的情况显然是估计值拥有高方差的迹象，你可以通过增加样本数量（一定的情况下，样本外的误差将再次开始下降）、减少特征的数量或者调整学习算法的一些关键参数来减少方差。

R 并不提供学习曲线的实现（所以你需要自己编程实现）。Python 在 scikit-learn

包中提供了学习曲线，它使用 learning_curve 函数为你准备所有的计算（请参阅 scikit learn 官网上的详细信息）。通常函数的输出仅仅是一系列结果向量，为了读者的方便，本书中的示例提供了打印结果图的函数。

11.5 训练、验证和测试

在理想情况下，可以对机器学习算法从未学习过的数据执行测试。然而，等待新的数据在时间和成本方面并不总是可行的。作为第一种简单的补救方法，你可以随机地将数据分为训练集和测试集。通常的划分方式为 25% ～ 30% 作为测试数据，而剩余的 70% ～ 75% 用于训练。数据所包含的响应和特征要同时划分，你也要保持每个响应及其特征之间的对应关系。

当需要调整学习算法时，会产生第二种补救方法。在这种情况下，待测的分割数据不是一个很好的做法，因为它会导致另一种称为“窥探”[①]的过拟合（请参阅本章后面的更多内容）。为了避免窥探，需要第三次划分，这次划分的数据集称为验证集。建议的划分是将你的样本分为 3 份：训练集 70%、验证集 20% 和测试集 10%。

应该随机地执行数据的划分，也就是说，不考虑数据的初始排序。否则，你的测试将不可靠，因为排序可能导致高估（当排序存在一定的意义时）或低估（当分布相差太大时）。作为一种解决方案，你必须确保测试集分布与训练集分布相差不大，并且在分割数据中存在顺序。例如，检查识别符号（如果存在）在集合中是否连续。有时，即使你严格遵守随机采样，也不能总是在不同的集合上获得类似的分布，特别是当样本数量较少时。

当你的样本数量很多时，例如 $n>10\,000$，可以很容易地创建一个随机划分的数据集。当数据集较小时，比较训练集和测试集中响应和特征的基本统计信息，如平均值、众数、中位数和方差，可帮助你了解测试集是否合适。当你不确定划分是否正确时，只需重新进行一次。

11.6 借助于交叉验证

训练 / 测试集合的划分有一个显著的问题：因为你减少了样本内训练数据的大

① 这里的“窥探”是指某些数据多次使用，导致信息泄露。——译者注

小，所以实际上你将偏差引入了测试中。分割数据时，实际上你可能会让一些有用的样本排除在训练集之外。此外，有时数据非常复杂，因此测试集虽然看上去类似于训练集，但并不是真的非常相似，因为值的组合是不同的（这是典型的高维数据集）。当你没有许多样本的时候，这些问题增加了样本结果的不稳定性。

以不佳的方式分割数据的风险也解释了为什么当你必须评估和调优机器学习解决方案时，训练 / 测试的划分不是机器学习实践者喜欢的解决方案。

基于 k 折的交叉验证实际上是答案。它依赖于随机分割，但是这次它将你的数据分解成相同大小的 k 个折叠（部分数据）。然后，每个折叠依次作为测试集，其他折叠被用于训练。每次迭代使用不同的折叠作为测试，然后产生误差的预估。事实上，在使用其他数据作为训练集的一次测试完成之后，你会再轮换到与之前不同的折叠，并重复该过程以产生另一个误差预估。该过程继续进行，直到所有 k 折都被用作测试集，并且你有 k 个误差预估值，用于计算平均误差预估（交叉验证的分数）和预估的标准误差。图 11-4 显示了此过程的工作原理。

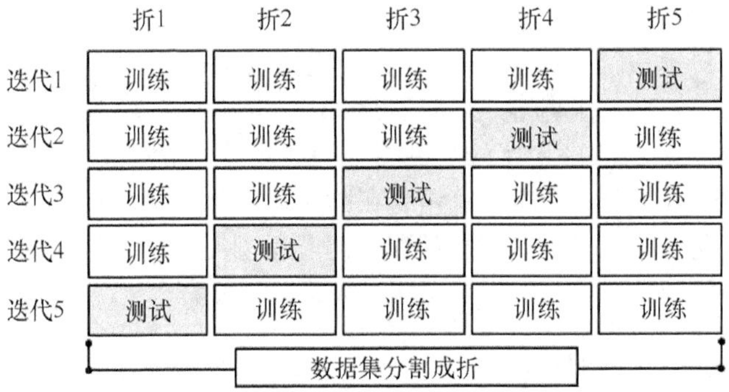

	折1	折2	折3	折4	折5
迭代1	训练	训练	训练	训练	测试
迭代2	训练	训练	训练	测试	训练
迭代3	训练	训练	测试	训练	训练
迭代4	训练	测试	训练	训练	训练
迭代5	测试	训练	训练	训练	训练

数据集分割成折

图11-4 交叉验证工作原理的图形化表示。

此过程有以下优点。

- 无论样本数量多少，它都可以很好地工作，因为通过增加折叠数量，你实际上将增加训练集的大小（较大的 k、较大的训练集和更少的偏差）并减小测试集的大小。
- 单个折叠的数据分布差异并不重要。当某个折叠与其他折叠分布有所不同的时候，它作为测试集只能使用一次，并在其余测试中与其他数据混合，以作为训练集的一部分。

» 你实际上正在测试所有观察结果，因此可以使用所有数据全面地测试机器学习假设。

» 通过获取结果的平均值，你可以期望一个预测的性能。此外，结果的标准偏差可以告诉你在实际样本数据中可以预期的变化量。交叉验证表现中较高的变化会告知你存在极其复杂的数据，该算法无法适当地捕捉到它们的特征。

使用 *k* 折交叉验证始终是最佳选择，除非你使用的数据具有某种重要的顺序。举个例子，它可能涉及时间序列，例如销售。在这种情况下，不应该使用随机采样方法，而是要依靠基于原始序列的训练 / 测试进行拆分，以便保留既有的顺序，并且可以对该有序序列的最后一个样本进行测试。

11.7 寻求验证的替代方案

有几种交叉验证的替代方案都来自统计学。第一个可以考虑的，但是只有当你的样本内数据非常有限的时候才使用的方案是留一交叉验证（Leave-One-Out Cross-Validation，LOOCV）。它类似于 *k* 折交叉验证，唯一的区别是 *k*(折叠数）正好是 *n*，即样本的数量。因此，在LOOCV中，你构建了 *n* 个模型（当你有许多观察样本时，*n* 可能会变成一个巨大的数字），并使用样本外的单个观测值对每个模型进行测试。除了计算非常密集、用于测试假设的构建模型过多外，LOOCV 的问题还包括它往往是悲观的（使误差的预估偏高）。对于很小的 *n* 值而言结果也是不稳定的，误差的方差要高得多。这些缺点使得不同模型之间的比较变得困难。

来自统计学的另一个替代方案是自举法（bootstrapping），这是一种长期用于估计统计学采样分布的方法，而我们假设这些分布不遵循以前所假设的分布。自举法通过反复地从规模为 *n*（原始样本大小）的样本中抽取数据来构建一定数量的样本（越多越好）。重复抽取意味着该过程可以多次抽取同一个样本，并将其用作自举法重采样的一部分。自举法的优点在于以简单有效的方式估计真实的误差测量。实际上，自举的误差测量方差通常比交叉验证的更小。另一方面，由于使用替换方式进行采样，验证会变得更加复杂，因为你的验证样本来自自举之外的样本。此外，反复使用一些训练样本可能会导致使用自举建立的模型有一定的偏差。

如果你正在使用超出自举范围的样本进行测试，就会注意到测试样本可以是各种大小，这取决于自举法内样本中独特样本的数量，可能占原始样本量的大约

三分之一。下面简单的Python代码片段展示了如何随机模拟一定数量的自举：

```
from random import randint
import numpy as np
n = 1000 # number of examples

# your original set of examples
examples = set(range(n))
results = list()
for j in range(10000):
    #  your boostrapped sample
    chosen = [randint(0,n) for k in range(n)]
    # out-of-sample
    results.append((1000-len(set(chosen)&examples))/float(n))
print ("Out-of-boostrap: %0.1f %%" %(np.mean(results)*100))

Out-of-boostrap: 36.8 %
```

运行实验可能需要一些时间，并且由于实验的随机性质，你的结果可能有所不同。但是，你应该会看到大概36.8%左右的输出结果。

11.8 优化交叉验证的选择

如果我们能有效地验证机器学习的假设，这将有助于进一步优化你所选择的算法。如前几节所述，鉴于算法能够在避免过拟合以及产生大量预估误差的情况下，检测来自数据的信号并拟合预测函数的真实形式，我们认为算法提供了对数据的大部分预测。并不是每个机器学习算法对于你的数据而言都是最好的，而且没有一个算法可以解决所有问题。要找出正确的答案，需要你自己决定。

预测性能的第二个因素是数据本身，我们需要适当转换并选择数据以增强所选算法的学习能力。第13章讨论了数据的转换和选择问题。

和性能相关的最后一个因素是算法超参数的调整，该参数是在学习发生之前被决定的，而且不是从数据中学到的。它们的作用是先验地定义一个假设，而其他参数则指定后验的，也就是在算法与数据交互之后，通过优化的过程，你会发现某些参数值使算法获得更好的预测效果。并不是所有的机器学习算法都需要大量的超参数调整，但是一些复杂的算法确实需要，虽然这些算法仍然是开箱即用的，但是拉动正确的杠杆可能会对预测的正确性产生很大的影响。即使超参数不是从数据中学习的，你仍然应该在决定超参数时，考虑正在处理的数据，并且根据交叉验证和仔细的可能性评估来进行选择。

复杂的机器学习算法（最常产生估计方差的算法）拥有大量的参数供选择。调试这些参数可以使它们或多或少地适应正在学习的数据。有时候太多的超参数调整可能会使算法从数据中检测出错误的信号。如果你根据某些固定的参考（如测试集或重复的交叉验证模式）对超参数进行过多的操作，会使得这些参数成为未被发现的方差来源之一。

R 和 Python 都提供了划分的函数，可以将输入矩阵划分成训练集、测试集和验证集。特别是，对于更复杂的测试过程，例如交叉验证或自举法，scikit-learn 软件包提供了整个模块，而 R 具有专门的包，提供用于数据划分、预处理和测试的函数。这个包被称为 caret。在本书的第 5 部分中，你将发现如何将机器学习应用于实际问题，包括使用这两个软件包的一些实际案例。

探索超参数的空间

超参数可能形成的值的组合会让优化的决策变得非常困难。正如在讨论梯度下降时所描述的那样，优化空间可能包含表现更好或更差的值组合。即使你找到一个很好的组合，也不会确定这就是最佳的选择。（这就是在最小化误差时会陷入局部最小值的问题，在第 10 章讨论梯度下降时有所描述。）

有一个解决这个问题的实际方法：对于应用在特定数据的算法超参数，验证的最佳方法是通过交叉验证来测试它们，并选择最佳组合。这种简单的方法称为网格搜索，通过采样可能值的范围并系统地输入算法中，然后观测一般最小化发生的时机，最终可以获得无可争议的优势。另一方面，网格搜索也有严重的缺点，因为它是计算密集型的（你可以在现代多核计算机上轻松地并行完成此任务），而且相当耗费时间。此外，系统性的和集中式的测试增加了产生错误的可能性，因为数据集中存在的噪声可能会导致一些好的但是假的验证结果。

网格搜索还有一些替代方案。你可以尝试探索由重计算和数学上复杂的非线性优化技术（如 Nelder-Mead 方法）所引导的可能的超参数值空间，或者使用贝叶斯方法（利用先前的结果来最小化测试次数），或使用随机搜索，而不是测试所有可能的组合。

令人惊讶的是，随机搜索可以很好地运行，也易于理解，而且尽管最初看上去它是基于运气的，但并非如此。实际上，这个技术的要点是，如果你选择了足够的随机测试，就有足够的可能性来找出正确的参数，而不会浪费精力来测试仅仅稍有不同的类似组合。

图 11-5 所示的图形化展示说明了随机搜索的原理。系统性的探索尽管有用，但它倾向于测试所有的组合，如果某些参数不影响结果，则会导致工作量的浪费。随机搜索实际上测试较少的组合，但是在每个超参数附近的范围内搜索得更多，如果经常发生某些参数比其他参数更重要的情况，那么这种策略会胜出。

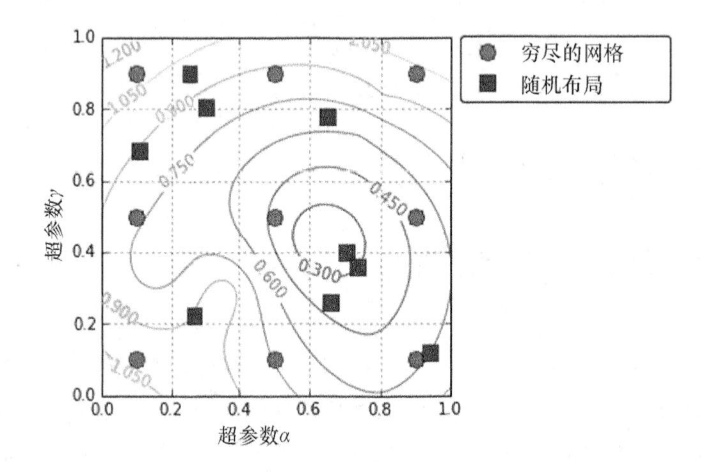

图11-5 比较网格搜索和随机搜索。

为了让随机搜索表现得更良好，应该进行 15 ～ 60 次的测试。如果网格搜索需要大量的实验，那么借助随机搜索是很有意义的。

11.9 避免样本偏差和泄露陷阱

在本章对机器学习验证方法的概述中，最后一个重要的内容是了解采样内偏差的可能补救措施。在机器学习运行之前，采样内偏差可能在你的数据中发生，并导致之后估计的高方差。另外，这一节提出了一个警告，它是关于从样本外的数据传递某些信息到样本内数据时，可能发生的泄露陷阱。当你准备数据时或机器学习模型准备就绪并工作之后，可能会出现此问题。

这种补救措施称为预测器集合。当你的训练样本没有被完全扭曲时，它的分布与样本外的数据是不同的，并且不是不可挽回的方式（例如所有的类都出现了，但是比例不对），这种补救的效果会很好。在这种情况下，你的结果将受到某种估计值方差的影响，你可以通过以下几种方式来稳定估计值：重新采样，就像自举法；子集取样（抽取样本的子集）；使用较小的样本（这将增加偏差）。

要了解为什么整体能有效地运作，请想象一下靶心。如果样本影响了预测，那么一些预测将是准确的，而其他的则会以随机的方式出错。如果更改样本，正确的预测将保持正确，但错误的预测将开始在不同的值之间进行变化。一些值将是你正在寻找的准确预测，而其他值只会在正确值的周围晃动。

通过比较结果，你可以猜到那些重复的是正确答案。你也可以对答案进行平均，并猜测正确答案应该在这些值的中间。使用靶心游戏，你可以想象将不同轮次测试结果的可视化照片进行叠加：如果问题在于方差，最终你会猜到目标是最常击中的区域，或至少在所有点的中心。

在大多数情况下，这种方法被证明是正确的，并且明显改善了机器学习的预测。当你的问题是偏差而不是方差时，使用集合也不会造成负面影响，除非你对样本进行了过少的采样。对于二次采样，一个很好的经验法则是从原始采样数据中抽出 70% ～ 90% 的样本。如果想进行集成的工作，应该执行以下操作。

（1）在数据和模型上进行大量迭代（从最小三次迭代到数百次为佳）。

（2）每次迭代时，对样本内数据进行子采样（或者自举法）。

（3）在重新采样的数据上使用机器学习的模型，并预测样本外的结果。将这些结果存储起来供以后使用。

（4）在每次迭代的结尾，对于每个你想预测的样本集外的样本，如果正在进行回归，请进行所有的预测并对它们进行平均。如果正在进行分类，那么采用最常见的类别。

提防窥探

泄露陷阱可能让你感到惊讶，因为它们可能被证明是机器学习过程中未知且未被发现的问题来源。问题在于窥探，或以其他方式观察的样本外数据太多，并且经常进行适配。简而言之，窥探是一种过拟合，而且不仅仅是对训练数据，也对测试数据，这使得过拟合问题更难以检测，直到你获得了新的数据。通常，当已经将机器学习算法应用于业务或向公众提供的服务时，你才会意识到窥探的问题，这让该问题变成了每个人都能看到的问题。

可以通过两种方式避免窥探。首先，当对数据进行操作时，请清楚地划分训练、验证和测试数据。另外在处理时，不要从验证或测试中获取任何信息，即使是最简单的例子。更糟糕的是使用所有的数据进行复杂的转换。例如在金融领域，众所周知，从所有训练和测试数据计算平均值和标准差（实际上可以告诉你很多关于市场的情况和风险）可能会泄露关于模型的宝贵信息。当发生泄露时，机器学习算法对测试集执行预测，而不是预测样本外的数据，这意味着它们根本不奏效，从而有可能造成资金损失。

我们还要检查样本集外的样本的性能。事实上，你可以从测试结果中收集一些信息，以帮助你确定某些参数是否比其他参数更好，或者让你选择一种机器学习算法而不是另一种。对于每个模型或参数，根据交叉验证结果或验证样本应用你的选择。永远不要从样本外的数据中获取数据，否则你会后悔的。

本章内容

- 尝试一个感知器，使用直线来分隔不同的类
- 通过决策树递归地划分训练数据
- 发现网球运动和泰坦尼克号生存的规则
- 利用贝叶斯概率分析文本数据

第12章 从简单的学习器开始

从这一章开始，我们将展示一些示例，说明如何从数据中学习基础知识。计划是首先接触一些最简单的学习策略——提供一些公式（那些必不可少的公式），关于它们的功能的直观介绍，以及 R 和 Python 的示例——用于尝试一些典型特征。本章首先介绍如何使用感知器来分类。

对于本书提出的所有的主要机器学习技术的基础，总是存在一种基于相互关联的线性组合、决策树样本分割的变体或某种贝叶斯概率推理的算法。本章使用分类树来展示这种技术。唯一的例外是 *K* 最近邻（*K*NN）算法，该算法基于类比推理，在检测数据相似性的第 14 章中将有单独的介绍。

掌握这些基本技术意味着能够在之后处理更复杂的学习技术，并能更好地理解（并使用）它们。可能现在看起来是不可思议的，但是你可以使用简单的算法（那些被视为弱的学习器）的集合创建一些有效的算法。在本章中，你将看到如何使用各种技术来根据天气情况预测何时适合打网球。

在本章结束时，所有的算法都不会再像黑箱一样。机器学习具有强大的直观性和人性化的组成部分，因为它是人类创造的（至少目前为止，除非某天出现任何拐点），且它是基于我们如何从世界学习或模仿大自然的类比（例如，关于我们如何理解大脑的工作）的。如果这个学科的核心思想被传达出来，那么就没有算法难以理解了。本章通过使用贝叶斯概率分析文本样本来演示这种方法。

12.1 发现令人惊叹的感知器

通过查看使用直线和曲面来确定答案的模型，观察它们将样本分为不同的类别或预测估计值，你就可以开始探索机器学习算法的工作方式了。这些是线性模型，本章介绍了机器学习中较早使用的线性算法之一：感知器。后面的章节展示了线性模型的概述。第 15 章介绍了线性回归及由统计派生的算法家族；第 16 章帮助你发现神经网络的奥秘；第 17 章讲解了支持向量机。但是，在你深入这些主题之前，你应该了解感知器的有趣历史。

12.1.1 还谈不上奇迹

康奈尔航空实验室的弗兰克·罗森布拉特（Frank Rosenblatt）于 1957 年在美国海军研究所的赞助下设计了感知器。罗森布拉特是心理学家和人工智能领域的先驱。作为认知科学方面的专家，他的想法是创造一台可以像人类一样通过试错来学习的计算机。

这个想法得到了成功地发展，最开始的感知器并不只是一个软件，它是作为运行在专用硬件上的软件而被创建的。与当时其他的计算机相比，使用这种组合可以更快地、更精确地识别复杂的图像。当罗森布拉特认为感知器是一种能够行走、说话、观察、书写，甚至复制自己并意识到自己存在的新型计算机的时候，这项新技术给人们带来了很大的期望，同时也引起了巨大的争议。如果这是真的，那它将是一个强大的工具，向世界展示了人工智能。

不用说，感知器没有意识到创造者的期望。即使在它的图像识别专业领域，它也只显示出有限的能力。普遍的失望引发了第一个人工智能的冬天，对连接主义的临时性放弃一直持续到 20 世纪 80 年代才得以终结。

连接主义是基于神经科学的机器学习方法，也是生物互联网络的例子。可以将连接主义的根源一直追溯到感知器。（关于机器学习五大流派的讨论，请参阅 2.3 节。）

感知器是一种迭代算法，它试图通过连续和反复近似来确定一个向量 $\boldsymbol{w}$ 的最佳值集合，也称为系数向量。如果将向量 $\boldsymbol{w}$ 乘以特征矩阵 $\boldsymbol{X}$（包含数值的信息），然后将它加到一个名为偏差的常数项，那么向量 $\boldsymbol{w}$ 就可以帮助我们预测一个样本的分类。输出是一个预测，意味着前面所描述的操作将输出一个数字，其符号应该能够准确地预测出每个样本的类别。

感知器的自然特性是二元分类。但是，你可以通过它使用更多模型（每个模型猜测一个分类，称为“一对所有”或 OVA 的训练策略）来预测多个类。除了分类以外，感知器不能提供更多的信息。例如，你不能用它来估计准确预测的概率。用数学的术语来说，感知器试图最小化以下成本函数的表达式，但是它只针对那些被错误分类的样本（换句话说，它们的符号不符合正确的类）：

$$\text{Error} = -\sum_{i \in M} y_i (x_i^{\text{T}} \boldsymbol{w} + b)$$

作为第 10 章定义的成本函数的一个例子，该公式只涉及矩阵 $\boldsymbol{X}$ 的样本。在当前的 $\boldsymbol{w}$ 集合下，这些样本被分配了错误的类别符号。要理解该公式的功能，你必须考虑到只有两个分类的情况。来自第一类的样本的响应向量 $\boldsymbol{y}$ 被表示为 +1 值，而来自另一类的样本则被编码为 −1。错误分类的样本被认为是集合 M 的一部分（总和只考虑第 i 个样本是 M 的一部分）。公式选取每个类别错误的样本，然后将它们的特征乘以向量 $\boldsymbol{w}$，再加上偏差。

因为括号内的误分类样本 $\boldsymbol{X}$ 乘以权重向量 $\boldsymbol{w}$ 是向量的乘法，所以应该转置样本特征的 $\boldsymbol{x}$ 向量，使其与 $\boldsymbol{w}$ 相乘的结果是一个数字。这是第 9 章介绍的矩阵乘法的一个方面。

将两个向量相乘，与使用第二个向量中的值作为权重来创建第一个向量中的值的加权求和是等价的。因此，如果 x_i 具有 5 维特征并且向量 $\boldsymbol{w}$ 具有 5 个系数，则它们相乘的结果是所有 5 维特征的总和，每维特征乘以它们各自的系数。矩阵乘法使得公式的表达非常紧凑，但是最后的运算与加权平均并没有什么不同。

在得到向量乘法的结果之后，将这些值和偏差相加，然后把所有值都乘上你应该预测的值（第一类为 +1，第二类为 −1）。由于你仅处理分类错误的样本，所以运算的结果始终为负，因为两个符号不匹配的值其乘积总是负值。

最后，对所有分类错误的样本进行相同的计算后，将所有结果汇总在一起并进行求和。结果是一个负数变成了正数，因为公式前面有个负号（这就像所有数值都乘以 −1）。随着感知器错误的数量变大，结果的数值将增加。

仔细观察结果，你就会意识到这个公式设计得很巧妙（虽然远非奇迹）。错误数量越少，输出的值越小。当没有错误分类时，总和（结果）变为零。通过这种形式的公式告诉计算机试图达到完美的分类并且永远不要放弃。这个想法是，当它找到了向量 $\boldsymbol{w}$ 的正确值，并且没有任何预测错误时，剩下要做的就是应用下面的公式：

$$\hat{y} = \text{sign}(\boldsymbol{Xw} + q)$$

运行该公式将输出预测的向量（$\hat{y}$），它包含了对应于期望类的+1和−1值的序列。

12.1.2 触碰不可分的极限

感知器计算的秘密在于算法如何更新向量 $\boldsymbol{w}$ 的值。这种更新是通过随机选取一个错误样本（称为 x_t）并使用简单的加权求和改变 $\boldsymbol{w}$ 向量来实现的：

$$\boldsymbol{w} = \boldsymbol{w} + \eta\,(\boldsymbol{x}_t * \boldsymbol{x}_y)$$

希腊字母 η 是学习率。这是一个介于 0 和 1 之间的浮点数。当你将此值设置为接近零时，它可能会限制公式更新向量 $\boldsymbol{w}$ 的能力；而将值设置为接近 1 的时候会使得更新过程完全影响 $\boldsymbol{w}$ 向量的值。设置不同的学习率会加快或减慢学习过程。许多其他的算法都使用这种策略，而且使用较低的 η 来改进优化过程，减少更新之后突发的 $\boldsymbol{w}$ 值跳转次数。这种权衡的代价是得到最终结果之前，你必须等待更久。

更新策略直观地描述了使用感知器学习分类时会发生什么。想象一下在笛卡儿平面上投影的例子，感知器只不过是试图将正例类与负例类分开的一条线。正如线性代数所述，所有以 $y = xb + a$ 形式表达的东西其实都是一个平面上的一条线。

最初，当 $\boldsymbol{w}$ 被设置为零或随机值时，分隔线就是平面上所有可能的线中的一条，如图 12-1 所示。更新阶段通过迫使这条线越来越接近错误的分类点来定义它。使用多次迭代来定义错误，会将这条线放在两个分类之间的确切边界处。

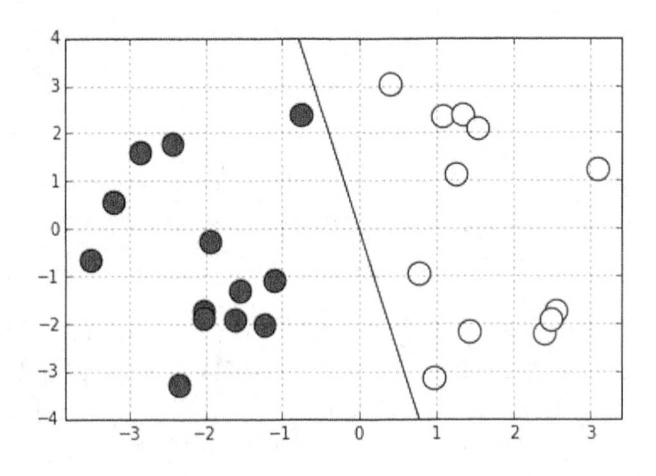

图12-1 感知器形成的直线分隔了两个类。

尽管该算法很聪明，但感知器很快就显示出其局限性。除了只能使用量化特征来猜测两个类别之外，它还有一个重要的局限：如果两个类别混合在一起而没有边界，那么算法就不能找到解决方案，并且会无止境地更新自己。

如果无法使用直线或平面将分布在二维或二维以上的两个类别区分开来，那么它们就是非线性可分的。克服数据的非线性可分是机器学习必须完成的挑战之一，如此一来机器学习才能基于实际数据有效地处理复杂的问题，而不只是基于学术目的而创建的人工数据。

当非线性可分问题开始受到重视、人们开始对感知器失去兴趣的时候，专家们迅速推断他们可以通过创建一个新的特征空间来解决问题。在这个特征空间中，先前不可分的类被调整为可分离的。因此，感知器可以和以前一样好。遗憾的是，创建新的特征空间是一个挑战，因为它需要强大的计算能力，时至今日这种需求只能得到部分满足。创建一个新的特征空间是本书后面将讨论的一个高级课题，在研究神经网络和支持向量机等算法的学习策略时都会探讨。

近年来，受惠于大数据，算法得到了复兴：事实上，感知器并不需要在内存中处理所有的数据，但是可以用于单个的样本（只有在误分类的情况下才需要更新系数向量）。因此，对于在线学习（例如学习大数据中的一个样本），它是一个完美的算法。

12.2 生成贪婪的分类树

决策树的历史悠久。此类算法最早可以追溯到20世纪70年代，但是如果考虑实验和第一次原创性的研究，那么决策树的使用甚至可以追溯到更早的时候（它们和感知器一样古老）。作为象征主义流派的核心算法，决策树由于其直观的算法而深受欢迎。它们的输出很容易转化为规则，因此人们很容易理解。它们也非常容易使用。所有这些特性使得决策树相对于需要对输入数据矩阵进行复杂的数学变换或对其超参数进行极其精确的调整的模型而言，是一种有效且吸引人的选择。

12.2.1 通过划分数据来预测结果

以某个观察样本为出发点，该算法通过将输入矩阵分成越来越小的分区来追溯生成输出类（或处理回归问题时的数值）的规则，直到整个过程触发停止规则。这种从特例回归到一般规则的过程是典型的人类逆向演绎，和逻辑学以及哲学一样。在机器学习的环境中，这种逆向演绎是这样实现的：在所有的可能性中进行搜索并分割训练样本，并且以贪婪的方式决定数据的划分，使得划分的结果能够最大化地统计测量值。

如果一个算法在优化过程中的每个步骤，总是根据结果最大化来选择步骤，而不管在接下来的步骤中会发生什么，那么我们说它是贪婪的。换句话说，贪婪算法最大化当前步骤，而不期望实现全局优化。

这个划分是为了实现一个简单的原则：初始数据的每个划分必须使预测目标结果变得更容易，目标结果的特征是类别（或值）的分布与原始样本不同，而且更有利。该算法通过分割数据来创建划分。它首先评估特征，然后评估特征中的数值来确定数据分割，这些值可以最大限度地改进在决策树中扮演成本函数角色的特定统计测量。

许多统计测量可以帮助我们确定如何在决策树中进行分割。所有人都坚持这样一个想法，即进行任何可能的分割时，原始样本的分割结果必须得到改善，这使得预测更安全。最常用的测量方法包括基尼不纯度、信息增益和方差缩减（对于回归问题）。这些测量的运作方式是相似的，所以本章重点介绍信息增益，因为它是最直观的测量方法，表达了决策树如何以最简单的方式检测到增强的预测能力（或降低的风险）。罗斯 • 昆兰在 20 世纪 70 年代创建了一种基于信息增益（ID3）的决策树算法，由于它最近升级到 C4.5 版本，所以仍然非常流行。信息增益依赖于信息熵的公式，这是一个广义的公式，描述了消息中所包含的信息期望值：

$$\text{Entropy} = \sum -p_i \log_2 p_i$$

在该公式中，p 是一个类的概率（以 0 ～ 1 的范围表示），$\log_2$ 是以 2 为底的对数。如果要对一个样本进行二分类，而两个分类又具有相同的概率（50/50 分布），那么最大可能的熵是：

```
Entropy = -0.5*log2(0.5) -0.5*log2(0.5) = 1.0
```

然而，当决策树算法检测到可以将数据集分成两部分的特征时，假设两个分类的分布变为 40/60，那么平均信息熵就会减小：

```
Entropy = -0.4*log2(0.4) -0.6*log2(0.6) = 0.97
```

注意所有类的熵总和。使用 40/60 的分割，总和小于理论最大值 1（减少熵）。把熵看作对数据混乱程度的衡量：混乱程度越低，秩序越好，猜测正确的分类就越容易。在第一次分割之后，该算法尝试使用减少熵的相同逻辑来进一步分割所获得的划分。它逐渐分割任何后续的数据划分，直到不再有可能的分割为止，例如子样本只包含单个样本，或者已经满足了停止规则。

停止规则限制了树的扩展。这些规则通过考虑分区的 3 个方面而起作用：初始分区的大小、结果分区的大小以及划分可获得的信息增益。停止规则很重要，因为决策树算法相当于大量的函数，然而，噪声和数据的错误很容易影响这个算法。因此，根据不同的样本，由此产生的估计结果的不稳定性和方差等会影响决策树的预测。

让我们举个例子，看看决策树使用一个原始的罗斯•昆兰数据集能够获得怎样的结果。该数据集描述并展示了 *Induction of Decision Trees* 一书中的 ID3 算法（1986）。该数据集非常简单，仅包含 14 个与气象条件相关的观测值，预测的结果将表明气象是否适合打网球。这个示例包含了 4 个特征：天气、温度、湿度和风，所有这些特征都是用定性分类来代替定量值（你可以使用数字来表示温度、湿度和风力强度），以便我们更直观地了解这些特征与结果的关系。以下示例使用 R 创建了包含打网球数据的 data.frame：

```
weather <- expand.grid(Outlook = c("Sunny","Overcast","Rain"),
           Temperature = c("Hot","Mild","Cool"),
           Humidity=c("High","Normal"), Wind=c("Weak","Strong"))
response <- c(1, 19, 4, 31, 16, 2, 11, 23, 35, 6, 24, 15, 18, 36)
play <- as.factor(c("No", "No", "No", "Yes", "Yes", "Yes",
           "Yes", "Yes", "Yes", "Yes", "No", "Yes", "Yes", "No"))
tennis <- data.frame(weather[response,],play)
```

为了创建决策树，这个示例使用了 rpart 库，并设置了必要的参数，让信息增益成为该决策树生长过程中数据拆分的标准：

```
library(rpart)
tennis_tree <- rpart(play ~ ., data=tennis, method="class",
               parms=list(split="information"),
           control=rpart.control(minsplit=1))
```

创建决策树之后，可以使用简单的打印（print）命令或摘要（summary）命令来检验它，以获取关于其构造的更详细报告。不同的实现可以有不同的输出，正如 rpart 输出所显示的那样。

除了 rpart 之外，还有其他用于处理决策树的 R 实现选项，比如 tree、party 包等，可以在 R bloggers 中找到相关内容。Python 还提供了 scikit-learn 框架，详见 scikit-learn 文档的 1.10 节的 Decision Trees。但是，如果树不太复杂，无论你使用什么实现，可视化的表示都可以立即展示该树的工作方式。你可以使用 rpart.plot 包来表示由 rpart 生成的树，从 CRAN 下载该软件包。安装该包后，运行它并绘制决策树的表示，如图 12-2 所示。

```
library(rpart.plot)
prp(tennis_tree, type=0, extra=1, under=TRUE, compress=TRUE)
```

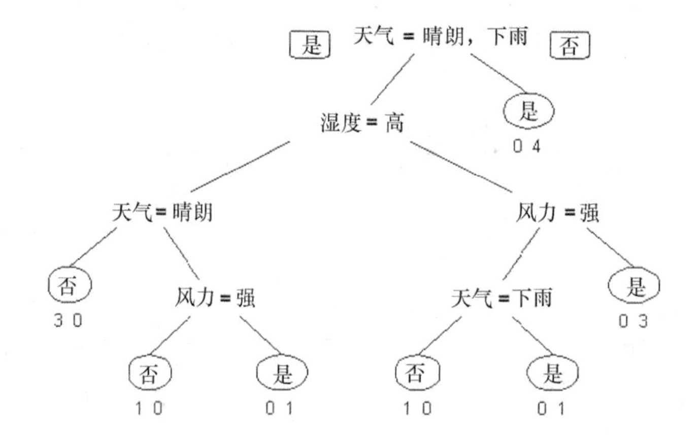

图12-2 从网球数据集构建而来的决策树的可视化。

要读取树的节点，只需从最上层的节点（对应于原始训练数据）开始，然后读取规则。请注意，每个节点有两个方向：左分支意味着上面的规则判断结果为真（在方框中表示为“是”），而右分支的意思是规则判断结果为假（在方框中表示为“否”）。

在第一条规则的右边，你会看到一个重要的终端规则（终端叶子节点），圈出一个肯定的结果，是的，你可以解读为“可以打网球”。根据这个节点，当天气不是晴朗或下雨的时候，就可以打网球。（终端叶子节点下面的数字显示 4 个样本，肯定了这个规则，而零个样本否认该规则。）请注意，若输出结果只是说当天气为阴天时可能打网球，就能让你更好地理解该规则。决策树规则经常不能立即使用，需要在使用前解释它们。但是，它们显然是可理解的（并且比系数向量更容易理解）。

在左边，决策树继续处理与湿度有关的其他规则。再次，注意左边，当湿度很高、天气晴朗时，除非风力不强，否则大多数终端叶子节点都是“否”。当你探索右边的分支时，你会发现这棵树显示风力不强的时候，或者风力强但不下雨的时候，打网球总是可能的。

12.2.2 修剪过于茂盛的树

即使 12.2.1 节中的打网球数据集可以阐明决策树的细节，但由于它提出了一组确定性的动作（没有任何矛盾的指令），所以从概率的角度而言它没有什么吸引力。使用真实的数据进行训练通常不会出现如此明确的规则，而是为模棱两可和可能性提供了空间。

另一个更现实的示例是关于 1912 年 4 月沉没在北大西洋上的英国邮轮“泰坦尼克号”（RMS Titanic）的数据集，它描述了乘客在船与冰山相撞之后的生存率。存在不同版本的数据集——本例中使用的 R 版本是由性别、年龄和生存率的交叉表组成的。该示例将表格转换为矩阵，并使用 rpart 软件包学习规则，如之前使用网球数据集所做的那样。

```
data(Titanic, package = "datasets")
dataset <- as.data.frame(Titanic)
library(rpart)
titanic_tree <- rpart(Survived ~ Class + Sex + Age,
           data=dataset, weights=Freq, method="class",
           parms=list(split="information"),
           control=rpart.control(minsplit=5))
pruned_titanic_tree <- prune(titanic_tree, cp=0.02)
```

决策树在估计中的方差比偏差大。为了避免过拟合，这个示例规定了最小分割必须至少包含 5 个样本；另外，它还进行了树的修剪，修剪发生在树完全生成的时候。从树叶开始，这个示例修剪了树枝，在信息增益的减少上没有体现出改善。最初让决策树扩展，即使没有带来改善的树枝也是可以容忍的，因为它们可以触发更有趣的树枝和树叶。最后从叶子回归到树根，只保留具有一定预测价值的分支，这可以减少模型的方差，从而使结果规则得到简化。

对于决策树而言，修剪就像进行了一场头脑风暴。首先，代码生成决策树的所有可能的分支（就像在头脑风暴会议中的各种想法）。其次，当头脑风暴结束时，代码只保留真正有效的部分。如图 12-3 所示的树状结构图显示，只有两条规则对最后的生存率而言是重要的：性别（男性生还率较低）和不属于第三类（最穷的一类）。

```
library(rpart.plot)
prp(pruned_titanic_tree, type=0, extra=1, under=TRUE,
         compress=TRUE)
```

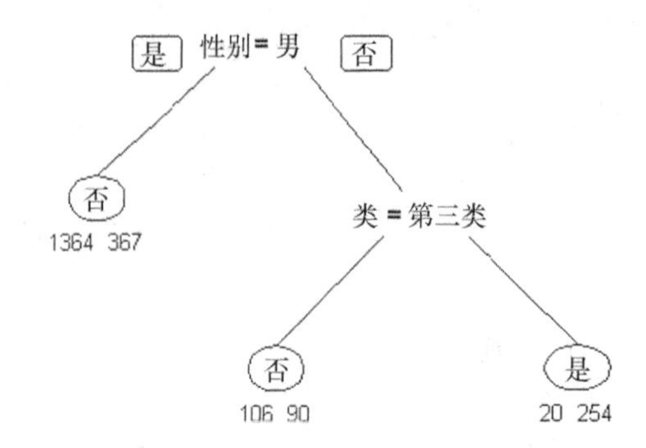

图12-3 由泰坦尼克号数据集构建的决策树，其修剪后的可视化。

12.3 概率

朴素贝叶斯是另一种基本的学习算法，与决策树相比，它和前面讨论的感知器更加相似，因为它是基于一组值来获得预测。与感知器和决策树一样，朴素贝叶斯源自20世纪50年代，是历史悠久的算法，虽然使用的名称和形式不尽相同。此外，朴素贝叶斯作为一种有效的文本学习算法而闻名，显然对贝叶斯流派很有吸引力。考虑到它的简单性和几乎不需要预处理的事实，在测试更复杂的解决方案之前，它已经成为机器学习中大多数文本问题的基准。

12.3.1 理解朴素贝叶斯

与感知器一样，朴素贝叶斯需要的值是某个给定场景下结果的概率（条件概率）。而且，你要将这些值相乘，而不是将它们相加。朴素贝叶斯是由概率计算驱动的，因此需要进行典型的概率操作。

如第9章所述，当概率相乘时，这意味着我们正在考虑的事件是独立的，并不以任何方式相互影响。尽管这样的假设被认为是简单和天真的，但在许多基本的机器学习算法中经常出现，因为在处理海量数据时它是非常有效的。

通过数值的加和或概率的相乘，将每条信息作为对答案的独立贡献。有时候，这是一个不切实际的假设，因为现实是一个相互联系的世界。然而，正如两位微软的研究人员班科和布里尔在他们令人印象深刻的论文“Scaling to Very Very Large Corpora for Natural Language Disambiguation”中所述，尽管缺乏现实性，朴素贝叶斯仍然可以超越大多数复杂的技术。

朴素贝叶斯涉及贝叶斯定理，该定理在 9.2.2 节中已讨论。朴素贝叶斯代表了定理本身的简化形式。为了推测样本属于哪一类，该算法执行以下操作。

（1）学习特征到每个可能类的概率。

（2）将与每个结果类相关的所有概率相乘。

（3）将每一个概率除以它们的总和来归一化概率。

（4）将拥有最高概率的类作为答案。

例如，在前面的网球数据集的示例中，你会发现晴朗、阴天和下雨的不同分布与是否能打网球的答案有关。可以使用 R 对该观察进行快速检测：

```
print (table(tennis$Outlook, tennis$play))

            No Yes
  Sunny      3   2
  Overcast   0   4
  Rain       2   3
```

上述结果显示了 9 个肯定的回答和 5 个否定的回答。通过分析肯定的回答，你会看到，如果得到肯定的回答，那么 9 次中有 2 次的天气是晴朗（概率 = 2/9 = 0.22）；9 次中有 4 次是阴天（概率 = 4/9 = 0.44）；9 次中有 3 次是下雨（概率 = 3/9 = 0.33）。对于不能打网球的否定的回答，你可以重复相同的过程，分别获得晴朗的概率为 3/5，阴天的概率为 0/5，下雨的概率为 2/5。使用贝叶斯定理，你可以确定所计算的概率实际上是 $P(E|B)$，即给定某个信念（例如是否打网球）的概率，你有一定的证据（在这种情况下是天气）：

```
P(B|E) = P(E|B)*P(B) / P(E)
```

该公式提供了你需要的答案，因为这是某些证据（天气条件）下某种信念（打或不打网球）的概率。如果你估计了每个信念的概率，可以选择概率最高的信念，从而将错误预测的风险降到最低。因此，$P(E|B)$ 对于概率的估计变得至关重要，因为 $P(B)$ 是肯定回答或否定回答的一般概率（先验概率），并且很容易确定。在这种情况下，你有 9 个肯定回答的样本和 5 个否定回答的样本。因此，肯定回答的概率 $P(B)$ 为 9 /（9 + 5）= 0.64，而否定回答的概率为 0.36。

当你有很多证据的时候，就像在这个示例中，$P(E|B)$ 是手头上所有的单个 $P(E|B)$ 概率的组合。这个示例具有一系列的天气、温度、湿度和风力的概率。将它们放在一起并不容易，除非你认为它们各自独立地影响最终的回答。如前所述，独立事件的概率简单地相乘，整个 $P(E|B)$ 变成每个特征的 $P(E|B)$ 的乘积。

你有可能没有生成回答的证据。例如，在这个示例中，当阴天时，你不会不打网球。如果结果是一个零概率，那么在乘法中，零概率总是返回零，不管与其相乘的概率如何。当你没有足够的样本时，可能会出现缺乏某个回答的证据的情况。一个理想的处理方法是通过一个称为拉普拉斯（Laplace）修正的常量来修改观察到的概率，这个常量包括在估计概率时增加了虚构的证据。在这个示例中使用这样的修正，0/5 的概率将变成 (0 + 1) / (5 + 1) = 0.17。

$P(E)$ 对于这个示例而言不是什么大不了的事，你应该忽略它。$P(E)$ 无关紧要的原因是，它代表了在现实中看到一组特定特征的概率，而且对于不同的样本自然有所不同（例如，你所居住的地方可能具有非常特殊的天气条件）。然而，你并不是在比较各个样本的概率。而是比较某个样本属于不同分类的概率，以确定该样本最可能的预测。在同一个示例中，一组证据的概率是相同的，因为对于每种可能的结果，你只有这一组证据。这组证据是否罕见并不重要，最后，你必须独立地预测这个样本，所以你可以将 $P(E)$ 的值设为 1 来排除这个因素的影响。下面的示例说明了在给定的天气条件下进行预测的公式中，如何使用 R 来决定需要插入的数值：

```
outcomes <- table(tennis$play)
prob_outcomes <- outcomes / sum(outcomes)
outlook  <- t(as.matrix(table(tennis$Outlook, tennis$play))
          / as.vector(outcomes)
temperature  <- t(as.matrix(table(tennis$Temperature,
          tennis$play))) / as.vector(outcomes)
humidity  <- t(as.matrix(table(tennis$Humidity,
          tennis$play))) / as.vector(outcomes)
wind  <- t(as.matrix(table(tennis$Wind, tennis$play))) /
          (as.vector(outcomes))
```

在运行前面的代码片段之后，你可以获得预测所需的所有元素。假设你需要猜测下面的情况：

```
Outlook = Sunny, Temperature = Mild, Humidity = Normal, Wind = Weak
```

为了获得所需的信息，首先计算一个肯定结果的概率：

```
p_positive <- outlook["Yes","Sunny"] *
           temperature["Yes","Mild"] *
           humidity["Yes","Normal"] * wind["Yes","Weak"] *
           prob_outcomes["Yes"]
```

如果输出 p_positive，则可以看到概率为 0.028 218 69。现在可以检查一个否定的结果：

```
p_negative <- outlook["No","Sunny"] *
           temperature["No","Mild"] *
           humidity["No","Normal"] * wind["No","Weak"] *
           prob_outcomes["No"]
```

对于否定回答的概率结果是 0.006 857 143。最后，可以使用布尔检查来获得猜测：

```
print (p_positive >= p_negative)
```

结果为 TRUE，这确定了在如此的条件下，算法预测你可以打网球。

12.3.2 使用朴素贝叶斯来预估响应

现在你知道贝叶斯定理是如何工作的了，朴素贝叶斯在它的假设中应该显得相当简单和非常朴素。你也应该知道，概率相乘是没有问题的。你还需要考虑以下问题：

- 使用拉普拉斯修正来避免零概率；
- 将数字特征转换为定性变量，因为估计包含一定范围数字的分类的概率更容易；
- 仅使用计数特征（值等于或大于零）——虽然某些算法变体可以处理二进制特征和负值；
- 为缺失的特征输入值（当你在计算中缺失一个重要的概率时），同时删除多余和不相关的特征（保留这些特征会使得朴素贝叶斯的估计更加困难）。

尤其是，不相关的特征可能会对结果产生很大影响。当你正在处理几个具有许多特征的样本时，一个不凑巧的概率可能会扭曲你的结果。作为解决方案，你可以进行特征选择，只筛选最重要的特征。第 15 章使用线性模型讨论了这种技术（无用信息的存在也会影响线性模型）。当你有足够的样本，并且花了一些时间来修正特征时，那么朴素贝叶斯将为许多涉及文本分析的预测问题提供有效的解决方案，具体如下所示。

- **电子邮件中垃圾邮件的检测**：让你在收件箱中只保留有用的信息。
- **文本分类**：无论来源（在线新闻、推文或其他文本摘要），你都可以正确地将文本排列在合适的类别（例如体育、政治、外交事务和经济）。
- **文本处理任务**：让你执行拼写纠正或猜测文本的语言。
- **情感分析**：检测书面文字背后的情感（积极的、消极的、中立的或任何一种基本的人类情感）。

作为一个实际应用的例子，你可以使用 R 和包含朴素贝叶斯函数的 klaR 库。该库提供了一个有趣的数据集，其中包含用于检测入站电子邮件是否应被视为垃圾邮件的选定特征。由于 klaR 和 kernlab 是非标准库，所以首次运行代码时，必须安装它们：

```
install.packages(c("klaR","kernlab"))
```

这样做之后，就可以运行示例代码了。

```
library(klaR)
data(spam, package = "kernlab")
```

惠普实验室使用 57 个特征收集了数据集，并将 4601 封电子邮件分类为垃圾邮件或非垃圾邮件。你也可以在免费的 UCI 机器学习库中寻找垃圾邮件数据集。

如果你下载[①]了垃圾邮件数据集并检查其特征（例如使用命令 head(spam)），则会注意到某些特征是单词，而另一些则指向某些字符或书写样式（如大写字母）。更明显的是，其中一些特征不是整数，而是 0 ～ 100 的浮点数。它们代表文本中每个特征的百分比（例如，变量 charDollar 表示字符中美元符号字符的百分比，范围为 0 ～ 6）。

如果文本很长，那么以特定单词或字符的百分比来表示特征是一种更明智的策略，它可以平衡找到某些元素的过高可能性。使用百分比而不是次数会对文本进行标准化，并让你在文本长度相同的情况下对比不同特征。

在 R 中应用朴素贝叶斯模型只需要几个命令。你可以使用 fL 参数（本例将其保持为零）设置拉普拉斯修正，使用先验参数定义不同的先验概率 $P(B)$，并提供一个概率向量。在这个示例中，我们将电子邮件为非垃圾邮件的概率设置为 90%。

① 原著写的是 upload（上传），根据上下文的意思应该为下载。——译者注

```
set.seed(1234)
train_idx <- sample(1:nrow(spam), ceiling(nrow(spam)*3/4),
          replace=FALSE)
naive <- NaiveBayes(type ~ ., data=spam[train_idx,],
          prior = c(0.9,0.1), fL = 0)
```

该代码并没有使用所有的样本，而是保留了其中的四分之一来测试样本外结果。NaiveBayes 会自动将数字特征转换为适合该算法的特征，因此，你所要做的就是让模型扫描样本外数据并生成预测，以便了解模型的表现如何。（不要担心 caret 库中 confusionMatrix 函数的警告——你所要关心的是混淆矩阵的输出。）

本书使用 caret 库进行错误估计。caret 库是一个功能强大的库，支持验证和评估机器学习算法的许多操作，但你必须先安装它：

```
install.packages("caret")
```

安装需要一些时间，因为这个库有许多依赖项（它需要先安装许多其他的 R 库，例如支持向量机的包：e1071 库）。完成安装后，可以继续执行该示例。

```
library(caret)
predictions <- predict(naïve, spam[-train_idx,])
confusionMatrix(predictions$class,
          spam[-train_idx,"type"])
```

这个示例表明，NaiveBayes 的预测比训练需要更长的时间。预测时间的增加是因为训练算法仅仅涉及计算特征的次数并存储结果。当算法进行预测时，真正的计算才会发生，因此训练速度快，预测速度就慢[①]。你从这个示例所能看到的具体输出如下：

```
Prediction nonspam spam
   nonspam     403   24
   spam        293  430
```

似乎经常发生这种情况：一种算法几乎可以捕获所有的垃圾邮件，但是这样做的代价是将一些普通邮件也扔进了垃圾邮件箱。代码可以使用分数度量（例如准确度）来报告这些问题，你可以进一步将其分为正例准确度和负例准确度：

```
Accuracy : 0.7243
Pos Pred Value : 0.9438
Neg Pred Value : 0.5947
```

① 需要看具体情况而定，如果预测的样本相对于训练样本而言很少，可能预测更快。——译者注

捕捉垃圾邮件并不是那么困难，问题是避免在这个过程中丢弃重要的非垃圾邮件（假正例，正例是垃圾邮件）。本书稍后你将再次看到这个示例，届时你将使用更复杂的方法来改善结果。

有很多种朴素贝叶斯模型。你刚刚使用的模型被称为多项式。还有一个伯努利版本，适合于二元指标（无须对单词进行计数，而是检查以确定它们是否存在）和高斯版本（它期望正态分布的特征——同时具有正值和负值）。与 R 相反，Python 在 scikit-learn 软件包中提供了一整套朴素贝叶斯模型。

第 4 部分
从聪明且大量的数据中学习

在这一部分，你将：

准备好数据

通过相似度理解数据

使用线性模型

使用神经网络

利用聪明的向量机

使用组合进行多层级的分析

本章内容

- 获取更多的数据，或者开始准备
- 修正损坏的数据，包括错误或缺失的值
- 创造新的有意义的特征
- 压缩和重构任何冗余的信息
- 了解为什么要提防异常值

第13章 预处理数据

如果你计划建造新房屋，在考虑优雅的建筑、美观的外表甚至是用于装饰的家具之前，都需要打下坚实的基础以便建筑墙壁。另外，你需要处理的地形越困难，那么所花费的时间和精力就越多。如果你忽视了建立坚固基础的重要性，那么建立在其上的任何东西都无法经历时间和大自然的长久考验。

机器学习也存在同样的问题。无论学习算法的复杂程度如何，如果没有准备好基础——也就是你的数据——那么在实际数据情况下进行测试时，你的算法都不会太奏效。准备数据时你不能只是看着它，必须花时间仔细检查。遗憾的是，整个机器学习项目的耗时大约有80%将花费在清洗数据上。

数据的准备工作由以下步骤组成（详见后面的部分）。

（1）获得有意义的数据（也称为实际情况（ground truth）），这个数据已经被人正确地测量或标记。

（2）获得足够的数据，让算法可以正确地运行。你无法提前预测需要多少数据，因为这取决于你准备使用的算法。只有经过测试，你才能确定你所选择的算法是否会导致估计产生较高的偏差或方差。

（3）将收集到的数据整理成矩阵。

（4）处理损坏的数据，例如缺失的样本（经常碰到的问题）、扭曲的分布、冗余和异常的样本。

（5）创建更适合你的算法的新特征（如果需要），以学习如何映射响应。

13.1 收集并清洗数据

尽管本书的重点在于机器如何从数据中学习，但是从数据的角度考虑，在算法的世界中并没有神奇的配方（如第 11 章中的“无免费午餐”定理所描述的那样）。如果不使用如下的措施予以支持，即使是复杂的高级学习函数也会四处碰壁而且表现糟糕：

- 足够数量的适合你所使用算法的数据；
- 适用于机器学习的干净、准备充分的数据。

在解释偏差和方差如何均衡的时候，第 11 章讨论了数据量在学习过程中的作用。此处再提醒一下，当估计的可变性是一个问题时，大量的数据被证明对学习的目标是有利的，因为用于学习的特定数据将在很大程度上影响预测（过拟合问题）。更多的数据确实可以帮助到我们，因为大量的样本有助于机器学习算法消除从数据中提取的每个信号的角色歧义，并将处理后的数据用于建模预测。

除了数据量之外，对数据清洗的需求也是完全可以理解的——就像你在学校所接受的教学质量一样。如果老师只教你毫无意义、错误的例子，并将时间浪费在说说笑话或者其他不认真对待教学的方式上，那么无论你有多聪明，你的考试成绩都不会很好。无论简单还是复杂的算法，都如此——如果向它们提供垃圾数据，它们只会产生毫无意义的预测。

根据垃圾进、垃圾出（简称 GIGO）的原理，不良的数据确实会损害机器学习的效果。不良数据包括缺失的数据、异常值、偏斜的数值分布、信息的冗余以及没有解释清楚的特征。本章将概述所有这些问题，并展示如何解决它们。

TIP

不良的数据并不意味着它是错误的数据。通常情况下，不良数据只是不符合你为数据而设置的标准：以多种不同方式编写的标签；来自其他数据领域的错误数值；以无效格式写入的日期；应该用于构建分类变量的非结构化文本。在数据库中执行数据有效性的规则、设计更好的数据表以及提升数据存储过程的准确性，对于机器学习而言很有帮助，并让你专注于解决棘手的数据问题。

13.2 修复缺失的数据

即使手头有足够的样本来训练简单和复杂的学习算法，它们也必须在特征中提供完整的值，并保证不丢失任何数据。如果存在不完整的样本，那么将使得特征内和特征间信号的连接成为不可能，值的缺失也使得算法难以在训练中进行学习。你必须对缺失的数据做些什么。大多数情况下，可以忽略缺失值或通过猜测可能的替代值来修复缺失值。然而，太多的缺失值会导致更多的不确定预测，因为缺失的信息可能会掩盖任何可能的情况，因此，特征中缺失的值越多，预测的变化越大、准确度越差。

13.2.1 识别缺失的数据

第一步，计算每个变量中缺失数据的数量。如果某个变量缺失了太多的值，你可能需要将其从训练和测试数据集中删除。一个常用的经验法则是，如果某个变量的样本超过 90% 都缺失，则丢弃该变量。

一些学习算法不知道如何在训练和测试阶段处理缺失值和报告错误，而其他模型将缺失值视为零值，这会导致预测值或概率的低估（这就好像部分公式没有正常工作）。因此，需要将数据矩阵中的所有缺失值替换为适合机器学习的适当值。

缺失数据的原因很多，但重点是数据是随机缺失还是按照特定顺序缺失。随机缺失的数据是可以接受的，因为可以使用简单的平均值、中位数或其他机器学习算法来猜测其值，这样做没有太大问题。然而，有些案例对某些样本有强烈的偏倚。例如，想一想研究人口收入的案例。富有的人（大概是出于税收原因）倾向于告诉你他们什么都不知道，并通过这种方式隐藏其真实收入。贫穷的人可能不想报告他们的收入，因为担心负面评价。如果你错过了某些人群的信息，修复这些缺失的数据可能是非常困难并具有误导性的，因为你可能认为这些人的情况和其他人群的情况一样。然而恰恰相反，他们是相当不同的。

因此，不能简单地使用平均值来替换缺失值——必须使用更复杂的方法并仔细调整。此外，识别缺失数据是否随机是非常困难的，因为它需要我们仔细检查数据集中缺失的值与其他的变量是如何关联的。

当数据随机缺失时，可以轻松地修复空值，因为你可以从其他变量中获得对其真实值的提示。如果数据不是随机缺失的，除非你了解与缺失样本相关联的数据，否则无法从其他可用的信息中获取更好的提示。因此，如果不得不根据手头的数据确定针对富人的收入缺失值，那么不能用简单的平均值来代替缺失的值，因为这样做将以中等收入来替换富人的收入。相反，你应该用富人的平均收入作为其替代。

当数据不是随机缺失的时候，数值缺失的事实本身是非常有价值的，因为它有助于我们追踪缺失的群体。可以构建一个新的二元特征来报告变量值何时缺失，从而让机器学习找出缺失的原因。因此，机器学习算法自己将确定出最好的值作为替代。

13.2.2 选择正确的替代策略

有几种可能的策略可用来有效地处理缺失的数据。如果必须处理定量（以数字表示的值）或定性特征中的缺失值，可能需要采用不同的策略。定性特征虽然也用数字表示，但实际上是指概念，所以它们的值是任意的，对它们进行平均或其他的计算是没有意义的。

在使用定性特征时，猜测值应该总是整数，并将这些数字作为编码。处理缺失数据的常见策略如下。

- **使用计算得到的常数来替代缺失值，例如平均值或中位数**。如果特征是一个类别，那么必须提供一个特定的值，因为编号是任意的，使用平均值或中位数是没有意义的。当数值的缺失是随机的时候，使用这个策略。
- **使用特征值正常范围以外的值来替代缺失值**。举例来说，如果某个特征应该是正值，则用负值来替代缺失的值。这种方法适用于基于决策树的算法（第 12 章有所介绍）和定性变量。
- **使用 0 来替代缺失值，这可以与回归模型和标准化变量（第 15 章探讨的主题）很好地结合**。当定性变量包含二进制值时，这种方法也适用于定性变量。
- **当缺失值和时间序列相关的时候，进行插值处理**。这种方法只适用于定量值。例如，如果特征是每日销售量，则可以使用过去 7 天的移动平均值或前一周同期的该值。

» **使用来自其他预测特征的信息（但永远不要使用响应变量）来估计它们的值**。特别是在 R 中，像 missForest、MICE 和 Amelia II 这样的软件包，可以为你做任何事。

另一个比较好的做法是为每个修复的变量创建一个新的二元特征。二元变量将跟踪由于替代或输入正值而导致的变化，并且机器学习算法可以指出何时必须对实际使用的值进行额外的调整。

在 Python 中，只有 NumPy 包中的 ndarray 数据结构才能让我们弥补缺失值。Python 用一个特殊的值标记缺失值，这个值在屏幕上显示为 NaN（非数字）。来自 pandas 软件包的 DataFrame 数据结构提供了用于替换缺失值和删除变量的方法。

以下 Python 示例演示了如何执行替换任务。首先创建一个包含 5 个观测值和 3 个特征的数据集，名称分别为“A”“B”和“C”：

```
import pandas as pd
import numpy as np
data = pd.DataFrame([[1,2,np.nan],[np.nan,2,np.nan],[3,np.
    nan,np.nan],[np.nan,3,8],[5,3,np.nan]],columns=['A','B','C'])
print(data,'\n') # prints the data
# counts NaN values for each feature
print(data.isnull().sum(axis=0))

     A    B    C
0    1    2  NaN
1  NaN    2  NaN
2    3  NaN  NaN
3  NaN    3    8
4    5    3  NaN

A    2
B    1
C    4
dtype: int64
```

因为特征 C 只有一个值，所以可以从数据集中删除它。然后用中间值替换特征 B 中的缺失值，并对特征 A 中的缺失值进行插值，因为 A 的顺序是渐进的。

```
# Drops definitely C from the dataset
data.drop('C', axis=1, inplace=True)
# Creates a placeholder for B's missing values
data['missing_B'] = data['B'].isnull().astype(int)
# Fills missing items in B using B's average
```

```
data['B'].fillna(data['B'].mean(), inplace=True)
# Interpolates A
data['A'].interpolate(method='linear', inplace=True)
print(data)

   A    B  missing_B
0  1  2.0          0
1  2  2.0          0
2  3  2.5          1
3  4  3.0          0
4  5  3.0          0
```

打印输出的内容是最后的数据集。请注意，B 的平均值不是整数值，所以代码将所有 B 的值转换为浮点数。如果 B 是数字，这种方法是有意义的。如果它是一个类别，并且编号是用于标记分类的，则代码应该使用命令 data ['B'].fillna(data ['B'].mode().iloc [0]，inplace = True) 填充该特征。该命令使用了这种模式，通过序列中首个最频繁的值进行填充。

在 R 中，缺失值在打印输出或汇总时显示为 NA。这两种语言都提供了特殊的方法来定位和处理空值。找到它们之后，必须决定是否更换或删除它们。为了在 R 中重现 Python 的示例，需要在系统平台上安装 zoo 包以创建插值：

```
install.packages(pkgs='zoo', dependencies=TRUE)
```

安装 zoo 软件包之后，可以创建一个数据框，并使用与之前相同的策略来替换缺失的值：

```
library(zoo)
df <- data.frame(A=c(1,NA,3,NA,5),
                 B=c(2,2,NA,3,3),
                 C=c(NA,NA,NA,8,NA))
print(df)

   A  B  C
1  1  2 NA
2 NA  2 NA
3  3 NA NA
4 NA  3  8
5  5  3 NA

df <- subset(df, select = c('A','B'))
df['m_B'] <- as.numeric(is.na(df$B))
df$B[is.na(df$B)] <- mean(df$B, na.rm=TRUE)
df$A <- na.approx(df$A)
print(df)
```

```
   A    B m_B
1 1 2.0   0
2 2 2.0   0
3 3 2.5   1
4 4 3.0   0
5 5 3.0   0
```

如示例中所示，有时，对于缺少许多特征值的样本，你没有太多的办法。在这种情况下，如果样本来自训练集，那么将它从集合中删除（该过程称为基于列表的删除），如此一来不完整的样本就不会影响机器的学习。恰恰相反，如果样本是测试集的一部分，则不应该删除它，而是应该使用它来评估机器学习算法处理这种情况的能力。

13.3 变换数据的分布

尽管统计学期望特征具有一定的数值分布，但机器学习通常不存在这样的约束。机器学习算法不需要事先知道将要处理的数据有怎样的分布，而是直接从用于训练的数据中学习。

在概率上，分布是一个数值表或一个数学函数，它将变量的每个可能值与这个值可能发生的概率联系起来。概率分布通常（但不是唯一的方式）以图表来展示，其中横坐标轴表示变量的可能值，而纵坐标轴表示发生的概率。大多数统计模型依赖于正态分布，该分布是对称的，而且具有钟形特征。

即使使用从统计学借鉴而来的学习算法，也不需要将实际的分布变换为类似于正态分布或任何其他显著的统计分布（例如均匀分布或泊松分布）。机器学习算法通常是足够聪明的，知道如何处理特征中的任何分布。但是，即使变换实际分布对于机器学习算法的正常工作来说不是必需的，也仍然是有益的，原因如下：

- 使成本函数最大限度地减少预测的误差；
- 使算法正确并更快地收敛。

可以将变换应用于响应变量以最小化任何极端情况下的权重。在进行数值的预测时（就像回归问题那样），如果某些值相对于大多数值而言太过于极端，则可以应用变换，以缩小值与值之间的距离。因此，在尽量减少误差的情况下，算法不会过分关注极端误差，并能得到一个通解。在这种情况下，通常选择对数变换，但是这种变换需要输入为正值。如果处理的是正数，只有零才会成为问题，那么将数值加 1，这样它们都不会再为零了。（log(1) 的结果实际上是零，这是一个新的起点。）

如果不能使用对数变换，那么可以使用保留符号的立方根。在某些情况下（当极端值很大时），可能想要应用逆变换（即将 1 除以响应的值）。

一些基于梯度下降或距离度量的机器学习算法（如第 14 章中介绍的算法，包括 *K* 均值和 *K* 最近邻）对提供的数值范围非常敏感。因此，为了使算法更快地收敛或提供更精确的解，重新缩放分布是必要的。重新缩放功能会改变特征值的范围，也可能会影响方差。可以通过以下两种方式执行特征缩放。

- **使用统计标准化（*z* 分数标准化）**：将平均值置零（通过减去平均值），然后将结果除以标准偏差。在这样的变换之后，可以在 −3 ～ +3 的范围内找到大部分的数值。
- **使用最小 – 最大变换（归一化）**：删除特征的最小值，然后除以范围（最大值减最小值）。这个行为将所有的值重新调整到了 0 ～ 1 的范围 。当原始标准偏差太小的时候（所有的原始值太接近，就好像它们都紧紧地围绕在平均值附近），或者要保存稀疏矩阵中零值的时候（第 9 章讨论过这个概念，当时探讨了机器学习中的数学），这是比标准化更好的选择。

R 和 Python 都提供分布变换的函数。除了在 R 中立即可用、在 Python 中导入 NumPy 包后可用的数学函数 log 和 exp 以外，标准化和最小 – 最大归一化需要更多的工作。

在 R 中，使用 scale 函数实现标准化（尝试 R 上的 help(scale) 命令），但是最小 – 最大归一化要求你自定义函数：

```
min_max <- function(x)
  {return ((x - min(x, na.rm=TRUE)) /
             (max(x, na.rm=TRUE) - min(x, na.rm=TRUE)))}
```

在 Python 中，可以使用 scikit-learn 模块中的函数和类进行预处理，例如：sklearn.preprocessing.scale、sklearn.preprocessing.Standard-Scaler 和 sklearn.preprocessing.MinMaxScaler。

本书的第 5 部分提供了一些标准化和归一化的示例。这些示例展示了如何将机器学习应用于实际的数据问题，从而也进行了相应的数据预处理。

13.4 创建你自己的特征

有时，从各种来源获得的原始数据并不具备执行机器学习任务所需的特征。发生这种情况时，你必须创建自己的特征才能获得所需的结果。就像后面的章节所介绍的那样，创建一个特征并不意味着凭空创建数据。你可以从现有的数据创建新的特征。

13.4.1 理解为什么要创建特征

机器学习算法有一个很大的局限性，它不可能猜出将响应和特征联系起来的公式。有时，这种无法猜测的情况会发生，是因为你无法使用所获得的信息进行响应的映射（意味着你没有正确的信息）。在其他情况下，你所提供的信息不能帮助算法正确地学习。举个例子，如果你对房地产的价格进行建模，则土地的面积具有相当的预测性，因为较大的房地产往往价格更高。但是，如果你为机器学习算法提供的不是表面积，而是土地每边的长度（不同角落的经度和纬度坐标），那么算法可能不知道如何处理你所提供的信息。有些算法将设法找出这些特征之间的关系，但大多数算法不会。

这个问题的解决方案是特征创建。特征创建是机器学习的一部分，它被认为更像一门艺术而不是一门科学，因为它意味着创造性的人为干预。你可以通过加、减、乘和比例来实现，以生成比原始特征预测能力更强的新派生特征。

充分了解问题并确定人们如何解决这个问题是特征创建的一部分。回到前面的示例，地表面积与价格相关的事实是常识。如果在尝试猜测属性值时，特征中缺少表面积，则可以从现有数据中恢复这些信息，这样做会提高预测的性能。无论你是依靠常识、通用知识还是专业知识，如果首先能确定哪些信息最适合解决问题，然后尝试使其变得可用或从已有特征中派生出这些信息，则可以为机器算法做很多事情。

13.4.2 自动地创建特征

可以自动创建一些新的特征。实现特征自动创建的一种方法是使用多项式展开。可以使用某些特定的方法来实现多项式展开，以便在 R 和 Python 中自动地创建特征。本书稍后的章节将介绍使用回归模型和支持向量机的详细示例。目前，你需要掌握多项式展开的概念。

在多项式展开中，将自动创建特征之间的交互以及幂（例如，计算特征的平方）。交互依赖于特征的乘法。使用乘法创建新特征有助于跟踪特征整体的表现。因此，这将有助于映射特征之间的复杂关系，并提示我们特殊的情况。

交互的一个良好的例子就是汽车发出的噪声和汽车的价格。消费者不喜欢嘈杂的汽车，除非他们买了跑车，这种情况下发动机的声响是一个加分项，时刻提醒车主这辆车的动力。这也会吸引旁观者注视这辆酷车，所以噪声在炫耀方面起到了很大的作用，因为噪声肯定会引起别人的注意。但是，驾驶家用车时的噪声并不是那么酷。

在机器学习的应用中，为了预测某辆车的受喜爱程度，噪声和汽车价格等因素都是各自起作用的。然而，将这两个值相乘并将它们添加到一组特征中可以明确暗示学习算法，目标是跑车（当将高噪声水平乘以高价格时）。

幂操作也可以提供帮助，它会建立响应和特征之间的非线性关系，在特定的情况下起到提示的作用。再举一个例子，假设必须预测一个人的年度开支。年龄是一个很好的预测因素，因为随着人们年龄的增长，他们的生活和家庭状况也会发生变化。从穷学生开始，然后找到工作，到建立一个家庭。从一般的观点来看，费用往往会随着年龄的增长而增长，直到某一个时刻。退休通常是开支趋于减少的那个时刻。年龄包含这样的信息，但是这是一个趋于增长的特征，而将费用与其增长联系起来并不能帮助描述某一年龄段发生的倒转。添加平方特征有助于对年龄本身产生一种反作用，这种反作用在开始时很小，但随着年龄的增长会迅速增长。最终效果是一个抛物线，初始增长的特点是在某个年龄开支出现高峰，然后开始减少。

如前所述，事先知道这样的动态（噪声和跑车，消费和年龄）可以帮助你创建正确的特征。但是如果事先并不知道这些动态，多项式展开将自动为你创建它们，因为按给定的顺序，它将创建该顺序的相互作用和幂。该顺序将指出适用于现有特征的乘法数量和最大幂。因此，阶数 2 的多项式展开将所有特征提升为 2 次方，并将每一个特征乘以所有其他特征（可以得到所有特征的两两组合的乘法）。显然，特征的数量越多，创建的特征就越多，但是其中许多的特征将是多余的，只会使机器学习算法过拟合。

使用多项式展开时，必须注意正在创建的特征数量急剧膨胀。幂线性增加，所以如果有 5 个特征，并需要扩大 2 次方，那么每个特征提高到 2 次幂。增加一个阶数只是为每个原始特征添加一个新的特征。相反，相互作用会根据特征的组合而增加。事实上，通过 5 个特征和阶数 2 的多项式展开，创建了 10 个唯一的特征组合。将阶数增加到 3 将需要创建两个变量的所有唯一组合，再加上

3 个变量的唯一组合，即 20 个特征。

13.5 压缩数据

在机器学习中，理想情况下，当特征不完全相互关联，并且每个特征对正在建模的响应都有一定的预测能力的时候，可以得到最好的结果。实际上，特征往往是相互关联的，在数据集可用的信息中显示出高度的冗余。

拥有冗余数据意味着相同的信息分布在多个特征上。如果信息完全相同，则表示完美的共线性。相反，如果信息不完全相同，但以某种方式变化，则存在两个变量之间的共线性或两个以上变量之间的多重共线性。

针对冗余数据的问题，人们在统计理论中提出了解决方案（因为多重共线性会对统计计算造成麻烦）。本章从统计的角度出发，用方差、协方差和相关性的概念来阐述这个话题。可以将每个特征想象为承载不同的信息组件，并以不同的比例进行了混合，如下所示。

- **唯一方差：**冗余对于特定的特征是唯一的，当与响应相关或关联时，它可以在响应本身的预测中增加直接的贡献。
- **共享方差：**由于特征之间的因果关系，它们的冗余是很常见的（如第 9 章所述）。在这种情况下，如果共享信息与响应相关，那么学习算法将很难选择提取哪个特征。当一个特征被共享方差选中时，它也带来了特定的随机噪声。
- **随机噪声成分：**由于测量问题或随机性而产生的信息对响应的映射并没有帮助，但有时仅仅是偶然（是的，运气或不幸是随机的一部分），该信息可能与响应本身也有关。

唯一的方差、共享方差和随机噪声融合在一起，不容易分离。使用特征选择，挑选最适合机器学习算法的特征，可以减少噪声的影响。另一种可能的方法基于这样的思想：可以使用加权平均将冗余信息融合在一起，从而创建以多个特征的共享方差为主要特征的新特征，并且其噪声是先前噪声和唯一方差的平均值。

例如，如果 A、B、C 共享相同的方差，通过使用压缩，可以获得由 3 个特征的加权总和组成的成分（因此称为新特征），例如 0.5×A + 0.3×B + 0.2×C。

可以根据称为奇异值分解（SVD）的特定技术来决定权重。

SVD 具有多种应用，不仅用在压缩数据中，还用在寻找潜在因素（数据中的隐藏特征）和推荐系统中。推荐系统是基于先前的选择，发现用户可能喜欢的产品或电影的系统。第 21 章对推荐系统的 SVD 进行了详细的解释。从压缩的角度出发，本章说明另一种名为主成分分析（PCA）的技术，它使用了部分的 SVD 输出。

PCA 的工作方式简单且直接：它将一个数据集作为输入，并返回一个新重构的具有相同形状的数据集。在这个新的数据集中，所有被称为成分的特征是不相关的，而最有信息的成分出现在数据集的开始处。

PCA 还提供了每个成分如何等同于初始数据集的报告。通过总结新成分的信息价值，可以发现一些成分可以表示 90% 甚至 95% 的原始信息。只使用这几个成分就相当于使用原始数据，从而通过消除冗余并减少特征数量来实现数据的压缩。

举个例子，下面的示例涉及波士顿数据集，并使用 Python 中 scikit 的 PCA 实现。R 有许多相同的函数，最受欢迎的是 princomp，可以使用命令 help(princomp) 来获得更多的信息和一些使用的例子。以下是用于测试 PCA 有效性的 Python 代码片段：

```
from sklearn.datasets import load_boston
from sklearn.decomposition import PCA
from sklearn.preprocessing import scale
import numpy as np
boston = load_boston()
X, y = boston.data, boston.target
pca = PCA().fit(X)
```

在计算 PCA 之后，该示例继续打印这个新重构的数据集的信息量：

```
print (' '.join(['%5i'%(k+1) for k in range(13)]))
print (' '.join(['-----']*13))
print (' '.join(["%0.3f" % (variance) for variance
    in pca.explained_variance_ratio_]))
print (' '.join(["%0.3f" % (variance) for variance
    in np.cumsum(pca.explained_variance_ratio_)]))

    1     2     3     4     5     6     7     8     9 ...
----- ----- ----- ----- ----- ----- ----- ----- ----- ...
0.806 0.163 0.021 0.007 0.001 0.001 0.000 0.000 0.000 ...
0.806 0.969 0.990 0.997 0.998 0.999 1.000 1.000 1.000 ...
```

在输出的报告中，13 个成分（其中只有 9 个成分出现在书中）代表了累积的数据集，如果考虑 13 个成分中的 6 个成分超过了原始成分 85% 的信息量，如果考虑其中的 9 个成分将达到 95% 的信息量，则使用比原始特征数量更少的成分而重构的数据集通常对机器学习的过程更有益，它会减少存储器的使用、计算时间以及估计的方差，从而确保结果的稳定性。

13.6 划分出异常数据

有时，在探索数据的时候，你可能会发现数值与你所期望的数值相差悬殊，要么过高要么过低，或者是不寻常的，或者是非常不可能的。如果你确定这些值真的出现了问题，那么它们都是异常值，也称为反常值。相反，如果这些值是合理的，而仅仅是因为你首次看见它们而感到其是不寻常的，那么它们就是新奇的值，一种新的样本而已。

在某些情况下，一个样本是一个异常值，因为它具有独特和不寻常的值的组合。有时候，这是一种不可能或极不可能的数值的关联（例如，你在数据集中发现一位拥有大学学位的婴儿）。有时，许多值的微妙混合使得这个样本很少见（所以不可能是真的）。

从数据中学习的时候，异常值将是个问题。因为机器通过观察样本学习并从中提取规则和模式，所以奇怪的情况可能难以理解，并迫使算法重新考虑迄今所学的知识。特别是，许多成本函数的运作是基于观测值和期望值之间的差异的。一个远远超出预期范围的值将与期望值有很大的偏差，导致学习过程通过低估正常值（产生相对较小的偏差）来突兀地适应异常情况。

不过，不是所有的机器学习算法都对异常值敏感，而且在算法学习时，可以采取一些谨慎的步骤。例如，你可以慢慢更新算法学习的参数，以便它不会立即将每个遇到的值视为理所当然，而只是重点考虑最常遇到的值。即使你已经在学习方面提供了补救措施，并采用了良好的数据审核风格，在训练开始之前处理意外情况仍然是一个很好的做法。

明显异常值会使数据分布产生偏差，并且会严重影响描述性统计信息。如果出现异常值，那么平均值通常会产生偏离，以至于你会发现平均值和中位数之间存在较大的差异。另外，异常值会影响变量之间的关系，会削弱或加强两个变量之间的关联，从而导致学习算法陷入进一步的混乱。

你也会碰到一些微妙的异常值，这些异常值并未明显影响值的分布，但填充了数据空间中空白的部分，迫使学习算法适应它们的存在。实际上，对这种情况的适应等同于学习噪声信息，从而增加了估计的方差。

一个寻找明显异常值的好策略是观察一些关键的描述性统计数据，并实践一些探索性数据分析（EDA），这个术语是由美国统计学家约翰·图基（John Tukey）提出的，他在 1977 年的著作《探索性数据分析》中提到图形分析和描述性测量相结合的必要性。这是单变量的方法。举例来说，正如本章前面的章节所讨论的，平均值和中位数之间的巨大差异是一个很好的信号，它表明数据存在问题。你是通过单一特征中的所有数值进行求和来建立平均值的，所以高值或低值都会直接进入其计算。同样，你通过对特征值进行排序并选择中间那位数值来构建中位数。（如果中间有两位数值，只需要取两个中间观察值的平均值。）实际上，顺序不受极限高值或低值的影响。许多其他的统计数据依赖于排序，它们对异常没有那么敏感因而被认为更稳健。

关于衡量变量间关联性的问题，下面的章节将详细解释关联性度量。这个测量是基于平均值的，因此受到异常值的影响。至于关联的测量方法，也可以选择一些稳健的关联度量，例如斯皮尔曼的排名相关度，当你想检查两个度量的排名是否相互对应时，这是一个很好的选择。

另一个衡量指标是四分差（Inter Quartile Range，IQR），它基于样本的排序，由 75% 分位的特征值减去 25% 分位的特征值所得到的差值计算而来。通过计算 IQR，可以得到样本中间 50% 的值范围。根据经验，增加 IQR 上界，减少 IQR 下界，得到的值乘以 1.5 就可以粗略地估计出你能够扩展的该特征的距离，然后再确定你处理的实际值是否太高或太低。 IQR 度量的这种扩展是箱形图的基础，这种视觉表示也是由约翰·图基所设计的（这就是为什么有些来源称之为图基箱形图）。在箱形图中，我们可以找出中位数，并使用 IQR 的多个边界将其描述为一个箱子，然后将两个方向的 IQR ×1.5 作为一种胡须来扩展。最后，在胡须外的所有样本都被绘制出来，这就暗示了可疑的异常值。例如，在 Python 中，可以使用 pandas 数据框中的 boxplot 方法，而 R 有一个类似的 boxplot 函数（请参见图 13-1）。

```
from sklearn.datasets import load_boston
import pandas as pd
%matplotlib inline
boston = load_boston()
X, y = boston.data, boston.target
X = pd.DataFrame(X, columns=boston.feature_names)
X.boxplot('LSTAT',return_type='axes')
```

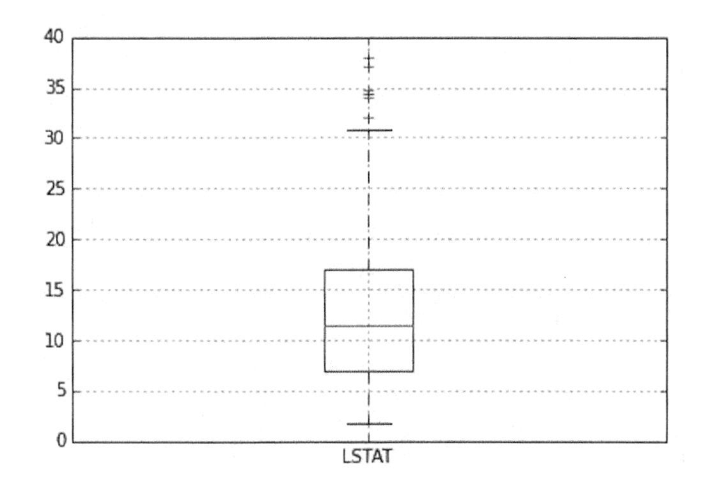

图13-1 波士顿数据集中LSTAT特征的箱形图。

绘制 LSTAT 特征的箱形图揭示了超过 30 的值实际上可能是异常值。使用 IQR 和箱形图，可以发现绝大多数的异常值，但遗憾的是，不是全部。有些异常值可以很好地隐藏在数据之中。基于视觉来进行发现的另一种策略是使用散点图，这些散点图每次使用两个变量在二维图中绘制数据。

但是，绘制特征的所有组合可能非常耗时。一个解决方案可以是创建散点图的矩阵，但是如果变量太多，表示的复杂性问题就仍然存在。在这种情况下，重构和压缩数据可能为降低复杂性提供了一种有效的方法。主成分分析浓缩了变量，这样做可以消除冗余并强调同时涉及多个变量的问题。

PCA 的前两个或三个成分包含了数据中的大部分信息。可以轻松地绘制它们（只使用几个图表），并使用输出来发现异常值。另外，不应该忽视最后的两个成分，因为它们存储了数据中独特的、可用的剩余信息，而且令人惊讶的是它们可以揭示不太明显的异常值。例如，在以下使用 Python 和波士顿数据集的示例中，通过观察最后两个成分，可以发现两个异常的数据组。图 13-2 显示了前两个成分的输出，图 13-3 显示了最后两个成分的输出。

```
from sklearn.decomposition import PCA
from sklearn.preprocessing import scale
pca = PCA()
pca.fit(scale(X))
C = pca.transform(scale(X))

import matplotlib.pyplot as plt
plt.scatter(C[:,0],C[:,1], s=2**7, edgecolors='white',
alpha=0.85, cmap='autumn')
plt.grid() # adds a grid
```

```
plt.xlabel('Component 1') # adds label to x axis
plt.ylabel('Component 2') # adds label to y axis
```

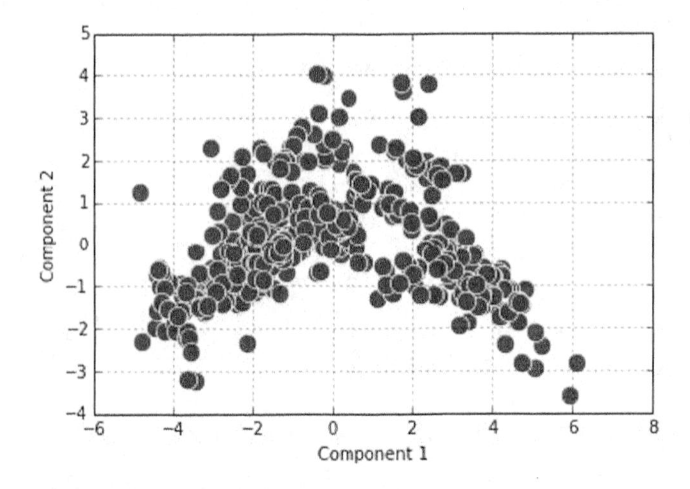

图13-2 波士顿数据集PCA的前两个成分的散点图。

```
plt.scatter(C[:,11],C[:,12], s=2**7, edgecolors='white',
alpha=0.85, cmap='autumn')
plt.grid() # adds a grid
plt.xlabel('Component 12') # adds label to x axis
plt.ylabel('Component 13') # adds label to y axis
```

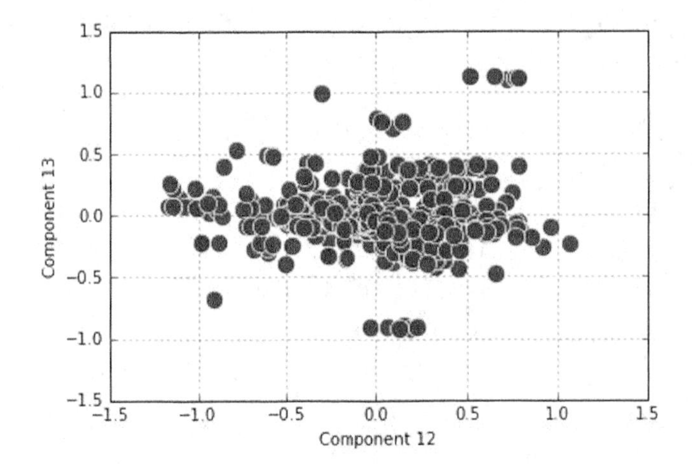

图13-3 波士顿数据集PCA的最后两个成分的散点图。

TIP

PCA 的一种替代解决方案是使用聚类技术，如 *K* 均值。我们会在第 14 章讨论这个技术。

本章内容

理解样本之间的差异

将数据聚集为有意义的群组

查找数据点的邻居进行分类和回归

掌握在高维数据空间中工作的难点

第14章

利用相似度

一朵玫瑰就是一朵玫瑰，一棵大树就是一棵大树，一辆汽车就是一辆汽车。尽管你可以做出这样简单的陈述，但是每种物品的一个样本并不足以让我们识别该分类中所有的物品。毕竟，存在许多种树木和许多种玫瑰花。如果在机器学习的框架下评估这个问题，你将发现某些特征的值经常发生变化，而另一些特征则以某种方式系统性地保持不变（例如，树木总是由木材构成，并具有树干和树根）。当你仔细观察不断重复的特征值时，就可以猜测某些被观察的物体大体属于一类。

所以，孩子们可以通过观察某些特征自行找出轿车。毕竟，轿车都有4个轮子，在道路上行驶。但是当小孩看到公共汽车或卡车时会发生什么呢？幸运的是，大人们在那里解释这些大车，并通过更多的定义来丰富孩子们的世界。在本章中，你将探索机器如何利用相似性来进行学习。

- **监督的方式**：从之前的样本进行学习。例如，一辆汽车有 4 个车轮，因此如果某个新物体有 4 个车轮，那么它可能是一辆汽车。
- **无监督的方式**：在没有任何标签供学习的情况下来推断分组。例如，一组物品都有根，并由木头制成，即使它们没有名字，也应该分入同一组。

我们所有的算法主题，包括无监督聚类算法（*K* 均值）与监督式回归和分类算法（K 最近邻），都利用样本相互之间的相似性来工作。它们可以让我们快速了解将世界上的物品按照相似程度来排序的优缺点。

14.1 测量向量之间的相似度

如果将数据中的每个样本都视为向量，则可以轻松地计算并比较它们。以下部分描述了如何测量向量之间的相似度，以执行一些任务，例如计算向量之间的距离，以达到学习目的。

14.1.1 理解相似度

在向量形式中，你可以将样本中的每个变量看作一系列坐标，每个坐标指向不同空间维度的位置，如图 14-1 所示。如果一个向量有两个元素，即只有两个变量，那么使用它就好像在地图上检查某个物体的位置一样，将第一个数字作为东西轴的位置，而第二个数字作为南北轴的位置。

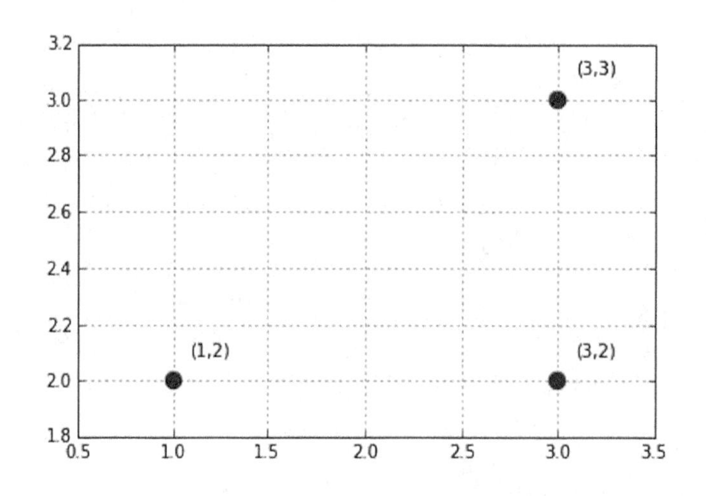

图14–1 在图表上绘制的数值样本。

例如，(1,2)(3,2) 和 (3,3) 这些括号之间的数字都是点的样本。每个样本都是一个数值组成的有序列表（称为元组），通过列表的第一个值 x（水平轴）和第二个值 y（垂直轴）可以轻松地定位它们并将其输出在地图上。结果是一个散点图，你可以在本章和整本书中找到它们的身影。

如果矩阵形式数据集具有许多数字特征（列），理想情况下特征的数量表示了数据空间的维度，而行（样本）表示每个点，这在数学上就是一个向量。当向量有两个以上的元素时，可视化变得很麻烦，因为三维以上的表示是不容易的（毕竟，我们生活在一个三维世界中）。但是，可以通过一些变通的方法来尝试表达更多的维度，比如通过使用尺寸、形状或颜色来表达其他维度。显然，这不是一件容易的事情，而且结果往往与直觉相去甚远。但是，通过每次考虑两个维度且系统地输出许多图形，可以掌握点在数据空间中的位置。这样的图被称为散点图的矩阵。

不要担心多维性。可以将从二维或三维中学到的规则扩展到多维，所以如果一个规则在二维空间中奏效，那么它也可以工作在多维空间中。因此，所有的样本都是指二维空间中的样本。

14.1.2 计算用于学习的距离

算法可以通过使用距离度量的数字向量进行学习。通常向量所蕴含的空间是一个度量空间，它的距离要符合某些特定的条件。

- 不存在负距离，只有当起点和终点重合时，距离才为零（称为非负性）。
- 点到点之间的距离，从两个方向来看都是相同的（称为对称性）。
- 起点与终点之间的距离总是小于[①]或等于从起点到第三点，再从第三点到终点之间的距离（称为三角不等式——这意味着没有捷径）。

用于测算度量空间的距离包括欧几里得距离、曼哈顿距离和切比雪夫距离。这些都是适用于数字向量的距离。

1. 欧几里得距离

最常见的是欧几里得距离，也被描述为两个向量的 l2 范数。在二维平面上，欧几里得距离以连接两点的直线表示，其计算为两个向量元素之间差的平方和的平方根。在前面的图中，点（1,2）和（3,3）之间的欧几里得距离在 R 中的计算为$\sqrt{(1-3)^2+(2-3)^2}$，距离大约为 2.236。

2. 曼哈顿距离

另一个有用的测量是曼哈顿距离（也被描述为两个向量的 l1 范数）。可以通过将向量元素之间差的绝对值相加来计算曼哈顿距离。如果欧几里得距离标志着最短路线，那么曼哈顿距离标志着最长路线，类似于一辆出租车在城市中移

① 原文是“大于”，应该是笔误。——译者注

动的方向（该距离也被称为出租车距离或城市街区距离）。例如，点（1,2）和（3,3）之间的曼哈顿距离是 |1−3|+|2−3|，其结果为 3。

3. 切比雪夫距离

切比雪夫距离或最大度量将获取向量元素之间绝对差值的最大值。它是一种距离度量，可以表示一个国王如何在国际象棋游戏中移动；或者在仓库物流中，高架起重机将一个箱子从一个地方移动到另一个地方所需的操作。在机器学习中，如果有很多要考虑的维度而其中大部分是不相关的或者是冗余的，那么切比雪夫距离将被证明是有价值的。（计算切比雪夫距离时，只要选择其绝对差值最大的那个即可。）在前面章节所使用的示例中，距离就是 2，它是 |1−3| 和 |2−3| 之间的最大值。

14.2 使用距离来确定聚类

使用有序的空间，自然而然地能找到彼此相邻的相似项目，比如图书馆中关于同一个主题的图书。在图书馆里，类似的书放在同一个书架、同一个书柜、同一个区域。想象一下，假如你作为一名图书管理员，负责收集关于同一主题的所有图书，但是没有任何预先存在的索引或标签供使用，那么工作量可想而知。在这种情况下，将类似的对象或样本分到同一组的过程就是聚类。在机器学习中，这属于无监督式的任务。它允许你在没有标签的情况下创建标签，或者协助你创建新的标签。

还是以图书馆为例，如果缺乏索引或标签，一个很好的解决办法是四处随意挑选图书，每本书放在不同的书柜和书架上，然后在各个方向寻找类似的图书。如果有必要，你可以远离原来的书。短时间内，根据图书的位置，你可以将图书馆的区域按照类似的主题进行划分。在每个区域阅读一本代表性图书之后，你就可以轻松而自信地为所有位于同一处的图书标上主题。

基于同样的想法（从一个样本开始，在给定的范围内从各个方向看），一整套统计算法（称为划分算法）通过聚集相似的物品来帮助你探索数据的多个维度。在划分算法中，*K* 均值是最广为人知和流行的。它通常利用数据空间中相似样本的接近程度来绘制不同类的边界，最终揭示任何未知的群体结构，从而找到良好的解决方案。*K* 均值允许标记、总结，有时还可以让我们更深入地理解隐藏的数据动态。*K* 均值可以帮助你达到以下目的：

- 将样本分入不同的组；
- 创建用于监督式学习任务的新特征（分组的标签）（从文本和图像进行学习时，将来自聚类分析的标签作为新特征是非常有用的）；
- 将异常的样本各自分组，从而帮助你轻松地找到它们。

K 均值不是唯一能够执行聚类任务的算法。聚类（也称为聚类分析）历史悠久，存在不同类型的算法。有一些聚类方法可以将这些样本排列成树状结构（层次聚类），还有其他一些在数据空间中查找样本密度较大的部分（DBScan）。还有些算法则尝试是否可以从特定的统计分布中导出任何聚类，例如高斯分布。在众多选择中，*K* 均值已经成为一个非常成功的机器学习算法，原因有很多，具体如下。

- 它很直观，容易理解。
- 它执行速度可以很快，并能扩展到海量数据的处理。
- 它无须在内存中保存太多的信息。
- 它的输出可作为其他机器学习算法的有用输入。

14.2.1 检查假设和期望

K 均值依赖于一些具有争议的假设，你需要了解一下。首先，该算法假定你的数据具有称为聚类的分组。它还假设这些组是由类似的样本组成的，而起始的样本被称为原型或质心，位于聚类的中心。最后，它还假定在数据空间中，分组具有严格的球形形状。遗憾的是，*K* 均值不允许奇怪的形状，这可能是该技术的一个弱点，因为现实世界并不总是几何形状的。这些都是理论假设（当数据满足这些条件时，该算法可以正常工作；否则，你必须仔细检查结果）。

K 均值处理的是数字度量，即欧几里得距离。所有的数据都必须是代表度量的数字（技术上称为度量指标。例如，日常使用的度量指标包括米和千克）。你不能使用任意赋值的变量；这个度量应该与现实有一些关系。但是，即使实际情况并不理想，你也可以使用序号（比如第一、第二、第三等，因为它们具有类似于度量的顺序）。另外，你也可以使用二进制变量（1/0），如第 13 章所述。

欧几里得距离是一个大数的根，所以变量必须是相同规模的，否则具有较大取值范围的变量将极大程度地影响距离的计算（并且将只在这些变量上创建聚类）。如果某些变量是相关的，也就是说，它们共享一部分信息内容（方差），那么同样会产生很大的影响。再次，总有一些变量相对于其他变量而言对结果的影响力更大。一种解决方案是在 *K* 均值之前通过统计学方法标准化所有变量，并通过诸如第 13 章所述的主成分分析（PCA）等降维算法将它们转换为成分，从而对数据进行转换。

K 均值也希望你已经知道自己的数据包含多少个聚类。但是，即使你不知道，这也不是一个大问题，因为你可以猜测或尝试许多解决方案，从理想的值开始。因为这个算法有很多理论和实际的假设，所以总是能提出一个解决方案（这就是为什么每个人都非常喜欢它）。当处理没有聚类的数据或要求错误的聚类数量时，它可能会给你提供一些令人误解的结果。可以根据以下几点来区分理想的和不良的结果。

- **启发性**：你可以测量聚类的质量。
- **重复性**：随机结果不能被复制。
- **可理解性**：荒谬的解决方案很难成为真正的解决方案。
- **可用性**：你关心的是机器学习如何实际解决问题，而不是关心它的假设的正确性。

K 均值算法是一种无监督的算法，所以除非事先知道聚类的解决方案，否则根据偏差或准确性无法测量任何错误。得到一个解决方案之后，*K* 均值算法总是通过聚类质量的测量来检查结果是否在不同条件下是可重复的、是否合理并且可以帮助你解决问题。

14.2.2 检视算法的细节

K 均值算法以特定的方式执行任务。通过了解算法用于执行任务的过程，你可以更好地理解如何使用 *K* 均值算法。该算法的过程包括以下详细的步骤。

（1）在你告诉算法数据中存在 k 个聚类（其中 k 是整数）之后，算法会选取 k 个随机样本作为 k 个聚类的原始质心。

（2）算法根据样本和每个质心的欧几里得距离，将所有的样本分配给 k 个聚类。对于给定的样本，最接近它的质心赢得该样本，然后让其成为该聚类的一部分。

（3）将所有样本分配给聚类后，算法通过平均属于该聚类的所有样本来重新计算每个类的新质心。第一轮之后，新的质心可能不再与实际的样本相吻合。此时，在考虑质心时，可将它们视为理想样本（实际上是原型）。

（4）如果不是第一轮，在求平均值之后，算法会检查数据空间中质心的位置已经改变了多少。如果和前一轮相比变化不大，算法会认为解已经变得稳定，并将解返回给你。否则，该算法重复步骤（2）和步骤（3）。改变质心的位置后，算法将部分样本重新分配到不同的聚类，这可能会再次导致质心位置的变化。

算法在步骤（2）和步骤（4）之间来回往复，直到输出结果满足一定的收敛条件，也就是说 *K* 均值算法是迭代的。多次迭代之后，算法随机选择的初始质心开始移动其位置，直到算法找到稳定的解。（这些样本不再在不同的聚类之间移动，或者至少很少会这样做。）在这个时刻，算法收敛，你可以期望：

- 所有的数据都被分成不同的聚类（所以每个样本都有且只有一个聚类标签）；
- 所有的聚类都倾向于拥有最大的内在凝聚力。你可以通过计算每个样本的位置到质心位置的差距，然后平方每次相差的结果（所以避免了负数），最后加和所有的结果来计算每个聚类的内聚力。因此，你可以得到内聚力，在聚类分析中内聚力总是趋于最小化（称为聚类内的平方和或 WSS）；
- 所有聚类都有最大可能的外部差异。这意味着如果把每个质心与数据空间的平均值（宏观质心）的差进行平方，并将每个平方乘以它们各自聚类的样本数，然后将所有的结果相加，结果是可能的最大值（聚类之间的平方和或 BSS）。

因为聚类之间的平方和取决于聚类内部计算的结果，所以你只需要查看其中的一个（通常是 WSS）就够了。有时候，起始的位置并不理想，算法不会收敛到合适的解。但是数据总是被分割的，所以你只能通过计算解的聚类内平方和，并与以前的计算进行比较，猜测算法已经得到了一个可以接受的结果。

TIP

如果你运行 *K* 均值几次并记录结果，则可以轻松地发现算法运行具有较高的聚类内平方和与较低的聚类间平方和，这些都是你不能信任的解。根据你手头的计算能力和数据集的大小，运行多次试验可能耗费大量的时间，你必须决定如何在发现最佳解决方案时牺牲时间来换取安全性。

14.3 调优K均值算法

为了从 *K* 均值算法中获得最好的结果，必须对其进行调优。调优 *K* 均值算法需要清楚其目的：

- **如果目标是探索性的，**那么当解决方案变得合理时，停止对聚类数目的测试，并且可以通过命名来确定使用哪个聚类；
- **如果你处理的是抽象的数据，**查看聚类内的平方和或其他调优指标，这可以提示我们哪些是正确的解决方案；
- **如果你将聚类结果提供给监督式的算法，**请使用交叉验证来确定能够带来更强预测能力的解决方案。

下一步需要你确定算法的实现。Python 语言在 scikit-learn 软件包中提供了两种版本的算法。第一种是经典算法 sklearn.cluster.KMeans。第二种是另一种小批量处理的版本 sklearn.cluster.MiniBatchKMeans，它不同于标准 *K* 均值算法，因为它可以计算新的质心，并在部分数据上重新分配以前所有的聚类标签（而不是在评估所有的数据样本之后才进行全部的计算）。

TIP

小批量处理的优势在于，它可以处理超过计算机可用内存的数据，其方法是从磁盘中以小块的形式读取样本。该算法处理每个数据块，更新聚类，然后加载下一个块。唯一可能的瓶颈是数据传输的速度。相比传统的算法，这个过程花费了更多的时间，但是当它完成计算时（对于所有的数据而言可能需要多次批处理），你会得到一个完整的模型，这个模型与使用标准算法所能获得的模型没有多大差别[①]。

REMEMBER

sklearn.cluster.MiniBatchKMeans 有两个方法，具体如下。

- fit：处理内存中的数据，并在处理一定大小的可用信息后停止，而信息的大小由 batch_size 参数的设置确定。
- partial_fit：处理内存中的数据，但是保持开放状态，在新数据到来时再次启动，因此非常适合从磁盘或从网络（例如 Internet）传输数据块。

① 虽然模型结果基本一致，小批量处理却解决了数据全集在内存中放不下的问题。——译者注

sklearn.cluster.KMeans 提供了前面讨论的所有标准参数：聚类数量（n_clusters）和初始化方法（init）。此外，它还提供了预计算距离的可能性（precompute_distances）。如果有效迭代次数很高，sklearn.cluster.KMeans 将重复计算距离，这很浪费时间。如果你有足够的内存和所需要的处理速度，只需将 precompute_distances 设置为 TRUE，它将提前存储所有计算。当需要同时创建多个解（由于不同的随机初始化）的时候，你还可以指示算法并行工作（将 n_job 设置为 −1）。预计算距离和并行计算使得 Python 的实现在当前实现中是最快的。

14.3.1 试验*K*均值的可靠性

本书第一个演示 *K* 均值细微差别的实验使用了 Python 和鸢尾花（Iris）数据集，这个数据集是一个关于 3 种鸢尾花的流行示例数据集，包含了这 3 种花的花瓣和花萼（绽放时支持花瓣的那部分）的测量值。统计学家罗纳德·费希尔（Ronald Fisher）在 1936 年的一篇论文中介绍了线性判别分析（一种统计预测分析）并引入了这个数据集，对于该数据集而言一个棘手的问题是我们（在监督式学习过程中）需要综合的测量来区分两个鸢尾花种类（Virginica 和 Vericolor）。仅仅使用给定的信息，无法解决无监督式学习中的标签问题。Iris 数据集也是一个均衡的数据集，因为对于 3 种鸢尾花种类，每个类都拥有相同数量的样本，如以下 Python 示例所示。

```
from sklearn.datasets import load_iris
data = load_iris()
print ("Features :%s" % data.feature_names)
features = data.data
labels = data.target

Features :['sepal length (cm)', 'sepal width (cm)',
           'petal length (cm)', 'petal width (cm)']
```

实验使用了 scikit-learn 中两种可用的 *K* 均值版本：标准算法和小批量处理的版本。在 scikit-learn 学习包中，必须事先为每个学习算法定义一个变量，并指定其参数。因此，需要定义两个变量：k_means 和 mb_k_means（它们需要生成 3 个聚类），一个智能初始化过程（称为 k-means ++），并将最大迭代次数提升到一个较高的数值（不用担心，通常算法是相当快的）。最后，对特征进行拟合，并在短暂的延迟后，计算完成。

```
from sklearn.cluster import MiniBatchKMeans, KMeans
k_means = KMeans(n_clusters=3, init='k-means++',
    max_iter=999, n_init=1, random_state=101)
mb_k_means = MiniBatchKMeans(n_clusters=3, init='k-means++',
    max_iter=999, batch_size=10, n_init=1, random_state=101)
```

```
k_means.fit(features)
mb_k_means.fit(features)
```

下面的代码将在屏幕上输出一个很棒的图，它展示了在由花瓣的长度和宽度组成的图上，点（花的样本）是如何分布的，如图14-2所示。如果你正在使用IPython Notebook，则%matplotlib inline命令将在你的笔记本中显示该图表。

```
%matplotlib inline
import matplotlib.pyplot as plt
plt.scatter(features[:,0], features[:,1], s=2**7, c=labels,
            edgecolors='white', alpha=0.85, cmap='autumn')
plt.grid() # adds a grid
plt.xlabel(data.feature_names[0]) # adds label to x axis
plt.ylabel(data.feature_names[1]) # adds label to y axis
# Printing centroids, first of regular K-means, then of mini-
batch
plt.scatter(k_means.cluster_centers_[:,0], k_means.cluster_
centers_[:,1],s=2**6, marker='s', c='white')
plt.scatter(mb_k_means.cluster_centers_[:,0],
mb_k_means.cluster_centers_[:,1], s=2**8,marker='*', c='white')
for class_no in range(0,3): # We just annotate a point
    for each class
    plt.annotate(data.target_names[class_no],(features[3+50*class_no,
    0],features[3+50*class_no,1]))
plt.show() # Showing the result
```

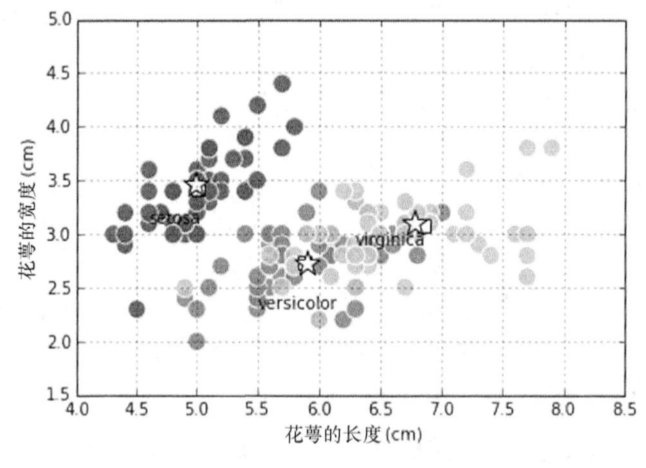

图14-2 根据花萼的长度和宽度，在一个图表上标出鸢尾花物种的聚类。

关于这个图表，一个值得注意的地方是，它也显示了质心——通过标准算法得到的质心使用方块来表示；而那些通过小批量版本得到的质心用星号来表示——

它们并没有太大的不同。这个事实表明了不同的学习过程可以得出几乎相同的结论。有时你甚至可以看到不同的算法可能得出相同的结论。如果情况并非如此，那么估计数据中可能有太多的方差，而且每种算法都可能有一个非常不同的学习策略。但是，你会注意到机器学习算法经常会得到相同的强信号（尽管最终它们的用法不同）。

现在，所有有关该算法的信息都存储在变量之中。例如，通过输入 k_means.cluster_centers_，你可以获得由 *K* 均值过程所得到的所有质心的坐标。

14.3.2 试验质心如何收敛

尽管现在你已经可以计算结果，并且知道 *K* 均值的不同版本和运行往往会得到相似的解，但你仍然需要掌握算法是如何得到这些结果的。在本节的内容中，你将通过可视化的坐标向量，跟踪一个质心如何（从第二个开始）沿着最优化的方向一步一步地进行迭代。

```
import numpy as np
np.set_printoptions(precision=3, suppress=True) # sets output 3
dec points
for iteration in range(1, 10):
    k_means = KMeans(n_clusters=3, init='random',
    max_iter=iteration, n_init=1, random_state=101)
    k_means.fit(features)
    print ("Iteration: %i - 2nd centroid: %s" %
           (iteration, k_means.cluster_centers_[1]))

Iteration: 1 - 2nd centroid: [ 5.362  3.763  1.512  0.275]
Iteration: 2 - 2nd centroid: [ 4.959  3.352  1.47   0.246]
Iteration: 3 - 2nd centroid: [ 4.914  3.268  1.539  0.275]
Iteration: 4 - 2nd centroid: [ 4.878  3.188  1.58   0.295]
Iteration: 5 - 2nd centroid: [ 4.833  3.153  1.583  0.294]
Iteration: 6 - 2nd centroid: [ 4.8    3.109  1.606  0.303]
Iteration: 7 - 2nd centroid: [ 4.783  3.087  1.62   0.307]
Iteration: 8 - 2nd centroid: [ 4.776  3.072  1.621  0.297]
Iteration: 9 - 2nd centroid: [ 4.776  3.072  1.621  0.297]
```

在迭代过程中观察不断调整的数值，到了迭代的后期它们的变化程度会减小，每个阶段的变化太小，以至于要使用许多小数位才能看到区别。

scikit-learn 中的聚类模块包含了 *K* 均值和其他聚类算法的所有版本。你可以在“API Reference : K-Means Clustering”一文中找到它。另外，R 拥有丰富而高效的 *K* 均值实现。你可以在包的统计信息中找到它。

下一个实验使用了 R，旨在检测在猜测鸢尾花数据集中的真实聚类时，*K* 均值算法的表现有多好。这个实验是一个充满挑战性的任务，因为各种研究表明，不可能非常准确地实现既定目标。

```
# We call the libraries
library(datasets)
library(class)

# We divide our dataset into answer and features
answer <- iris[,5]
features <- iris[,1:4]
X <- princomp(features)$scores

clustering <- kmeans(x=X, centers=3, iter.max = 999, nstart = 10,
       algorithm = "Hartigan-Wong")

print (clustering$tot.withinss)
table(answer, clustering$cluster)

answer        1  2  3
  setosa      0 50  0
  versicolor  2  0 48
  virginica  36  0 14
```

使用鸢尾花数据集让我们可以通过事实（这是另一种说明样本已标记的方式）对两个真实的数据进行测试。这个示例首先创建一个 PCA 解决方案，然后计算一个三聚类的解决方案。 PCA 去除相关性并同时对变量进行标准化，因此我们可以确信 *K* 均值所计算的欧几里得距离度量正常工作。最后，程序输出一个混淆矩阵，矩阵的行表示正确的答案，而矩阵的列表示了预测的答案。仔细看一下混淆矩阵，你会注意到，14 朵品种为 Virginica 的花被归类为 Versicolor。*K* 均值在这个时候无法回归到正确的自然类。通常，增加聚类的数量可以解决这样的问题，尽管这样做可能会产生许多只相差很小的聚类。从机器学习的角度来看，拥有更多的聚类并不是什么大惊小怪的事情，但是对于人类来说，可能理解起来会更为困难。这个实验在一个迭代循环中测试了不同的聚类解决方案，输出结果如图 14-3 所示。

```
w <- rep(0,10)
for (h in 1:10) {
  clustering <- kmeans(x=X, centers=h, iter.max = 999, nstart = 10,
                       algorithm = "Hartigan-Wong")
  w[h] <- clustering$tot.withinss
}

plot(w, type='o')
```

```
clustering <- kmeans(x=X, centers=8, iter.max = 999, nstart = 10,
                     algorithm = "Hartigan-Wong")

table(answer, clustering$cluster)
answer          1  2  3  4  5  6  7  8
  setosa       22 28  0  0  0  0  0  0
  versicolor    0  0  3 20  0  9 18  0
  virginica     0  0 15  1 22  0  0 12

plot(X[,c(1,2)], col = clustering$cluster)
points(clustering$centers[,c(1,2)], col = 1:8,
       pch = 15, cex = 1.2)
```

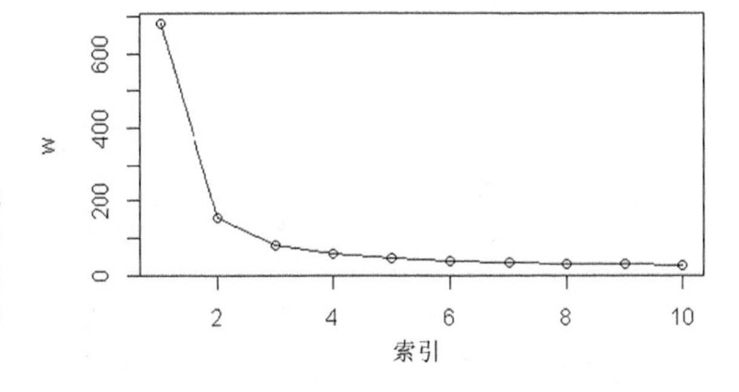

图14-3 绘制关于不同聚类解决方案的聚类内平方和。

在多个解决方案上的循环显示，在 4 个聚类的解决方案之后，改进是非常微小的。这是一种相当普遍的（令人失望的）情况，最好的启发是看看 WSS 曲线何时变平。在这个示例中，正确的解决方案是 8 个聚类，因为你可以对其进行测试，并且直观地确定此解决方案是分离类的最佳解决方案，如图 14-4 所示。

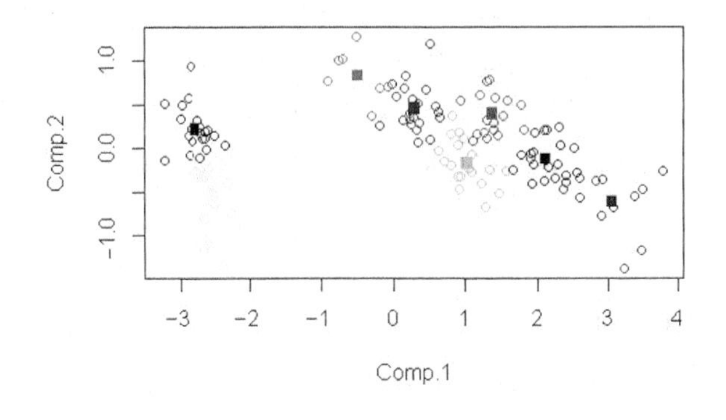

图14-4 由8个聚类所表示的鸢尾花物种。

在处理真实的数据时，很少有事实数据可供检查。如果你不能依靠这样的测试，那么相信自己的直觉和聚类质量的度量。如果你对解决方案不满意，那么请借助添加和删除一个或多个特征的方法。

14.4 使用*K*最近邻的搜索进行分类

无论问题是猜测一个数字还是一个类别，*K* 最近邻（*K*NN）算法学习策略背后的思想总是相同的。对于将要预测的数据点，该算法找出最相似的观察值，通过对这些相邻值进行平均或者挑出最频繁的答案类，可以从中得出一个可能的直观的答案。

*K*NN 的学习策略更像是记忆。它就像记住了在问题具有某些特征的时候答案应该是什么（基于场景或过去的例子）而不是真正地知道答案是什么，因为你通过特定的分类规则让机器理解问题。从某种意义上说，*K*NN 通常被定义为一个懒惰的算法，因为在训练时是没有真正的学习过程的，而只是数据的记录。

作为一种懒惰的算法，*K*NN 在训练方面相当快，但在预测方面非常慢（大部分搜索活动和基于邻居的计算是在那个时候完成的）。这也意味着这个算法消耗内存的程度很高，因为你必须将数据集存储在内存中（这意味着在处理大规模数据的时候，可能会有一些应用程序受到限制）。理想情况下，*K*NN 可以在处理分类且具有很多标签时做出区分（例如，软件代理在社交网络上发布标签或者提出销售推荐）。*K*NN 可以轻松处理数百个标签，而其他学习算法必须为每个标签指定不同的模型。

通常，*K*NN 在使用欧几里得（最常见的选择）或曼哈顿（在数据中有许多冗余特征时效果更好）等距离测量值之后，计算出被观测值的邻居。关于什么距离度量最好用，没有绝对的规定。这真的取决于你的实现。你还必须将每种距离作为一个不同的假设进行测试，并通过交叉验证来验证哪个度量可以更好地解决你的问题。

14.5 利用正确的*k*参数

通过调整参数 *k*，你可以使 *K*NN 算法在预测和回归中表现得更良好。以下各节介绍了如何使用参数 *k* 来调优 *K*NN 算法。

14.5.1 理解参数k

k值（整数）是算法为了确定答案而必须考虑的邻居的数量。参数k越小，算法就会越适合你所呈现的数据，虽然有过拟合的风险，但是可以很好地拟合各类之间复杂的分界线。参数k越大，就越能从真实数据的变化中抽象出来，这就导出了数据类之间很好的平滑曲线，但是这样做是以不相关样本的计算为代价的。

TIP

作为经验法则，首先尝试和可用样本数的平方根最接近的整数，并将其作为*K*NN中的参数k。例如，如果你有1000个样本，则从$k = 31$开始，然后通过交叉验证所支持的网格搜索来减少该值。

使用不相关的或不合适的样本是*K*NN算法的一个风险，因为它的距离函数所计算的样本数量增加了。之前有关数据维度问题的说明显示了如何计算一个有序的数据空间，而该空间就像可以在相同的书架、书柜和分类中查找相似书籍的图书馆。然而，当图书馆有多层楼时，情况就没那么简单了。那时楼上和楼下的书不一定相似，因此，靠近但在不同的楼层不能保证书籍是相似的。增加更多的维度削弱了有用维度的影响力，但这只是麻烦的开始。

现在想象一下，在日常生活中有3个以上的维度（如果考虑时间，则是4个维度）。维度越多，图书馆所获得的空间就越多（就像几何学一样，将维度相乘来获得容量的概念）。在某个特定的时刻，你将拥有足够的空间，使得所有的书可以很容易地放入这些空间。举个例子，如果有20个二进制变量代表你的图书馆，则可以有2的20次方的组合，也就是1 048 576个不同的书柜。拥有一百万个书柜真是太好了，但是如果你没有一百万册图书，你的图书馆大部分都是空的。所以你得到一本书的时候，要寻找类似的其他书放在里面。附近的书柜实际上都是空的，所以在找到另一个非空书柜之前，你必须走得远一些。想一想：你从"The Hitchhiker's Guide to the Galaxy"开始，最后得到一本有关园艺的图书作为最近的邻居。这是维度的诅咒。如果有更多的维度，你更可能经历一些虚假的相似性，误解距离的远近。

使用正确大小的参数k可以缓解这个问题，因为如果你需要找到更多的邻居，*K*NN需要寻找得更远，但是你还有其他的补救措施。主成分分析（PCA）可以压缩空间，使其更密集，并去除噪声和不相关的冗余信息。此外，特征选择可以做到这一点，只选择可以帮助*K*NN发现正确邻居的特征。

TIP

正如第11章中关于验证机器学习任务所解释的那样，通过交叉验证进行的逐步选择可以使*K*NN工作良好，因为它只保留真正可用于任务的特征。

KNN 是对异常值敏感的算法。在数据空间中数据云的边界上的邻居可能是一个异常样本，导致你的预测变得不稳定。在使用之前，你需要清理数据。首先运用 K 均值，让它帮助你识别聚集在一起的异常值（异常值喜欢留在不同的分组中，你可以将它们看作数据中的“隐士”类型）。另外，保持大范围的邻居可以帮助你尽量减少（但有时不能完全避免）问题，其代价是数据的欠拟合（更多的偏差，而不是过拟合）。

14.5.2 试验一个灵活的算法

KNN 算法在 R 和 Python 中的实现稍有不同。在 R 中，该算法可以在库类中找到。该函数仅用于分类，而且仅使用欧几里得距离来定位邻居。它带有自动交叉验证的快捷版本，可以发现最佳的 k 值。另外还有一个 R 库——FNN，它包含两个 KNN 变体，一个用于分类问题，另一个用于回归问题。FNN 函数的特点在于它们可以用不同的算法来处理距离计算的复杂性，但是欧几里得距离是唯一可用的距离。

以下 R 代码实验使用来自库类的带交叉验证版本的 KNN。它通过交叉验证寻找最佳的 k 值，然后在数据的训练样本外部分进行测试。使用交叉验证学习正确的超参数可以保证你找到最佳值，这不仅仅针对单次分析的数据，还针对来自同一个源头的任何其他可能的数据。使用样本外数据进行测试可以对学习模型的准确性进行真实的评估，因为这些数据从未用于任何学习阶段的设置。

```
set.seed(seed=101)
out_of_sample <- sample(x=length(answer),25)

# in a loop we try values of k ranging from 1 to 15
for (h in 1:15) {

  in_sample_pred <- knn.cv(train=features[-out_of_sample,],
                          cl=answer[-out_of_sample],k = h,
                          l = 0, prob = FALSE, use.all = TRUE)
  # After getting the cross-validated predictions,
  # we calculate the accuracy
  accuracy <- sum(answer[-out_of_sample]==in_sample_pred) /
    length(answer[-out_of_sample])
  # We print the result
  print (paste("for k=",h," accuracy is:",accuracy))
}

[1] "for k= 1  accuracy is: 0.952"
[1] "for k= 2  accuracy is: 0.968"
[1] "for k= 3  accuracy is: 0.96"
[1] "for k= 4  accuracy is: 0.96"
[1] "for k= 5  accuracy is: 0.952"
```

```
[1] "for k= 6  accuracy is: 0.952"
[1] "for k= 7  accuracy is: 0.968"
[1] "for k= 8  accuracy is: 0.968"
[1] "for k= 9  accuracy is: 0.968"
[1] "for k= 10  accuracy is: 0.968"
[1] "for k= 11  accuracy is: 0.976"
[1] "for k= 12  accuracy is: 0.968"
[1] "for k= 13  accuracy is: 0.968"
[1] "for k= 14  accuracy is: 0.968"
[1] "for k= 15  accuracy is: 0.96"

out_sample_pred <- knn(train=features[-out_of_sample,],
                       test=features[out_of_sample,],
                       cl=answer[-out_of_sample], k = 11,
                       l = 0, prob = TRUE, use.all = TRUE)

print (table(answer[out_of_sample], out_sample_pred))
            out_sample_pred
             setosa versicolor virginica
             setosa versicolor virginica

  setosa          7          0         0
  versicolor      0         10         1
  virginica       0          0         7
```

交叉验证的搜索表明，将 *k* 设置为值 11 能得到最好的准确性。然后，该示例使用未曾接触过的测试集来预测结果，并通过混淆矩阵交叉验证最终的结果，其中混淆矩阵的行包含了实际值，列包含了估计值。如预期的那样，表现非常好，只有一个 Versicolor 类鸢尾花的样本被误认为是 Virginica 类鸢尾花。

*K*NN 的第二个实验使用了 scikit-learn 中的 Python 类，并演示了这个简单的算法如何在数据空间中学习样本的形状和非线性排列。代码准备了一个复杂的数据集：在二维空间中，两个类被安排在像牛眼一样的同心圆上，如图 14-5 所示。

```
import numpy as np
from sklearn.datasets import make_circles, make_blobs
strange_data = make_circles(n_samples=500, shuffle=True,
        noise=0.15, random_state=101, factor=0.5)
center = make_blobs(n_samples=100, n_features=2,
        centers=1, cluster_std=0.1, center_box=(0, 0))
first_half = np.row_stack((strange_data[0][:250,:],
        center[0][:50,:]))
first_labels = np.append(strange_data[1][:250], np.array([0]*50))
second_half = np.row_stack((strange_data[0][250:,:],
        center[0][50:,:]))
second_labels = np.append(strange_data[1][250:], np.array([0]*50))

%matplotlib inline
```

```
import matplotlib.pyplot as plt
plt.scatter(first_half[:,0], first_half[:,1], s=2**7,
    c=first_labels, edgecolors='white', alpha=0.85, cmap='winter')
plt.grid() # adds a grid
plt.show() # Showing the result
```

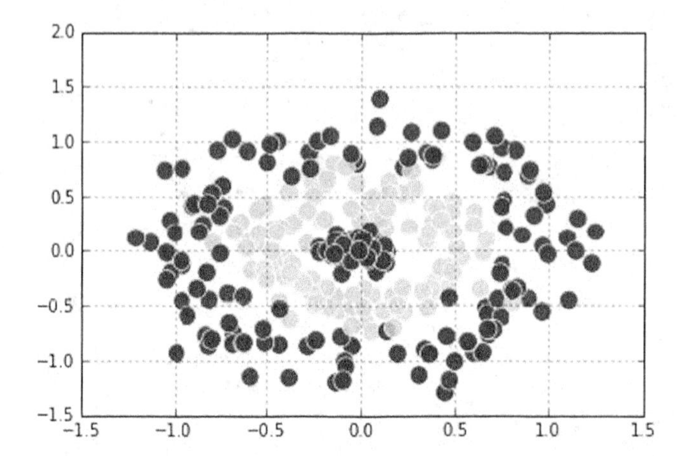

图14-5 靶心数据集是一种难以学习的非线性点云。

建立数据集之后，可以通过设置分类算法来进行实验，让它学习数据中的模式。将最近邻设置为3，并将权重设置为均匀的（在对观测值进行平均或者挑选最频繁值的时候，scikit-learn允许你给较远的观测值以较低的权重），而将欧几里得距离作为度量。实际上，scikit-learn算法允许你使用不同的度量（例如欧几里得、曼哈顿或切比雪夫）进行回归和分类，如以下Python代码所示。

```
from sklearn.neighbors import KNeighborsClassifier
from sklearn.metrics import accuracy_score
kNN = KNeighborsClassifier(n_neighbors=3, weights='uniform',
        algorithm='auto', metric='euclidean')
kNN.fit(first_half,first_labels)
print ("Learning accuracy score:%0.3f" %
accuracy_score(y_true=second_labels, y_pred=kNN.predict(second_half)))

Learning accuracy score:0.937
```

本章内容

- 说明回归和分类的线性模型
- 为线性模型准备合适的数据
- 限制不太有用的、多余的变量的影响
- 选择有效的特征子集
- 通过随机梯度下降从大数据中学习

第15章 使用线性模型的简单方式

如果不了解线性模型家族，就不能算了解了基本机器学习算法的基础知识。当你试图根据数据进行预测时，线性模型是一种常见的、优秀的初始算法。尽管仅有线性回归和逻辑斯谛回归这两者经常被提及和使用，但线性模型包括来自统计科学的广泛的模型家族。

多个学科的统计学家、计量经济学家和科学家长期以来都使用线性模型。他们通过数据验证来确定其理论，并获得实际的预测。在图书馆中，你可以找到大量关于这些模型的图书和论文。大量的文献讨论了相关应用以及复杂测试和统计测量，而它们被设计用于检查和验证线性模型对多种类型数据问题的适用性。

机器学习的追随者很早就采用了线性模型。但是，因为从数据中学习是一门实践性很强的学科，所以机器学习将线性模型从所有与统计相关的事物中分离出来，只保留了数学公式。统计学使用随机下降（第 10 章所讨论的最优化过程）为模型提供动力。结果是对大多数学习问题都奏效的解决方案（尽管准备数据需要一些精力)。线性模型易于理解、创建快速且便于从头开始实施，而且通过使用一些简单的技巧，即使在大数据问题中也能运作。如果能掌握线性回归和逻辑斯谛回归，那么相当于拥有了机器学习的瑞士军刀，它也许不能完美地胜任所有的事情，但是能够迅速地为你提供服务，而且在许多任务中表现还相当不错。

15.1 开始合并变量

回归在不同领域（如统计学、经济学、心理学、社会科学和政治学）有着悠久的历史。除了能够进行涉及数值、二元和多类、概率和统计数据的大量预测外，线性回归还有助于你了解群体差异、模拟消费者偏好并量化一个特征在模型中的重要性。

抛开大多数的统计属性，回归仍然是一个简单的、可以理解的且行之有效的算法，它可以预测数值和分类。和其他更复杂的解决方案相比，线性和逻辑斯谛回归是大多数机器学习从业人员在构建模型时的首选，它训练快速、易于向非技术人员解释并且易于在任何编程语言中实现。 人们也使用它们来确定问题的关键特征、进行实验并获得对特征创建的深入理解。

线性回归的工作原理是对数字特征进行求和，加上一个名为偏差的常数，就完成了总和。当所有特征的值都为零时，偏差代表了预测的基线。偏差可以在产生默认预测中发挥重要作用，特别是当某些特征缺失（并且具有零值）时。以下是线性回归的常用公式：

$$\boldsymbol{y} = \boldsymbol{\beta X} + \alpha$$

在这个表达式中，$\boldsymbol{y}$ 是响应值的向量，可能的响应向量是城市中房屋的价格或者产品的销售量，它几乎可以是任何数字型的答案，例如度量或者数量。 $\boldsymbol{X}$ 符号表示用来猜测 $\boldsymbol{y}$ 向量的特征矩阵，$\boldsymbol{X}$ 是仅包含数字的矩阵。希腊字母 alpha（α）表示偏差，这是一个常数，而字母 beta（$\boldsymbol{\beta}$）是线性回归模型所使用的系数向量，该系数向量和偏差常量一起决定预测。

REMEMBER

在回归中使用希腊字母 α 和 β 的现象普遍存在，大多数从业者将系数向量称为回归 $\boldsymbol{\beta}$。

可以以不同的方式来理解这个表达式。为了简单起见，可以想象 $\boldsymbol{X}$ 实际上是由一个单一特征组成的（在统计实践中被描述为单个预测因子），所以可以把它

表示为一个名为 $\boldsymbol{x}$ 的向量。当只有一个预测器可用时，计算是一个简单线性回归。现在有一个更简单的公式，高中代数和几何知识会告诉你，公式 $y = bx + a$ 代表了由 x 轴（横坐标）和 y 轴（纵坐标）组成的坐标平面上的一条直线。

当有多个特征（多重线性回归）时，不能再使用由 x 和 y 组成的简单坐标平面。空间现在跨越多个维度，每个维度都是一个特征。现在公式更加复杂，包含多个 $\boldsymbol{x}$ 值，每个值都由它自己的 $\boldsymbol{\beta}$ 值加权。举个例子，如果有 4 个特征（因此这个空间是四维的），那么从矩阵形式解释的回归公式是：

$$\boldsymbol{y} = x_1 b_1 + x_2 b_2 + x_3 b_3 + x_4 b_4 + b$$

这个复杂的公式存在于多维空间中，不再是一条线，而是一个具有与空间一样多维度的平面。这是一个超平面，特征维度中每个可能的数值组合的响应值组成了该平面。

这里的讨论解释了几何意义上的回归，但是你也可以将它看作一个特大的加权求和。可以将响应分解为多个部分，每个部分都引用一个特征并给出特定的贡献。几何意义对讨论回归性质特别有用，但是加权求和意义可以帮助你更好地理解实际的示例。例如，如果要预测广告支出的模型，可以使用回归模型并创建如下的模型：

$$\text{sales}=\text{advertising}\times b_{\text{adv}} + \text{shops}\times b_{\text{shop}} + \text{price}\times b_{\text{price}} + a$$

在这个公式中，sales 是广告支出、分销商品的店铺数量和产品价格之和。可以通过解释其组成部分来快速揭示线性回归的含义。首先，有一个偏差值，即一个起始点。然后有 3 个特征值，每一个都以不同的尺度来表示（广告是一笔很大的支出，价格是一个可以接受的数值，店铺是一个正数），每一个特征值都是通过其相应的 $\boldsymbol{\beta}$ 系数重新调整的。

每个 $\boldsymbol{\beta}$ 都提供一个数值，用于描述该特征与响应的关系强度。它还有一个正负号，显示特征变化的影响。当 $\boldsymbol{\beta}$ 系数接近于零时，特征对响应的影响是微弱的，但是如果其值远远超过零，无论是正还是负，效果都是显著的，其特征对于回归模型而言非常重要。

TIP

要获取目标值的估计值，可以将每个特征的度量值按照 $\boldsymbol{\beta}$ 进行缩放。高 $\boldsymbol{\beta}$ 可以提供或多或少的响应，这取决于特征的缩放。一个好的习惯是将特征标准化（通过减去平均值并除以标准差），以避免被取值范围较小的特征的高 $\boldsymbol{\beta}$ 值所迷惑，还可以比较不同的 $\boldsymbol{\beta}$ 系数。归一化之后的 $\boldsymbol{\beta}$ 值是可比较的，让你可以确定哪些特征对响应影响最大（绝对值最大的那些）。

如果 $\boldsymbol{\beta}$ 是正的，那么增加该特征将增加响应值，而减少该特征将减少响应值。相反，如果 $\boldsymbol{\beta}$ 是负的，那么响应就会与特征相反：当一个正在增加时，另一个正在减少。回归中的每个 $\boldsymbol{\beta}$ 都代表一个影响。使用第 10 章中讨论的梯度下降算法，线性回归可找到最佳的一组 $\boldsymbol{\beta}$ 系数（和偏差），并最小化由预测和实际值之间的平方差给出的成本函数：

$$J(\boldsymbol{w}) = \frac{1}{2n}\sum(\boldsymbol{X}\boldsymbol{w}-\boldsymbol{y})^2$$

这个公式告诉你成本 J 是线性模型系数向量 $\boldsymbol{w}$ 的函数。成本是预测值（$\boldsymbol{X}$ 和 $\boldsymbol{w}$ 相乘）和响应值的差的平方之和再除以观测值（n）的两倍。该算法努力找出真实目标值与线性回归得出的预测值之间的差异的最小可能解。

可以将优化的结果图示化为数据点与回归线之间的垂直距离。如图 15-1 所示，当相差距离很小的时候，回归线能够很好地表示响应变量。如果对距离的平方求和，那么在正确计算回归线的时候，这个和总是最小的。（没有其他的 $\boldsymbol{\beta}$ 组合会导致更低的错误。）

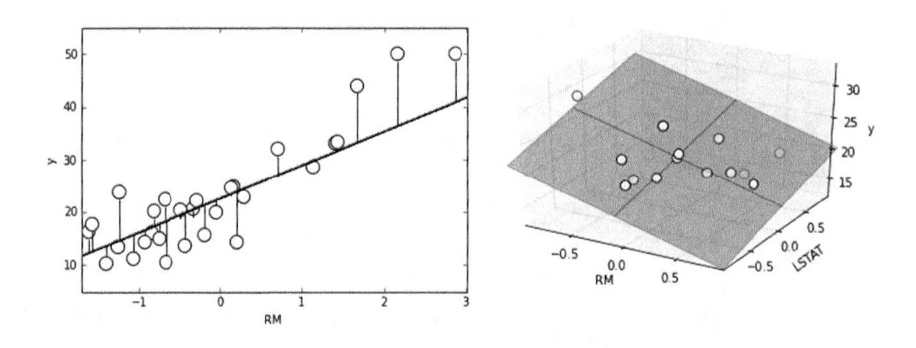

图15-1 回归线和平面的误差的可视化示例。

在统计学中，从业人员通常将线性回归称为普通最小二乘法（OLS），这意味着它是一种基于矩阵计算来估计解的特定方式，这种方法有时也并不可行。这取决于数据矩阵是否可以求逆，并非所有数据矩阵均有逆矩阵。另外，当输入矩阵很大时，矩阵逆计算非常缓慢。在机器学习中，你可以使用梯度下降优化[①]获得相同的结果，它可以更轻松、更快速地处理大量数据，从而可以根据任意输入矩阵来估计求解。

R 版本的线性和逻辑斯谛回归很大程度上依赖于统计方法。Python 版本（例如 scikit-learn 软件包中的版本）使用梯度下降。出于这个原因，本书使用 Python 的线性模型来进行示例的说明。

① 原文是 radient descent optimization，radient 应该是 gradient 的笔误。——译者注

梯度下降的唯一要求是特征的标准化（零均值和单位方差）或归一化（特征值在 +1 和 −1 之间），其原因是优化过程对不同规模的特征很敏感。标准实现进行了隐式的标准化（所以不必记住这个细节）。但是，如果使用复杂的实现，缩放可能会变成一个严重的问题。因此，应该始终标准化预测器。梯度下降法通过缓慢地和系统地优化系数来求解。它的更新公式基于成本函数的数学导数：

$$w_j = w_j - \alpha * \frac{1}{n} \sum (\boldsymbol{Xw} - \boldsymbol{y}) x_j$$

相对于特征 j 的单一权重 w_j，通过从中减去一个由差值除以样本数目（n）和一个学习因子 α 组成的项来更新，这个因子决定了该差异对新的 w_j 的影响（小的 α 值降低了更新的效果）。公式中（$\boldsymbol{Xw} - \boldsymbol{y}$）的部分计算了模型预测与真实值之间的差值。通过计算这个差值，你可以知道算法预测误差的大小，然后用这个差值乘以特征 j 的值。误差与特征值的乘积强制特征的系数按照特征本身的值成比例地进行校正。因为这些特征汇集成一个总和，所以不管你是否混合了不同规模的特征，公式都不适用于特征——更大的规模将主宰总和。例如，在梯度下降中混用千米和厘米表示的测量不是一个好主意，除非你使用标准化进行了变换。

TIP

数学是机器学习的一部分，有时你无法避免学习公式，因为它们对于理解算法是如何工作的很有帮助。在将复杂的矩阵公式分解为一组求和之后，你可以确定算法是如何工作的，并通过拥有合适的数据和正确设置参数来确保算法引擎更好地运作。

以下 Python 示例使用 scikit-learn 的波士顿数据集来尝试使用线性回归猜测波士顿的房价。这个示例也试图确定哪些变量对结果的影响更大。如果要确定具有影响力的变量，除了计算的问题之外，标准化预测器也非常有用。

```
from sklearn.datasets import load_boston
from sklearn.preprocessing import scale
boston = load_boston()
X, y = scale(boston.data), boston.target
```

scikit-learn 中的回归类是 linear_model 模块的一部分。由于之前已经对 X 变量进行了缩放，所以在使用此算法时，不需要进行任何其他准备工作或特殊参数。

```
from sklearn.linear_model import LinearRegression
regression = LinearRegression()
regression.fit(X,y)
```

现在算法已经完成，可以使用 score 方法来报告 R^2 的度量值。

```
print (regression.score(X,y))

0.740607742865
```

R^2 也称为确定系数，是一个 0 ～ 1 的度量。它显示了使用回归模型比使用简单的平均值来预测响应要好多少。确定系数是从统计实践中推导出来的，直接关系到平方误差的总和。可以使用以下公式手动计算 R^2 值：

$$R^2 = 1 - \frac{\sum(Xw-y)^2}{\sum(\bar{y}-y)^2}$$

分数的分子表示响应和预测之间的通常差值，而分母表示响应的平均值和响应本身之间的差值。将所有样本的差值进行平方然后相加。在代码方面，可以很容易地将公式转换成编程命令，然后将结果与 scikit-learn 模型所报告的内容进行比较：

```
import numpy as np
mean_y = np.mean(y)
squared_errors_mean = np.sum((y-mean_y)**2)
squared_errors_model = np.sum((y - regression.predict(X))**2)
R2 = 1- (squared_errors_model / squared_errors_mean)
print (R2)

0.740607742865
```

在这个示例中，之前拟合数据的 R^2 大约为 0.74，从绝对值的角度来看，对于线性回归模型来说是非常好的（超过 0.90 的值非常少见，那么高的值有时甚至表明有问题存在，例如数据窥探或泄露）。

因为 R^2 涉及平方误差的总和，并且表示了数据点如何在线性回归中表示一条线，所以它也与统计相关性的测量有关。统计学中的相关性是一个范围为 −1 ～ +1 的度量，它告诉我们两个变量如何线性相关（即如果将它们画在一起，两条线彼此有多么相似）。当计算一个相关性时，你可以得出两个变量共享方差的比例。同样，不管你有多少个预测变量，也可以计算 R^2 并将其作为模型解释的信息量（与平方相关性相同），所以接近 1 意味着使用学习到的模型能够解释大部分的数据。

在用于训练的同一组数据上计算 R^2，这在统计学上也是常见的。在数据科学和机器学习中，测试未用于训练的数据总是更好的选择。复杂的算法可以记忆数据，而不是从中学习。在某些情况下，当使用更简单的模型（如线性回归）时，也会发生此类问题。

为了理解多元回归模型中什么会影响估计值，必须查看一个包含回归 $\boldsymbol{\beta}$ 系数的属性数组 coefficients_。通过输出 boston.DESCR 属性，可以了解变量的引用。

```
print ([a+':'+str(round(b,1)) for a, b in
        zip(boston.feature_names, regression.coef_,)])

['CRIM:-0.9', 'ZN:1.1', 'INDUS:0.1', 'CHAS:0.7',
 'NOX:-2.1', 'RM:2.7', 'AGE:0.0', 'DIS:-3.1',
 'RAD:2.7', 'TAX:-2.1', 'PTRATIO:-2.1',
 'B:0.9', 'LSTAT:-3.7']
```

DIS 变量包含了 5 个就业点的加权距离，拥有最大的绝对单位变化。在房地产行业，离人们的利益（如工作）太远的房子其价值会降低。相反，AGE 或 INDUS 这两个比例都可以描述建筑物的年代，以及该地区是否有非零售活动，这些对结果的影响不大。它们的 $\boldsymbol{\beta}$ 系数的绝对值要低得多。

15.2 混合不同类型的变量

有效而简单的线性回归工具会面临几个问题。有时，根据你所处理的数据，使用此工具所带来的问题比好处更多。确定线性回归是否可行的最好方法是使用该算法并测试它对数据是否有效。

线性回归只能将响应建模为定量数据。当需要将类别作为响应进行建模时，必须转向逻辑斯谛回归，本章稍后会介绍。当使用预测变量时，最好使用连续的数值变量，尽管可以同时使用序数和变换后的定性分类。

定性变量可以表示颜色特征（例如产品的颜色）或某人的职业特征。通过使用诸如二元编码（最常见的方法）的技术，可以通过多种方法来转换定性变量。制作定性变量的二元值时，可以创建与特征中分类一样多的特征。分类出现在数据中，对应的特征值才会为 1，否则每个特征都为零值。这个过程称为独热编码（正如第 9 章所述）。下述这个简单的 Python 示例使用了 scikit-learn 预处理模块来演示如何进行独热编码：

```
from sklearn.preprocessing import OneHotEncoder, LabelEncoder
lbl = LabelEncoder()
enc = OneHotEncoder()
qualitative = ['red', 'red', 'green', 'blue', 'red', 'blue',
    'blue', 'green']
labels = lbl.fit_transform(qualitative).reshape(8,1)
print(enc.fit_transform(labels).toarray())
```

```
[[ 0.  0.  1.]
 [ 0.  0.  1.]
 [ 0.  1.  0.]
 [ 1.  0.  0.]
 [ 0.  0.  1.]
 [ 1.  0.  0.]
 [ 1.  0.  0.]
 [ 0.  1.  0.]]
```

在统计学中，当你想从一个分类变量中创建二元变量时，由于使用了逆矩阵计算公式（这有一些限制），所以只能转换所有的级别。在机器学习中，你使用梯度下降改变了所有的级别。

如果数据矩阵缺失了数据，而你又没有正确处理，则模型将无法继续工作。因此，你需要估计缺失值（例如，使用从特征本身计算的平均值来替换缺失值）。另一种解决方案是对缺少的情况使用零值，并创建一个额外的二元变量，其单位值指出该特征是否为缺失值。另外，异常值（正常范围以外的值）会干扰线性回归，因为模型试图将误差的平方值（也称为残差）最小化。异常值具有很大的残差，因此迫使算法更关注它们而不是关注常规的数据点。

线性回归最大的限制是该模型是独立项的总和，因为每个特征独立于总和，只和它自己的 $\boldsymbol{\beta}$ 值相乘。这种数学形式对于表达特征彼此无关的情况是完美的。例如，一方面，一个人的年龄和眼睛的颜色是不相关的，因为它们互不影响。因此，你可以把它们看作独立的项目，在回归求和中，它们保持分离是有意义的。另一方面，一个人的年龄和头发颜色存在关系，因为衰老会导致头发变白。当你把这些特征放在回归求和中时，就好像对相同的信息进行求和。由于这个限制，你不能确定如何表示变量组合对结果的影响。换句话说，你不能使用数据来表示复杂的情况。因为模型是由加权特征的简单组合构成的，所以它在预测中表现出比方差更多的偏差。事实上，在拟合观察结果值之后，由线性模型提出的解总是按比例重新调整特征后的组合。遗憾的是，使用这种方法，你不能忠实地表达响应和特征之间的某些关系。在很多情况下，响应都是以非线性的方式依赖于特征：一些特征值作为临界，之后响应突然增加或减少，加强或减弱，甚至反转。

举个例子，让我们考虑一下人类如何从童年起步。如果在特定的年龄范围内观察，年龄和身高之间存在一定的线性关系：孩子年龄越大，他就越高。但是，有些孩子长得更高（整体高度），有些长得更快（在一定的时间内增长）。当你用线性模型找到平均答案时，这个观察是成立的。然而，一定年龄以后，孩子停止生长，身高在长时间内保持不变，到了晚年缓慢下降。显然，线性回归不能把握这种非线性关系。（最后，你可以把它表示为一种抛物线。）

另一个与年龄有关的示例是消费品的消费额。处于人生最初阶段的人往往花费较少。中年人的支出会增加（也许是因为收入增加，或者是家庭负担增加带来更大的支出），但在后半生又会再次减少（显然是另一种非线性关系）。更加深入地观察和思考周围的世界，我们会发现许多非线性关系。

由于目标和每个预测变量之间的关系基于一个单一的系数，所以你没有办法表示像抛物线、指数增长或者更复杂的非线性曲线那样复杂的关系（一个唯一的 x 值会最大化或者最小化响应值），除非你能丰富特征。建模复杂关系最简单的方法是使用多项式展开的预测变量的数学变换。给出特定的度 d，多项式展开创造出每个特征 d 次方的幂，以及所有项目的 d 次组合。例如，如果你从一个简单的线性模型开始：

$$y = b_1x_1 + b_2x_2 + a$$

然后用一个二次多项式展开，那么这个模型就变成了：

$$y = b_1x_1 + b_2x_2 + a + b_3x_1^2 + b_4x_2^2 + b_5x_1x_2$$

你使用现有预测变量的幂和组合来增加原始公式（扩展）。随着多项式展开程度的增加，派生项的数目也增加。以下 Python 示例展示了使用波士顿数据集（在前面的示例中可以找到）来检查这项技术的有效性。如果成功，多项式展开将捕获数据中的非线性关系，并以增加预测变量为代价来克服任何不可分离性（第 12 章中感知器算法所面临的问题）。

```
from sklearn.preprocessing import PolynomialFeatures
from sklearn.cross_validation import train_test_split

pf = PolynomialFeatures(degree=2)
poly_X = pf.fit_transform(X)
X_train, X_test, y_train, y_test = train_test_split(poly_X, y,
     test_size=0.33, random_state=42)

from sklearn.linear_model import Ridge
reg_regression = Ridge(alpha=0.1, normalize=True)
reg_regression.fit(X_train,y_train)
print ('R2: %0.3f' % r2_score(y_test,reg_regression.predict(X_test)))

R2: 0.819
```

由于特征的尺度是通过幂级数展开来扩大的，因此在多项式展开之后对数据进行标准化是一种很好的做法。

多项式展开并不总能提供前面示例所展示的优点。通过扩展特征的数量，可以减少预测的偏差，代价是增加方差。扩展太多可能会阻碍模型表达一般规则的能力，使其无法使用新数据进行预测。本章提供了关于这个问题的证据，并在15.4.2节中讨论变量选择以提供一个可行的解决方案。

15.3 切换到概率

到目前为止，本章只讲解了回归模型，它将数值表示为数据学习的输出。但是，大多数问题也需要分类。以下部分讨论如何同时解决数字和分类输出。

15.3.1 指定二元的响应

解决涉及二元响应（模型必须从两个可能的类之间进行选择）的问题的方案是将响应矢量编码为1和0的序列（或正负值，就像感知器那样）。以下Python代码证明了使用二元响应的可行性和局限性。

```
a = np.array([0, 0, 0, 0, 1, 1, 1, 1])
b = np.array([1, 2, 3, 4, 5, 6, 7, 8]).reshape(8,1)
from sklearn.linear_model import LinearRegression
regression = LinearRegression()
regression.fit(b,a)
print (regression.predict(b)>0.5)

[False False False False  True  True  True  True]
```

在统计学上，线性回归不能解决分类问题，因为这样做会产生一系列违反统计假设的问题。所以，对统计来说，使用回归模型进行分类主要是一个理论问题，而不是一个实际问题。在机器学习中，线性回归的问题在于它是一个线性函数，试图最小化预测误差；因此，根据计算出的线的斜率可能无法解决数据问题。

当线性回归被赋予预测两个值的任务时，例如0和+1，这两个值代表两个类，它将尝试计算一条曲线来提供接近目标值的结果。在某些情况下，尽管结果是准确的，但是输出与目标值的距离太远，这会迫使回归线进行调整，以使误差总和最小。这种变化会导致较少的偏差错误，但会导致更多分类错误的样本。

与第12章中感知器的示例相反，当优先级是分类精度时，线性回归不能产生可接受的结果，如图15-2所示。因此，在许多分类任务中线性回归都不能令人满意地工作。线性回归对连续性数值估计的效果最好。但是，对于分类任务，需要更合适的衡量标准，例如分类所有权的概率。

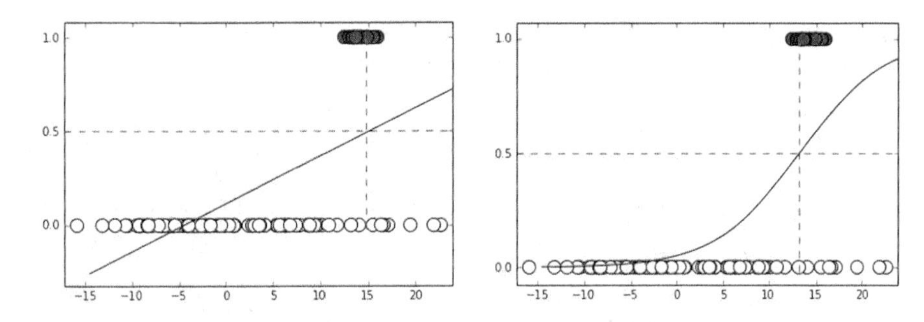

图15-2 概率在直线上的表现不如在sigmoid曲线上的表现。

多亏了以下公式，你可以将线性回归数值估计转换为更容易描述观测值属于哪个类的概率：

$$p(y=1)=\frac{\exp(r)}{1+\exp(r)}$$

在这个公式中，目标是响应 y 对应于类 1 的概率。字母 r 是回归结果，是它们的系数加权的变量之和。指数函数 $\exp(r)$ 是指 e 的 r 次幂。使用这个转换公式（也称为链接函数）将其结果转换为概率的线性回归，即逻辑斯谛回归。

逻辑斯谛回归与线性回归相同，只是 y 数据包含指示了观测值所属类的整数。因此，使用 scikit-learn datasets 模块中的波士顿数据集，你可以尝试猜测某个区域的房屋过于昂贵（中值 >= 40）的原因：

```
from sklearn.linear_model import LogisticRegression
from sklearn.cross_validation import train_test_split
binary_y = np.array(y >= 40).astype(int)
X_train, X_test, y_train, y_test = train_test_split(X,
      binary_y, test_size=0.33, random_state=5)
logistic = LogisticRegression()
logistic.fit(X_train,y_train)
from sklearn.metrics import accuracy_score
print('In-sample accuracy: %0.3f' %
      accuracy_score(y_train, logistic.predict(X_train)))
print('Out-of-sample accuracy: %0.3f' %
      accuracy_score(y_test, logistic.predict(X_test)))

In-sample accuracy: 0.973
Out-of-sample accuracy: 0.958
```

该示例将数据分为训练集和测试集，让你可以检查逻辑斯谛回归模型在未用于学习的数据上的有效性。由此产生的系数告诉你一个特定的类在目标类（任何使用值 1 编码的类）的概率。如果一个系数增加了可能性，它将有一个正的系数；否则，系数是负的。

```
for var,coef in zip(boston.feature_names, logistic.coef_[0]):
print ("%7s : %7.3f" %(var, coef))
```

阅读屏幕上的结果，可以看到，在波士顿，犯罪（CRIM）对价格有一定的影响。然而，贫困水平（LSTAT）、到工作场所的距离（DIS）和污染（NOX）有着更大的影响。而且，与线性回归相反，逻辑斯谛回归不只是简单地输出结果类（在这个示例中是 1 或者 0），而且还估计了观测值属于两个类的概率。

```
print('\nclasses:',logistic.classes_)
print('\nProbs:\n',logistic.predict_proba(X_test)[:3,:])

classes: [0 1]

Probs:
 [[ 0.39022779  0.60977221]
 [ 0.93856655  0.06143345]
 [ 0.98425623  0.01574377]]
```

在这个小样本中，只有第一个样本有 61％的可能是昂贵的住房区域。当你使用这种方法进行预测时，你也知道自己预测准确的概率，并采取相应的行动，只选择具有适当准确度的预测。（例如，你可能只选择可能性超过 80％的预测）。

使用概率，你可以猜出一个类（最可能的那个），但是你也可以将所有的预测都归类到这个类中。这对于医疗目的特别有用，可根据其他样本的可能性对预测进行排序。

15.3.2 处理多个类

在前面的问题中，*K* 最近邻自动确定如何处理多类问题。（第 14 章给出了一个示例，展示了如何从 3 种鸢尾花种类中猜测出单个的答案。）大多数预测分类概率或者分数的算法都会自动使用两种不同的策略来处理多类问题。

- **一对剩余（OvR）**：算法将每个类与其余类进行比较，为每个类建立模型。概率最高的类被选中。如果一个问题有 3 个类供预测，算法也会使用 3 个模型。本书使用 scikit-learn 的 OneVsRestClassifier 类来演示这个策略。

» 一对一（OvO）：算法将每个类与其余类进行比较，构建数量为 $n(n-1)/2$ 的模型，其中 n 是类的数量。所以如果一个问题有 5 个类，那么算法将使用 10 个模型。本书使用 scikit-learn 的 OneVsOneClassifier 类来演示这个策略。赢的最多的类就是要选择的分类。

在逻辑斯谛回归的情况下，默认的多类策略是“一对剩余”。

15.4 猜测正确的特征

有许多特征供处理似乎解决了机器学习充分理解问题的需要。但是，只是具有特征并不能解决任何问题，你需要正确的特征来解决问题。以下部分讨论如何确保你在执行机器学习任务时拥有正确的特征。

15.4.1 定义不能协同工作的特征的结果

如前所述，具有许多特征并使它们协同工作可能会错误地表明你的模型效果良好，其实不然。除非使用交叉验证，否则像 R^2 这样的误差度量可能会产生误导。因为即使特征不包含相关信息，特征的数量也可以很容易地产生过大的 R^2。以下的示例显示了添加随机特征时 R^2 发生的情况。

```
from sklearn.cross_validation import train_test_split
from sklearn.metrics import r2_score
X_train, X_test, y_train, y_test = train_test_split(X,
y, test_size=0.33, random_state=42)
check = [2**i for i in range(8)]
for i in range(2**7+1):
    X_train = np.column_stack((X_train,np.random.random(
          X_train.shape[0])))
    X_test = np.column_stack((X_test,np.random.random(
          X_test.shape[0])))
    regression.fit(X_train, y_train)
    if i in check:
        print ("Random features: %i -> R2: %0.3f" %(i,r2_score
        (y_train,regression.predict(X_train))))
```

这种看似增加的预测能力实际上只是一种错觉。可以通过检查测试集并发现模型性能下降来揭示发生了什么事情。

```
regression.fit(X_train, y_train)
print ('R2 %0.3f'
```

```
    % r2_score(y_test,regression.predict(X_test)))
# Please notice that the R2 result may change from run to
# run due to the random nature of the experiment

R2 0.474
```

15.4.2 使用特征选择来解决过拟合问题

当你有很多特征并希望减少由于预测变量之间的多重线性而导致的估计值的方差时，正则化是一种有效、快速且简单的解决方案。正则化的作用是在成本函数中增加惩罚，惩罚是系数的总和。如果系数是平方的（这样正值和负值不能相互抵消），那么这是一个 L2 正则化（也叫 Ridge）。当使用系数绝对值时，这是一个 L1 正则化（也称为 Lasso）。

然而，正则化并不总是完美的。 L2 正则化保留了模型中的所有特征，并平衡了每个特征的贡献。在 L2 解中，如果两个变量之间的相关性很好，那么每个变量对解的贡献是相等的，而如果没有正则化，它们的共同贡献将是不均匀分布的。

另外，L1 通过使系数为零，将高度相关的特征带出模型，从而进行了特征之间的真正选择。实际上，将系数设置为零就像从模型中排除特征一样。当多重共线性很高时，哪个系数被设置为零的选择会变得随机，并且会得到各种不同的特征排除后的解。这种解的不稳定性可能会令人讨厌，使 L1 解不够理想。

学者们通过创建基于 L1 正则化的各种解，研究了系数在不同解中的行为，从而找到了一种修正的方案。在这种情况下，算法只选择稳定的系数（那些很少设置为零的系数）。你可以在 scikit-learn 网站上阅读有关此技术的更多信息。

以下示例使用 L2 正则化（Ridge 回归）修改了多项式展开示例，并减少了扩展过程所创建的冗余系数的影响：

```
from sklearn.preprocessing import PolynomialFeatures
from sklearn.cross_validation import train_test_split

pf = PolynomialFeatures(degree=2)
poly_X = pf.fit_transform(X)
X_train, X_test, y_train, y_test = train_test_split(poly_X, y,
      test_size=0.33, random_state=42)

from sklearn.linear_model import Ridge
reg_regression = Ridge(alpha=0.1, normalize=True)
reg_regression.fit(X_train,y_train)
```

```
print ('R2: %0.3f' % r2_score(y_test,reg_regression.predict(X_test)))

R2: 0.819
```

下一个示例使用 L1 正则化。在这种情况下，该示例依赖于 R，因为 R 提供了一个有效的库，该库用于 glmnet 的惩罚性回归。可以使用以下命令安装所需的支持：

```
install.packages("glmnet")
```

斯坦福大学的教授和学者弗里德曼（Friedman）、哈斯蒂（Hastie）、提布施瓦尼（Tibshivani）和西蒙（Simon）创建了这个包。特雷弗·哈斯蒂教授实际上维护着这个 R 包。你可以在斯坦福大学的网站上找到一个完整的示例来解释这个包的功能。图 15-3 所示的示例试图可视化系数路径，该路径表示系数值如何根据正则化的强度而变化。参数 lambda 决定了正则化的强度。和以前一样，下面的 R 示例依赖于从 MASS 包中获得的波士顿数据集。

```
data(Boston, package="MASS")
library(glmnet)
X <- as.matrix(scale(Boston[,1:ncol(Boston)-1]))
y <- as.numeric(Boston[,ncol(Boston)])
fit = glmnet(X, y, family="gaussian", alpha=1,
             standardize=FALSE)
plot(fit, xvar="lambda", label=TRUE, lwd=2)
```

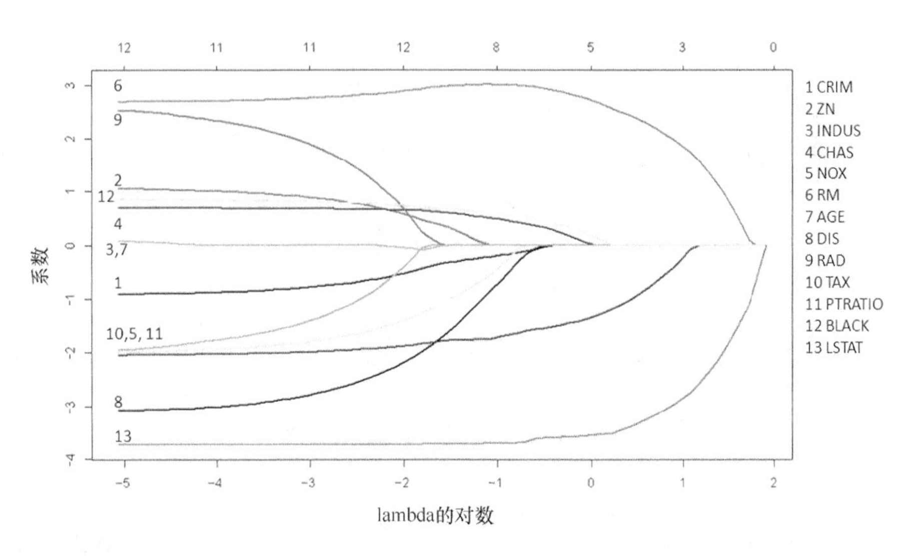

图15-3 使用不同程度的L1正则化来可视化系数的路径。

图表通过将系数的标准化值放置在纵坐标上来表示所有的系数。至于横坐标，使用了 lambda 的对数函数，以便你了解图表最左侧的小 lambda 值（它就像标准回归）。横坐标还显示了另一个刻度，它在图表的上部，告诉你在该 lambda 值处有多少系数非零。从左到右，可以观察到系数绝对值在下降，直到变成零，这会告诉你正则化如何影响模型。当然，如果你需要估计模型和最佳预测的系数，则需要使用交叉验证找到正确的 lambda 值：

```
cv <- cv.glmnet(X, y, family="gaussian",
                alpha=1, standardize=FALSE)
coef(cv, s="lambda.min")
```

15.5 每次学习一个样本

找到一个线性模型的正确系数只是时间和内存的问题。但是，有时系统没有足够的内存来存储巨大的数据集。在这种情况下，必须采取其他的方法，比如每次学习一个样本，而不是将所有的样本都加载到内存中。以下部分将帮助你了解每次学习一个样本的方法。

15.5.1 使用梯度下降

梯度下降可以找到正确的方法，在每次迭代中最小化成本函数。在每一步之后，它会计算所有模型的误差总和并更新系数，以便在下一次数据迭代期间使误差更小。这种方法的效率源于考虑样本中的所有样本。这种方法的缺点是你必须将所有的数据加载到内存中。

遗憾的是，并非总是能将所有的数据存储在内存中，因为有些数据集是非常庞大的。此外，使用简单的学习器进行学习需要大量的数据以建立有效的模型（更多的数据有助于正确地消除多重共线性）。在硬盘上获取和存储数据块是可以的，但是由于需要执行矩阵乘法，大量的数据要从磁盘进行交换（随机磁盘访问）以便选择行和列，所以这是不可行的。研究这个问题的科学家已经找到了一个有效的解决方案。该算法并没有在所有的数据中进行学习（称为迭代），而是每次从一个样本中学习，并在存储中使用顺序访问来挑选样本，然后继续学习下一个样本。当算法学习完了所有的样本后，它会再次从头开始，除非满足某些停止标准（例如，完成预定的迭代次数）。

REMEMBER

数据流是从磁盘发送的数据，每次发送一个样本。流式传输是将数据从存储器传递到内存的操作。当算法从一个流中的数据进行学习时，核心外的学习方式（在线学习）就会发生，这是第 10 章结尾所讨论的一种可行的学习策略。

数据流的一些常见来源是网络流量、传感器、卫星和监视记录。流的一个直观的例子是：使用传感器产生的即时数据流或由 Twitter 流生成的推文。你还可以将保存在内存中的常用数据流化。例如，如果数据矩阵太大，你可以将其视为数据流，然后每次学习一行，从文本文件或数据库中提取它。这种流媒体就是在线学习的方式。

15.5.2 理解随机梯度下降的不同之处

随机梯度下降（SGD）是梯度下降算法的轻微变体。它提供了 $\boldsymbol{\beta}$ 系数估计的更新过程。线性模型使用这种方法非常容易。

在 SGD 中，除了更新方式以外，公式与梯度下降的标准版本（称为批量版本，与在线版本相比）是一致的。在 SGD 中，每次更新只能使用一个样本，允许算法将核心数据留在存储器中，在内存中只放置更改系数向量的单个观察值：

$$w_j = w_j - \alpha(\boldsymbol{Xw} - \boldsymbol{y})x_j$$

与梯度下降算法一样，该算法通过减去预测与实际响应之间的差来更新特征 j 的系数 $\boldsymbol{w}$。然后将这个差值乘以特征 j 的值和一个学习因子 α（这可以减少或增加更新对系数的影响）。

使用 SGD 和梯度下降还有其他微妙的区别。最重要的区别是这个在线学习算法名字中的随机项。实际上，SGD 希望从现有样本中随机抽取一个样本（随机采样）。在线学习的问题在于，样本的顺序改变了算法猜测 $\boldsymbol{\beta}$ 系数的方式。探讨决策树的时候我们讨论过贪婪原则（参见第 12 章）：通过部分优化，一个样本可以改变算法以达到最佳值的方式，创建的系数和没有这个样本的情况下创建的系数有所不同。

作为一个实际的样本，只要记住 SGD 可以学习它看到这些样本的顺序即可。因此，如果算法执行任何类型的排序（历史排序、字母顺序排序，或更糟糕的是，排序与响应变量相关），它总是会学习它。只有随机采样（毫无意义的排序）才能使你获得一个可靠的在线模型，该模型可以在未知的数据上起作用。在流式传输数据时，你需要随机地对数据进行重新排序（数据洗牌）。

与批量学习相反，SGD 算法学习单个样本，因此需要更多次数的迭代才能获得正确的全局方向。实际上，算法在每个新的样本到来之后更新，并且随之而来的走向最佳参数集合的过程与在批次上进行的优化相比更容易出错，因为批次处理是从数据整体导出的，所以更容易得到正确的方向，如图 15-4 所示。

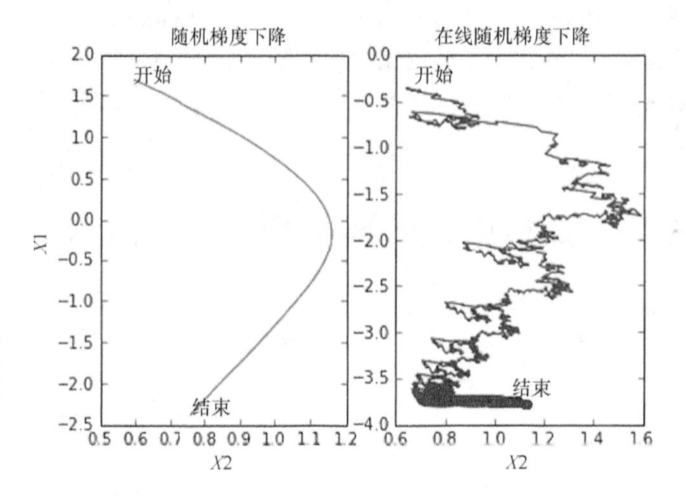

图15-4 在相同的数据问题上可视化不同的优化路径。

在这种情况下，学习率更加重要，因为它决定了 SGD 优化程序如何抵制不好的样本。事实上，如果学习率很高，一个离群的样本可能会使算法完全脱轨，从而无法达到一个良好的结果。另外，高学习率有助于算法从样本中学习。一个好的策略是使用一个灵活的学习率，也就是说，我们从一个灵活的学习率开始，随着算法所看到的样本数量增加，学习率将变得越来越固定。

TIP

仔细想一下，作为一种学习策略，灵活的学习率与我们的大脑所采用的学习率相似：当我们是小孩时，学习方式更具有灵活性且更开放；当我们长大后，学习方式就变得更难以改变（但不是不可能）。要使用 Python 的 scikit-learn 来执行核心外学习，因为R没有提供类似的解决方案。Python 提供了两种 SGD 实现，一个用于分类问题（SGD Classifier），另一个用于回归问题（SGD Regressor）。除了拟合方法 fit（将数据放入内存中）之外，这两种方法都具有部分拟合方法 partial_fit，该方法将先前的结果和学习计划保存在内存中，并且在新的样本到来时继续学习。使用 partial_fit 方法，你可以部分地拟合小块数据，甚至是单个样本，然后继续向算法提供数据，直至找到满意的结果。

scikit-learn 中 SGD 分类和回归的实现都具有不同的损失函数，你可以将其应用于随机梯度下降优化。这些函数中只有两个涉及本章所讨论的方法。

- loss='squared_loss'：线性回归的普通最小二乘法（OLS）。
- loss='log'：经典的逻辑斯谛回归。

其他的实现（hinge、huber、epsilon insensitive）优化了另一种类似于感知器的损失函数。第 17 章在讨论支持向量机的时候会更详细地解释它们。

为了演示核心外学习的有效性，下面的示例使用回归和 squared_loss 成本函数，在 Python 中设置了一个简单的实验。它演示了随着算法观测到更多的样本，β 系数是如何改变的。这个实验也将相同的数据传递多次来强化数据模式的学习。测试集保证了公平的评估，提供了算法对样本外数据的泛化能力的度量。

通过修改 learning_rate 及其相关参数 eta0 和 power_t，你可以在改变学习参数后自由地重复实验。学习率决定了每个观察到的样本如何影响优化过程。除了常数选项之外，还可以使用 optimal（适用于分类）和 invscaling（适用于回归）对其进行修改。具体而言，特定的参数 eta0 和 power_t 根据如下公式来控制 invscaling：

$$\text{学习率}\eta = \text{eta0}/(t\text{\^{}power\_t})$$

当 power_t 参数小于 1 时，公式会导致学习率逐渐衰减（t 是所观测到的样本数量），从而允许它修正之前学习的内容，并使其抵抗由异常引起的任何变化。

这个 Python 示例使用打乱后的波士顿数据集，并将其划分为训练集和测试集。这个示例报告了在它观测到可变数量为 2 的幂的样本后（为了表示在不同阶段的学习），系数的向量和误差度量。实验将表明在 R^2 增加和系数值稳定之前需要多长时间。

```
from sklearn.cross_validation import train_test_split
from sklearn.linear_model import SGDRegressor
X_train, X_test, y_train, y_test = train_test_split(X, y,
      test_size=0.33, random_state=42)
SGD = SGDRegressor(penalty=None, learning_rate='invscaling',
      eta0=0.01, power_t=0.25)

power = 17
check = [2**i for i in range(power+1)]
for i in range(400):
    for j in range(X_train.shape[0]):
        SGD.partial_fit(X_train[j,:].reshape(1,13),y_train[j].reshape(1,))
        count = (j+1) + X_train.shape[0] * i
        if count in check:
            R2 = r2_score(y_test,SGD.predict(X_test))
            print ('Example %6i R2 %0.3f coef: %s' %
             count, R2, ' '.join(map(lambda x:'%0.3f' %x, SGD.coef_))))
```

```
Example 131072 R2 0.724 coef: -1.098 0.891 0.374 0.849
       -1.905 2.752 -0.371 -3.005 2.026 -1.396 -2.011
       1.102 -3.956
```

无论数据量多少，都可以使用 SGD 在线学习功能来创建一个简单而有效的线性回归模型。

本章内容

- 将感知器升级到互连范例
- 构建由节点和连接组成的神经架构
- 了解反向传播算法
- 了解什么是深度学习，它可以实现什么

第16章 用神经网络解决复杂性问题

当你在机器学习的世界中遨游时，你经常会看到用自然界的隐喻来解释算法的细节。本章将介绍一系列学习算法，它们直接从大脑的工作方式中获取灵感。这些算法就是神经网络，是连接主义流派的核心算法。

从大脑如何处理信号的逆工程开始，连接主义者将神经网络建立在生物类比和它们的组成部分上，使用大脑术语（如神经元和轴突）作为名称。然而，当你检查他们的数学公式时，你会发现神经网络只不过是一种复杂的线性回归。但是，这些算法对于诸如图像、声音识别或机器语言翻译之类的复杂问题是非常有效的。预测时它们执行得也很快。

设计良好的神经网络使用“深度学习”的名称，并且已经成为像Siri和其他数字化助手这种强大工具的背后支持。它们也在背后支撑着更加惊人的机器学习应用。例如，你可以在微软首席执行官里克·拉希德（Rick Rashid）所做的令人难以置信的演示中，看到它们如何工作。该演示中他使用的英文被同步翻译成中文。如果一场人工智能革命即将发生，那么神经网络日益增强的学习能力将推动其发展。

16.1 学习并模仿大自然

神经网络算法的核心是神经元（也称为单元）。许多位于相互连接的结构中的神经元组成了神经网络，每个神经元连接到其他神经元的输入或输出。因此，神经元可以根据其在神经网络中的位置，输入来自样本或其他神经元结果的特征。

本书前面介绍了类似于神经元的感知器，尽管感知器使用的结构和功能更简单。当心理学家罗森布拉特（Rosenblatt）构想感知器时，他认为这是一个简单的数学版本的大脑神经元。感知器从附近环境（数据集）获取值作为输入，对它们进行加权（就如脑细胞那样，基于内连接的强度进行处理），将所有加权值相加，并在总和超过阈值时激活。该阈值输出的值为 1；否则，它的预测是 0。遗憾的是，如果感知器尝试处理的类不是线性可分的，那么感知器就无法学习。然而，学者们发现，即使单个感知器不能学习图 16-1 所示的逻辑运算 XOR（异或，只有当输入是不相等的时候才返回真），但两个感知器是可以通过一起工作来达到这个目的的。

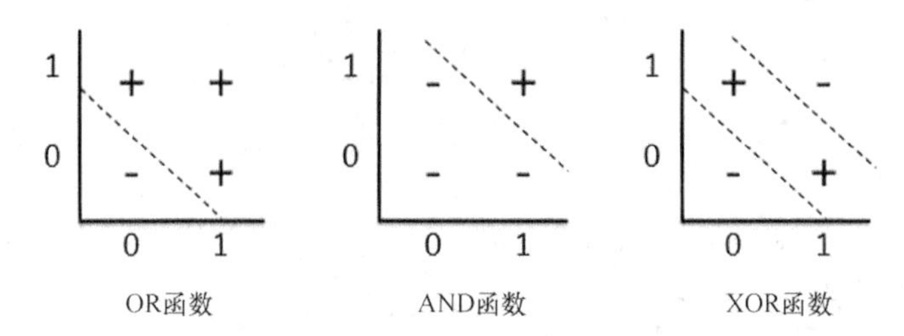

图16-1 使用单个分隔线学习逻辑XOR是不可能的。

神经网络中的神经元是感知器的进一步演化：它们将许多加权值作为输入，将这些值相加，并将总和作为结果，就像感知器一样。但是，它们也提供了更复杂的总和变换，这是感知器无法做到的。科学家在观察大自然时注意到神经元接收信号，但并不总是释放自己的信号。这取决于收到的信号量。当一个神经元获得足够的刺激时，它提供一个答案；否则就保持沉默。以类似的方式，算法神经元在接收到加权值之后，将它们相加并使用激活函数来评估结果，且以非线性方式进行转换。例如，除非输入达到一定的阈值，否则激活函数可以释放零值，或者可以通过非线性的方式来减弱或增强其值，从而传输重新调整后的信号。

神经网络具有不同的激活函数，如图 16-2 所示。线性函数不使用任何变换，而且很少被使用，因为它将神经网络简化为具有多项式变换的回归。神经网络通常使用 sigmoid 或 hyperbolic 函数。

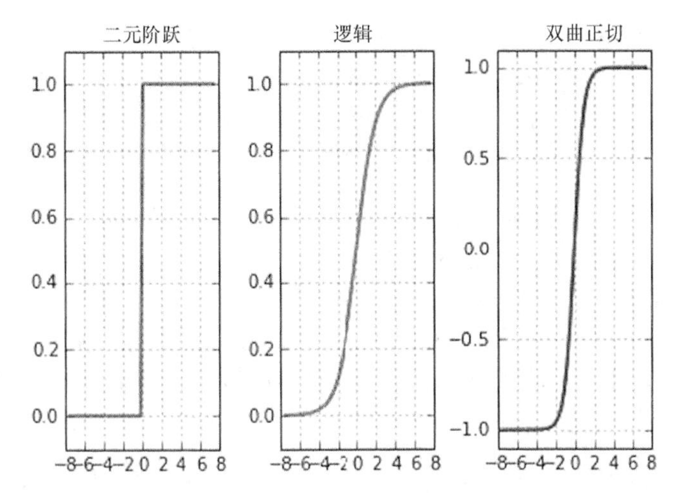

图16–2
不同激活函数的图。

图 16-2 显示了输入（在水平轴上表示）如何将输出转换为其他内容（在垂直轴上表示）。该图显示了一个二元阶跃激活函数、一个逻辑激活函数和一个双曲正切激活函数。

你将在本章后面学习更多关于激活函数的知识，但是现在请注意，激活函数在特定的 x 值的范围内正常工作。出于这个原因，你应该总是使用统计标准化（零均值和单位方差）重新调整神经网络的输入，或者将输入标准化为 0 ～ 1 或 −1 ～ 1。

16.1.1 使用前馈

在神经网络中，首先要考虑架构，即神经网络组件的排列方式。其他算法用固定管道来确定如何接收和处理数据，神经网络与它们不同，需要你通过确定单元（神经元）的数量和其在层中的分布来决定信息如何流动，如图 16-3 所示。

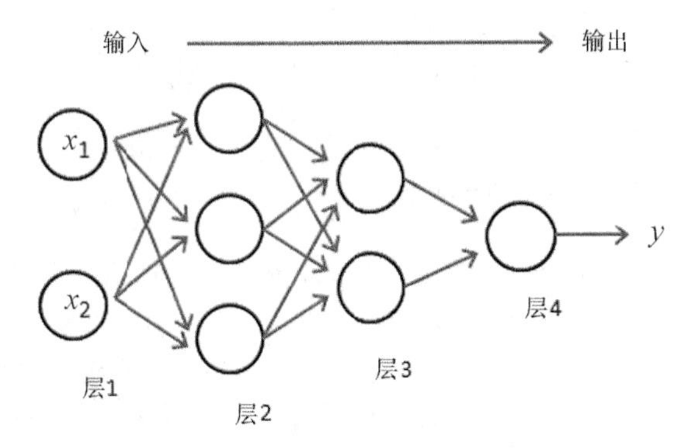

图16–3
神经网络架构的一个示例。

图 16-3 显示了一个简单的神经网络架构。请注意分层是如何以渐进的方式过滤

信息的。这是一个前馈输入，因为数据向前进入网络。连接将某一层中的单元与下一层中的单元完全链接（信息从左到右）。给定的单元和同一层的单元之间或和下一层之外的单元之间不存在连接。而且，信息向前推进（从左到右）。处理的数据永远不会返回到以前的神经元层中。

使用神经网络就像使用分层过滤水系统：你从上面倒水，水经过过滤直到底部，水无路可退。它只是向前直下，而不是横向流动。同样，神经网络也只能根据网络的体系结构强制数据特征流经网络并相互混合。通过使用最佳的体系结构来混合特征，神经网络在每一层创建新的组合特征，这有助于实现更好的预测。遗憾的是，如果没有实际地尝试不同的解决方案并测试输出数据是否有助于通过网络预测你的目标值，那么就无法确定最佳的架构。

第一层和最后一层都起着重要的作用。第一层称为输入层，它从网络所要处理的每个数据样本中提取特征。最后一层称为输出层，输出结果。

神经网络只能处理数字型的、连续的信息，不能用于定性变量（例如，指示图像中的红色、蓝色或绿色等颜色的标签）。你可以通过将定性变量转换为连续的数值（如一系列二元值）来处理定性变量，如第 9 章中所述的数据处理。当一个神经网络处理一个二元变量时，神经元将该变量视为一个通用数字，并通过神经单元的处理将二元值转换为其他值，甚至是负值，也可以跨单元处理。

请注意仅处理数字值的限制，因为你不能指望最后一层输出非数值的标签预测。在处理回归问题时，最后一层是单个的单元。同样，当你处理分类问题时，输出必须从 n 个类中选择，你应该有 n 个终端单元，每个单元表示一个与所代表类的概率相关的分数。因此，在对鸢尾花物种等多类问题进行分类时（如第 14 章中的鸢尾花演示数据集），最后一层具有与物种数量一样多的单元。例如，在著名的统计学家费希尔所创建的经典鸢尾花分类示例中，有 3 个类：setosa、versicolor 和 virginica。在基于鸢尾花数据集的神经网络中，有 3 个单元，每个代表 3 种鸢尾花种类之一。对于每个样本，其预测的类是最后得到较高分数的那个类。

在一些神经网络中，有一些特殊的最终层，被称为 softmax，它可以根据从前一层接收到的值来调整每个类的概率。

在分类中，由于 softmax，最终层既可以表示概率部分（概率总和为 100%的多类问题），也可以表示独立的分数预测（因为一个样本可以属于多个类，成为一个多标签问题，其概率总和可能超过 100%）。当分类问题是二元分类时，单个节点就足够了。而且，在回归中，可以有多个输出单元，每个输出单元代表一个不同的回归问题（例如，在预测中，你可以对第二天、下一周、下一个月等有不同的预测)。

16.1.2 深入兔子洞

神经网络有不同的层，每个层都有自己的权重。神经网络按层划分计算，知道参考层是很重要的，因为它意味着要考虑特定的单元和连接。为此，你可以使用特定的数字来引用每层，并使用字母 l 来统一说明每一层。

每层可以有不同数量的单元，位于两层之间的单元数量决定了连接的数量。通过将起始层中的单元数与下一层中的数相乘，可以确定两者之间的连接总数：连接数 $^{(l)}$ = 单元数 $^{(l)}\times$ 单元数 $^{(l+1)}$。

权重矩阵通常以大写希腊字母 theta（Θ）命名，代表连接。为了便于阅读，本书使用大写字母 $\boldsymbol{W}$，因为它是一个矩阵，所以这是一个不错的选择。你可以用 $\boldsymbol{W}^1$ 来代表从层 1 到层 2 的连接权重，$\boldsymbol{W}^2$ 来代表从层 2 到层 3 的连接权重等。

REMEMBER

你可以将最初输入和最终输出之间的层看作隐藏层，并从第一个隐藏层开始统计层数。这只是和本书所使用的惯例不同而已。书中的示例总是从输入层就开始计算，所以第一个隐藏层是第二层。

权重代表了网络中神经元之间的连接强度。当两层之间的连接权重较小时，意味着网络会转储在它们之间流动的值，而采用该路线的信号不太可能影响最终的预测。相反，较大的正值或负值会影响下一层接收的值，从而影响某些预测。这种方法类似于脑细胞，脑细胞并不是孤立的，而是与其他细胞相联系的。随着经验的成长，神经元之间的连接往往会减弱或加强，从而激活或关闭某些脑网络的细胞区域，并产生其他处理或活动（例如，当处理的信息发出威胁生命的信号时该如何反应）。

现在你已经了解了关于层、单元和连接的一些约定，可以开始详细检查神经网络执行的操作了。首先，你可以用不同的方式调用输入和输出。

- $\boldsymbol{a}$：激活函数（称为 g）处理后的结果，存储在神经网络单元中。这是沿着网络进一步发送的最终输出。
- z：$\boldsymbol{a}$ 和 $\boldsymbol{W}$ 矩阵权重的相乘。z 表示通过连接处的信号，类似于管道中的水，它的流动压力取决于管道的厚度。同样，从上一层接收到的值会因为用于传输它们的连接权重而变得更大或更小。

神经网络中每一个连续的单元层逐渐处理从特征中获取的值，这与传送带的原理相同。当数据在网络中传输时，它作为前一层存在的值的总和，通过矩阵 $\boldsymbol{W}$ 中表示的连接进行加权而到达每个单元。当具有附加偏差的数据超过某个阈值时，激活函数增加存储在单元中的值；否则，激活函数通过减少值来消除信号。通过激活函数的处理，结果就能推进到连接到下一层的连接。每层都重复进行这些步骤，直到值达到终点，然后得到结果，如图 16-4 所示。

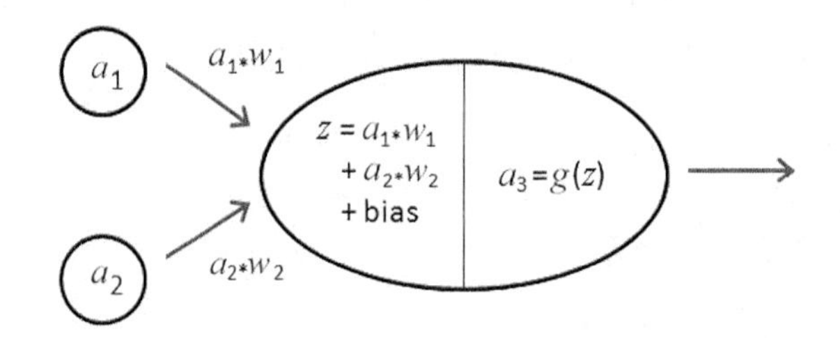

图16–4 神经网络中前馈过程的细节。

图 16-4 显示了两个单元将结果推送到另一个单元的过程细节。这种事发生在网络的每个部分。当你理解了从两个神经元到一个神经元的过程时，就能理解整个前馈过程，即使整个过程涉及了更多的层和神经元。为了进一步解释，下面列出了在 4 层神经网络（如图 16-3 所示）中产生预测的 7 个步骤。

（1）第一层（请注意 $\boldsymbol{a}$ 的上标 1）在不同的单元中加载每个特征的值：

$$\boldsymbol{a}^{(1)} = \boldsymbol{X}$$

（2）将输入层与第二层相连的连接权重乘以第一层单元的值。矩阵乘法将第二层的输入加权并求和。

$$z^{(2)} = \boldsymbol{W}^{(1)}\boldsymbol{a}^{(1)}$$

（3）在运行激活函数之前，算法在第二层加入偏差的常量。然后激活函数转换第二层的输入。结果值准备传递给连接。

$$\boldsymbol{a}^{(2)} = g(z^{(2)} + \text{bias}^{(2)})$$

（4）第三层连接对第二层的输出进行加权和求和。

$$z^{(3)} = \boldsymbol{W}^{(2)}\boldsymbol{a}^{(2)}$$

（5）在运行激活函数之前，算法在第三层加入偏差的常量。然后激活函数转换第三层的输入。

$$\boldsymbol{a}^{(3)} = g(z^{(3)} + \text{bias}^{(3)})$$

（6）第三层的输出通过到输出层的连接来加权求和。

$$z^{(4)} = \boldsymbol{W}^{(3)} \boldsymbol{a}^{(3)}$$

（7）最后，算法在运行激活函数之前，在第四层添加偏差的常量，输出单元接收输入并使用激活函数转换输入。在这个最终转换之后，输出单元准备输出神经网络的预测结果。

$$\boldsymbol{a}^{(4)} = g(z^{(4)} + \text{bias}^{(4)})$$

激活函数扮演信号过滤器的角色，它帮助选择相关的信号，并避免弱信号和噪声信号（因为它丢弃了低于某个阈值的数值）。激活函数也为输出提供了非线性特征，因为它们以非比例的方式增加或减少通过它们的值。

连接的权重提供了一种混合特征的新方式，以一种与多项式展开没有太大区别的方式创建新的特征。激活呈现出由连接引起的特征重新组合的非线性。这两种神经网络组件都能使算法学习代表输入特征与目标结果之间关系的复杂目标函数。

16.1.3 使用反向传播

从架构的角度来看，神经网络在混合来自样本的信号方面做了很多工作，并将它们转化为新的特征来进行复杂的非线性函数的近似实现（函数在特征空间中不能表示为直线）。为了创造这种能力，神经网络以通用逼近器的方式工作。这意味着它们可以猜测任何目标函数。然而，你必须考虑到这个特性的一个方面是模拟复杂函数（表示能力）的能力，另一方面是有效地学习数据的能力。神经元之间的突触的形成和修改以及基于反复试验的经验所获得的刺激，使得学习发生在大脑中。神经网络提供了一种方法将这个过程复制成名为反向传播的数学公式。

自从 20 世纪 70 年代初期出现以来，反向传播算法已经进行了许多修正。每次神经网络学习过程的改进都导致了新的应用，并重新引起了人们对这项技术的兴趣。另外，目前的深度学习革命是 20 世纪 90 年代初被放弃的神经网络的复兴，该复兴基于神经网络可从错误中学习这一重要进展。从其他算法中可以看出，成本函数激发了更好地学习某些样本的必要性（大错误对应于高成本）。当出现较大错误的样本时，成本函数输出一个较高的值，通过改变算法中的参数可以最小化该值。

在线性回归中，找出应用于每个参数（β 系数的向量）的更新规则很简单。但是，在神经网络中，事情有点复杂。体系结构是可变的，参数的系数（连接）彼此相关，层中的连接取决于先前层中的连接如何重新组合输入。解决这个问题的方法是反向传播算法。反向传播是将错误传播回网络并使每个连接相应地调整其权重的智能方式。如果最初将信息前馈到网络，那么是时候进行倒退，并就前馈阶段出现的问题给出反馈了。

若用公式和数学来证明反向传播是如何工作的，那么需要一些公式的导数和证明，这是非常棘手的且超出了本书的范围。尽管如此，理解反向传播是如何工作的并不复杂。为了弄清楚反向传播是如何运作的，从网络的末端开始，假设一个样本已经被处理并且有一个预测作为输出。此时，你可以将其与实际结果进行比较，并通过将两个结果相减得到一个偏移量，即误差。现在你知道输出层结果不匹配了，那么可以后退一步，以便沿着网络中的所有单元来分配误差。

神经网络分类的成本函数基于交叉熵（如逻辑斯谛回归）：

$$\text{Cost} = y\log(h_W(\boldsymbol{X})) + (1-y)\log(1-h_W(\boldsymbol{X}))$$

这是一个涉及对数的公式。它指的是由神经网络产生的预测，表示为 $h_W(\boldsymbol{X})$（将连接 $\boldsymbol{W}$ 和 $\boldsymbol{X}$ 作为输入的网络的结果）。为了便于理解，当考虑成本时，简单地将计算公式看作计算预期结果和神经网络输出之间的偏差。

将误差传回网络的第一步依赖于反向乘法。由于传送到输出层的值是由所有单元的贡献组成的，且与它们的连接权重成比例，所以可以根据每个贡献重新分配误差。例如，网络中层 n 的误差向量，即希腊字母 delta（$\boldsymbol{\delta}$）所表示的向量是下列公式的结果：

$$\boldsymbol{\delta}^{(n)} = \boldsymbol{W}^{(n)\mathrm{T}}\boldsymbol{\delta}^{(n+1)}$$

这个公式说明，从最终的 $\boldsymbol{\delta}$ 开始，你可以持续在网络中重新分配 $\boldsymbol{\delta}$，并使用用于推进数值的权重将误差分割成不同的单元。这样，你可以得到重新分配给每个神经元的终端误差，并使用它为每个网络连接重新计算一个更合适的权重以最小化误差。要更新层 1 的权重 $\boldsymbol{W}$，只需应用以下公式：

$$\boldsymbol{W}^{(1)} = \boldsymbol{W}^{(1)} + \eta \times \boldsymbol{\delta}^{(1)} \times g'(\boldsymbol{z}^{(1)}) \times \boldsymbol{a}^{(1)}$$

这看起来似乎是一个令人费解的公式，但它是一个求和公式，你可以通过查看它的元素来理解它的工作原理。首先看看函数 g'。它是激活函数 g 的第一个导数，由输入值 z 评估。本书在第 10 章讨论了导数的使用。事实上，这是梯度下降法。梯度下降决定了如何通过在可能的值组合中找出最能减少误差的权重来减少误差度量。

希腊字母 eta（η），有时也被称为 alpha（α）或 epsilon（ε）（取决于你的教科书），代表学习率。和其他算法一样，它减少了梯度下降导数所建议的更新效果。事实上，它提供的方向可能只是部分正确，或者只是大致正确。通过在下降过程中采取多个小步骤，算法可以通过更精确的方向实现全局最小误差，这是你想要达到的目标（即产生最小可能的预测误差的神经网络）。

不同的方法都可用于设置正确的 η 值，因为优化很大程度上取决于它。有一种方法一开始将 η 值设置得很高，并在优化过程中将其降低。另一种方法基于算法获得的改进来增加或减少 η：大的改进导致更大的 η（因为下降是容易且直观的），较小的改进会导致较小的 η，这样优化就会变慢，以寻找最佳的下降机会。将这个过程想象成是在山上曲折的道路上：慢下脚步，尽量不要在下山的路上跌倒。

大多数实现都提供了正确 η 的自动设置。在训练神经网络时，你需要注意这个设置的相关性，因为这和层结构一样，是调整以获得更好预测的重要参数之一。

考虑到训练集的样本，权重更新可以通过不同的方式发生。

- **在线模式：**在每个样本遍历网络之后，权重发生更新。通过这种方式，算法将学习样本作为实时学习的数据流。当你必须学习核心外数据的时候（即训练集大到无法放入内存），这种模式是完美的。但是，这种方法对异常值很敏感，所以你必须保持较低的学习率。（因此，该算法缓慢地收敛到一个解。）
- **批处理模式：**在查看完训练集中的所有样本之后，权重发生更新。这种技术使得优化速度更快，并且受到样本流中出现的差异的影响更小。在批处理模式下，反向传播考虑所有样本的梯度总和。
- **小批量（或随机）模式：**权重更新发生在网络处理了随机选择的训练集样本的子样本之后。这种方法将在线模式（低内存使用）和批处理模式（快速收敛）的优点混合在一起，同时引入随机元素（二次采样），以避免梯度下降陷入局部最小值。

16.2 和过拟合做斗争

给定神经网络的架构，你可以想象算法可以从数据中学习几乎任何东西，特别是如果添加了非常多的层。事实上，该算法表现得非常好，以至于其预测往往受到名为过拟合的高估计方差的影响。过拟合会导致神经网络学习训练样本的每个细节，从而可以在预测阶段复制它们。但除了训练集，它不会正确地预测任何不同的东西。以下部分将更详细地讨论过拟合的一些问题。

16.2.1 理解问题

当使用神经网络来解决实际问题时，你必须以比使用其他算法更严格的方式来采取一些谨慎的步骤。神经网络比其他机器学习解决方案更脆弱，更容易出现相关性的错误。

首先，将数据仔细地分解为训练集、验证集和测试集。在算法从数据中学习之前，你必须评估参数的表现：神经网络的架构（它们中的层数和节点数量）、激活函数、学习参数和迭代次数。架构提供了创建强大的预测模型的良好机会，但是过拟合的风险很高。学习参数可以控制网络从数据中学习的速度，但是它可能不足以预防训练数据上的过拟合。

对于这个问题，有两种可能的解决方案。第一种是正则化，就像线性和逻辑斯谛回归一样。你可以将所有连接系数（平方或绝对值）相加，以惩罚具有过多较高值的系数（通过 L2 正则化实现）或非零值系数（通过 L1 正则化实现）的模型。第二种解决方案也是有效的，因为它是在过拟合发生的时候进行控制。它被称为早期停止，在算法从训练集中进行学习的时候，它通过检查验证集上的成本函数来避免过拟合。

你可能没有意识到自己的模型何时开始过拟合。随着优化的进行，使用训练集计算的成本函数不断提升。但是，只要你从数据中开始记录噪声，并停止学习泛化的规则，就可以检查样本外（验证样本）的成本函数。在某个时刻，你会注意到它会停止改进并开始恶化，这意味着你的模型已经达到了学习的极限。

16.2.2 打开黑匣子

学习如何建立一个神经网络的最好方法是亲自建立一个神经网络。Python 为神经网络和深度学习提供了大量可能的实现。Python 有一些库，如 Theano，它允许在抽象级别进行复杂的计算，还有更实用的软件包，如 Lasagne，它允许你建立神经网络，虽然它仍然需要一些抽象。正因为如此，你需要像 Nolearn 这样的包装器，它与 scikit-learn 或 Keras 兼容，Keras 可以包装由谷歌发布的 TensorFlow 库，该库有可能替换 Theano 成为神经计算的软件库。

R 提供的库没有那么复杂并易于访问，例如 nnet、AMORE 和 neuralnet。R 中的这些简短示例展示了如何训练一个分类网络（在鸢尾花数据集上）和一个回归网络（在波士顿数据集上）。让我们从分类开始，下面的代码加载了数据集并将其分解为训练集和测试集：

```
library(MASS)
library("neuralnet")

target <- model.matrix( ~ Species - 1, data=iris )
colnames(target) <- c("setosa", "versicolor", "virginica")

set.seed(101)
index <- sample(1:nrow(iris), 100)

train_predictors <- iris[index, 1:4]
test_predictors  <- iris[-index, 1:4]
```

由于神经网络依赖于梯度下降，因此需要对输入进行标准化或归一化。归一化更好一些，每个特征的最小值变为零，最大值变为 1。很自然地，你应该学习如何只使用训练集进行数值转换，以避免使用样本外的测试信息。

```
min_vector   <- apply(train_predictors, 2, min)
range_vector <- apply(train_predictors, 2, max) -
       apply(train_predictors, 2, min)

train_scaled <- cbind(scale(train_predictors,
        min_vector, range_vector), target[index,])
test_scaled  <- cbind(scale(test_predictors,
        min_vector, range_vector), target[-index,])

summary(train_scaled)
```

当训练集准备就绪后，可以训练模型来猜测 3 个二元变量，每个变量代表一个类。输出是和每个真实类别可能性成比例的数值。通过挑选最高的数值来选择预测。还可以使用内部的画图工具来可视化神经网络，从而查看网络的架构和分配的权重，如图 16-5 所示。

```
set.seed(102)
nn_iris <- neuralnet(setosa + versicolor + virginica ~
                     Sepal.Length + Sepal.Width
                     + Petal.Length + Petal.Width,
                     data=train_scaled, hidden=c(2),
```

```
                                linear.output=F)

plot(nn_iris)

predictions <- compute(nn_iris, test_scaled[,1:4])
y_predicted <- apply(predictions$net.result,1,which.max)
y_true <- apply(test_scaled[,5:7],1,which.max)
confusion_matrix <- table(y_true, y_predicted)
accuracy <- sum(diag(confusion_matrix)) / sum(confusion_matrix)
print (confusion_matrix)
print (paste("Accuracy:",accuracy))
```

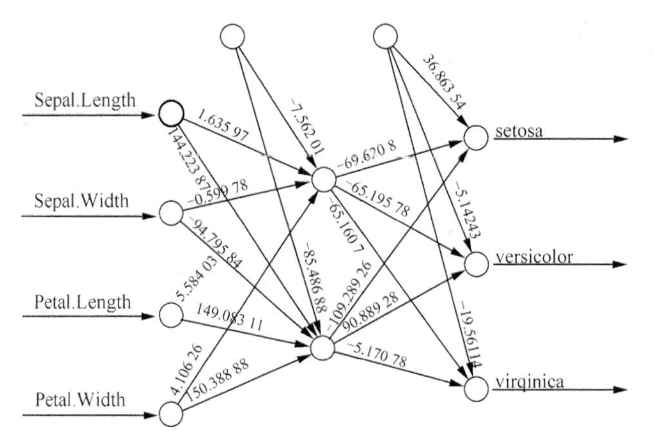

图16–5
你可以画出一个训练后的神经网络。

以下示例演示了如何使用波士顿数据集预测波士顿房价。其过程与以前的分类相同，但是在这里你只有一个输出单元。该代码还将测试集的预测结果与实际值进行比较，以验证模型拟合是否良好。

```
no_examples <- nrow(Boston)
features <- colnames(Boston)

set.seed(101)
index <- sample(1:no_examples, 400)

train <- Boston[index,]
test  <- Boston[-index,]

min_vector <- apply(train,2,min)
range_vector <- apply(train,2,max) - apply(train,2,min)
scaled_train <- scale(train,min_vector,range_vector)
scaled_test  <- scale(test, min_vector,range_vector)

formula = paste("medv ~", paste(features[1:13], collapse='+'))
```

```
nn_boston <- neuralnet(formula, data=scaled_train,
                       hidden=c(5,3), linear.output=T)
predictions <- compute(nn_boston, scaled_test[,1:13])
predicted_values <- (predictions$net.result *
                       range_vector[14]) + min_vector[14]

RMSE <- sqrt(mean((test[,14] - predicted_values)^2))
print (paste("RMSE:",RMSE))
plot(test[,14],predicted_values, cex=1.5)
abline(0,1,lwd=1)
```

16.3 介绍深度学习

反向传播之后，神经网络的下一个改进是深度学习。虽然人工智能处于冬天，但研究仍在继续，神经网络开始利用 CPU 和 GPU（图形处理单元在游戏中的应用广为人知，但实际上它是用于矩阵和向量计算的强大计算单元）的发展。这些技术使得在短时间内训练神经网络成为可实现的任务且被更多的人接受，相关研究也打开了一个新的应用世界。神经网络可以从大量的数据中学习，而且由于它们更倾向于高方差而不是偏差，所以它们可以利用大数据来根据你所提供的数据量创建更好的模型。但是，对于某些应用程序，需要大型、复杂的网络（以学习复杂的特征，例如一系列图像的特征），因此会引发类似梯度消失的问题。

实际上，在训练大型网络时，误差在偏向输出层的神经元之间重新分配。距离较远的神经层会收到较小的误差，有时甚至太小，使得训练速度变慢（即使训练还是可行的）。得益于杰弗里·辛顿（Geoffrey Hinton）等学者的研究，新的方法有助于避免梯度消失的问题。这个结果绝对有助于建立一个更大的网络，但深度学习不仅是有更多层次和单元的神经网络。

此外，与浅层神经网络相比，深度学习发生了质的变化，它将机器学习的范例从特征创建（使学习变得更容易的特征）转移到特征学习（根据实际特征自动创建复杂的特征）。谷歌、Facebook、微软和 IBM 等大公司都发现了这一新趋势，自 2012 年以来，这些公司已经在新的深度学习领域开始收购公司和聘请专家（辛顿现在和谷歌合作，杨立昆（LeCun）领导着 Facebook 人工智能研究）。由吴恩达（Andrew Ng）和杰夫•狄恩（Jeff Dean）主持的 Google Brain 项目将 1.6 万台计算机组合在一起，计算出一个拥有 10 亿以上权重的深度学习网络，从而可以在 YouTube 视频中开展无监督式学习。

深度学习的质量是不同的，这背后是有原因的。当然，造成这个结果的一个原因是 GPU 的使用量增加。结合并行性（更多的计算机集群并行运行），GPU 可以让你成功地应用预训练、新的激活函数、卷积网络和 drop-out，这是和 L1、L2 不同的一种特殊的正则化。实际上，据估计，GPU 执行某些操作的速度是 CPU 的 70 倍，从而使神经网络的训练时间从几周降到几天甚至几小时。

预训练和新激活函数都有助于解决梯度消失的问题。新的激活函数提供了更好的导数函数，预训练有助于启动一个初始权重更好的神经网络，只需要在网络的后半部分进行一些调整即可。先进的预训练技术，如受限玻尔兹曼机、自动编码器和深度信念网络，通过在深度学习网络的训练阶段改变不大的初始权重，以无监督的方式阐述数据。而且，它们可以产生更好的代表数据的特征，从而实现更好的预测。

鉴于图像识别任务对神经网络的高度依赖，深度学习得到了巨大的发展，这归功于某种类型的神经网络——卷积神经网络。这类网络发现于 20 世纪 80 年代，由于添加了许多深度学习功能，现在带来了惊人的结果。

为了理解卷积神经网络背后的思想，可以将卷积看作过滤器。当将其应用于矩阵时，它将矩阵的某些部分进行变换，使矩阵的一部分消失，并使其他部分突出。可以使用卷积过滤器作为边界或特定形状。这些过滤器也可用于确定图像显示的细节。人类知道一辆车是一辆汽车，是因为车具有一定的形状和某些特征，而不是因为人们以前已经看过了所有类型的汽车。一个标准的神经网络与其输入相关联，如果输入是像素矩阵，则网络根据它们在矩阵上的位置识别形状和特征。卷积神经网络可以比标准神经网络更好地描述图像，原因如下。

» 网络专门指派特定的神经元来识别某些形状（感谢卷积），所以相同的识别形状的能力不需要出现在网络的不同部分。

» 将图像的各个部分采样为一个单独的值（这个任务称为“池化”），不需要严格地将形状与某个位置相联系（这将使图片无法旋转）。神经网络可以识别每次旋转或失真的形状，从而保证了卷积网络的高通用性。

最后，drop-out 是一种新型的正则化，它对于深度卷积网络来说特别有效，同时它也适用于所有深度学习架构，这些架构通过临时且随机地移除神经元之间的连接而发挥作用。这种方法消除了训练期间只从数据中收集到的噪声连接。而且，这种方法可以让网络学会依赖来自不同单元的关键信息，从而增加沿层传递的正确信号的强度。

本章内容

- 重新审视非线性可分性问题
- 深入了解线性 SVM 的基本公式
- 掌握什么是内核，它可以实现什么
- 了解 R 和 Python 的 SVM 实现是如何工作的

第17章

更进一步，使用支持向量机

有的时候想法是偶然出现的，有的时候想法是从解决相关问题的迫切需求出发的。了解机器学习的下一个重大事件是不可能的，因为技术在不断地发展和演化。但是，你可以发现有助于机器学习功能增长的工具，从而帮助你解决更多的问题并提供新的智能应用程序。

支持向量机（SVM）是 20 年前的下一个重大事件，当它刚出现时，很多学者怀疑它是否真的有用。许多人质疑支持向量机能够执行的表述是否有能力执行有价值的任务。这种表述是机器学习在数据问题的基础上近似某些目标函数的能力。对问题有一个好的表述意味着能够对任何新数据进行可靠的预测。

支持向量机不仅具有令人难以置信的表述能力，而且也是一种有用的表达方式，它让算法能够在机器学习应用程序的博大（且不断发展的）世界中找到其用武之地。你要使用支持向量机来驱动算法，而不是反过来。本章将帮助你以数学的方式发现这一事实，通过复杂的计算，支持向量机可以解决图像识别、医学诊断和文本分类中的重要问题。

17.1 重温分隔问题：一种新的方法

正如在第 12 章中所讨论的那样，当谈到感知器时，如果你试图以一种确切的方式对两个类的样本进行分类，那么类的不可分性可能成为一个问题：没有一条直线可以成为不同样本之间的精确边界。在这种情况下，你所选择的一系列机器学习算法会给出一些选项。

- **K 最近邻：** 使用很小的 k 值，适应类之间的非线性边界。
- **逻辑斯谛回归：** 通过估计属于某个特定类的概率来解决问题，因此即使由于部分数据点重叠而导致无法区分不同的类，我们也可以进行估计。
- **变换特征：** 通过使用特征创建（将人类的创造力和知识添加到学习过程中）和自动多项式展开（创建幂变换和交互）找出一组特征，有了这些特征我们就可以通过直线来区分类。

决策树（在第 18 章中讨论）自然不会担心任何非线性问题，因为算法使用多条规则来构建分类边界，这些规则可以很轻松地逼近复杂的曲线。神经网络也是如此，神经网络通过连接不同层次的神经元而自然地产生特征变换和非线性逼近（当训练过程没有被仔细处理时，代价就是估计变化较大）。鉴于可能的选项已经很多，你可能会想知道为什么有必要创建另一种类型的机器学习算法（如支持向量机）来解决不可分的问题。

人们在寻找能够学习大多数问题的主算法方面没有取得成功，这就意味着你必须相信“无免费午餐”这一定理，并认识到你不能认为某种算法一定比其他算法更好。

你所处理的特征类型以及需要解决的问题类型决定了哪些算法可以更好地工作。获得另一种更有效的学习技术就像获得额外的武器来解决数据难题一样。

此外，支持向量机具有以下特性，这些特性使得支持向量机对于许多数据问题非常具有吸引力。

- 用于二元和多类分类、回归和异常或新奇数据检测的一整套技术。
- 对过拟合、噪声数据和异常值的稳健处理。
- 有能力处理有很多变量的情况（当你的变量比样本更多的时候，支持向量机仍然是有效的）。

- 轻松、及时地处理多达约 10 000 个训练样本。
- 自动检测数据中的非线性，因此不需要将变换直接应用于变量和特征创建。

特别是，由于特殊函数（核函数）的可用性，支持向量机还有最后一个特性。核函数的特殊能力是将原始特征空间映射到重构的新的特征空间，以实现更好的回归结果分类。它类似于多项式展开原理（一种可用的核函数，提供了多项式展开的支持），但是它需要较少的数学计算，使得算法能够以更少的时间和更精确的方式映射复杂的响应函数。

17.2 算法的解释

支持向量机是随机森林和梯度增强机使用的一种算法，是数学家弗拉基米尔•瓦普尼克（Vladimir Vapnik）和他的同事［如伯泽尔（Boser）、居永（Guyon）和科尔特斯（Cortes）］于 20 世纪 90 年代在 AT & T 实验室工作时创建的。尽管许多机器学习专家最初对该算法持怀疑态度，因为它与任何当时已有的其他方法都不一样，但支持向量机在许多图像识别问题（如手写输入）中的表现给当时的机器学习社区带来了挑战，因此迅速获得了关注并取得了成功。

今天，支持向量机被数据科学家广泛使用，他们将其应用于医学诊断、图像识别和文本分类等一系列难题。这种技术在大数据方面有一定的局限性，因为当样本和特征太多时，它缺乏可扩展性。

它的数学公式有点复杂，但初始的想法很简单。考虑到这一点，本章使用简单的示例来展示它基本的直觉和数学知识。

我们首先看看用一条直线来分隔两组的问题。在实际的数据中很少见到类似的情况，但它是机器学习中的基本分类问题，许多算法（如感知器）都是基于它构建的。假设我们不改变数据矩阵（由两个特征 $x1$ 和 $x2$ 组成）的特征空间，图 17-1 显示了如何使用（从左上角开始顺时针方向）感知器、逻辑斯谛回归和支持向量机解决用一条直线分隔两组的问题。

有趣的是，虽然感知器仅仅是为了区分类，并且这些点的质量明显地影响了逻辑斯谛回归，但是由支持向量机绘制的分隔线具有清晰且明确的特征。通过观察直线的差异，可以看出，若线本身与类边缘之间的空间最大，则该线为分类的最佳线，这是支持向量机的解决方案。使用支持向量机术语，分隔线是具有最大边缘（不同类边界之间的空白）的分隔线。支持向量机将分隔线放置在边缘（在教科书中描述为最大边缘或最优边缘超平面）的中间，直线附近的样本（因此也成为边界的一部分）就是支持向量。

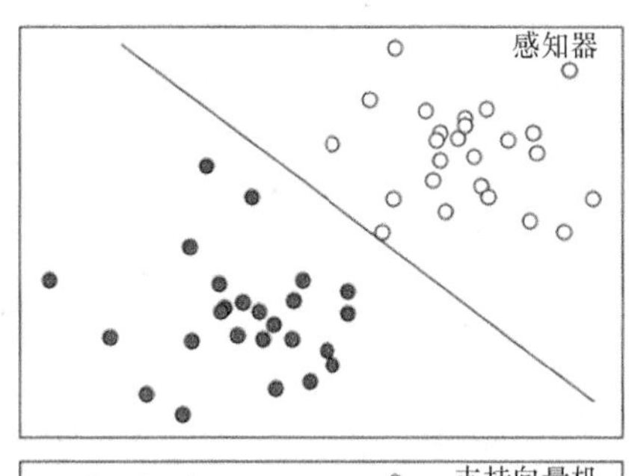

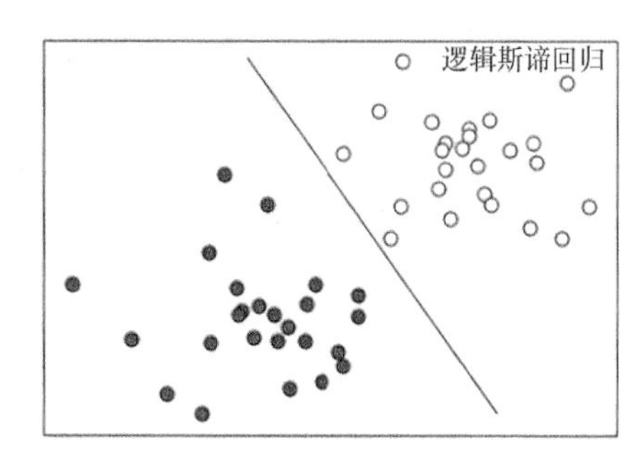

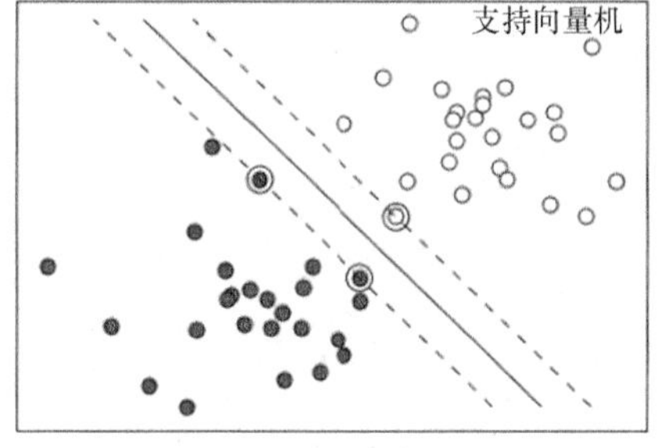

图17–1 比较不同的方法。

TIP

支持向量实际上是特征空间中的点所表示的样本。实际上，为了确定一个点在空间中的位置，必须将它的坐标表示为每个维度上的一系列数字，这是一个向量。此外，可以将它们视为支持向量，因为最大边缘超平面取决于它们，并且改变它们中的任何一个都会改变边缘和超平面。

REMEMBER

边缘、分隔超平面和支持向量是用于定义支持向量机如何工作的关键术语。在线性可分和线性不可分的情况下，支持向量决定了可能的最佳边缘。

支持向量机的策略很简单：寻找最大的分隔边界，考虑算法从观测子样本中派生出的一个分类函数，但是它不能依赖那些观测值。采样的值会发生变化，有时在不同样本之间变化甚至很大。因此，不能依靠一个基于单个样本的方法来理解所有可能的数据变化（如感知器的做法）。因为不知道连续的样本是否会与用于学习的样本类似，所以保持最大的边缘，且允许支持向量机在处理连续样本的时候保持特征空间的灵活性。此外，通过查看类边界，支持向量机不会受到远处点的影响（与线性回归相反）。算法仅使用放置在边界上的样本来确定边缘。

17.2.1　深入支持向量机的数学基础

就数学公式而言，可以通过感知器公式来定义支持向量机，并施加一定的约束，也就是说，试图根据我们将要描述的某些规则来获得分隔线。由于该算法使用分隔线（或超平面，当有多于两个维度的特征时）在特征空间中划分类别，因此可在理想的情况下扩展感知器公式，下面的表达式适用于每个样本 i：

$$y(\boldsymbol{x}^{\mathrm{T}}\boldsymbol{w}+b) \geqslant M$$

其中，特征向量 $\boldsymbol{x}$ 的转置与系数向量 $\boldsymbol{w}$ 相乘，并与偏差常量（b）相加。它提供了一个单一的值，其符号是类的指示。因为 y 只能是 −1 或 +1，所以当小括号之间的操作结果与 y 的符号相同时，可以有一个等于或大于零的值。M 是表示边缘的约束：它是正的，并且是确保预测类别的最佳分隔的最大可能值。

深入数学

理解支持向量机的底层数学是公式中的一个关键点。对于将感知器的成本函数转化为距离的数学内容，超出了本书的范围。论文“Support Vector Machines”（Hearst 等人）可以在 SVM Tutorials 中找到，它提供了更多的细节。你也可以查看其他有趣的中级和高级教程。

线性代数的性质可以保证，前面的表达式代表了每个样本和分隔超平面的距离，并且这个距离等于或大于边缘 M。最后，SVM 基于样本和超平面之间的最优距离进行计算。

当你将前面的表达式理解为一个距离公式时，M 很自然地就会成为边缘。然后，优化的目标就变成了找到参数（权重 w），这些参数可以使用可能的最大 M 正确地预测每个样本。

为了解决支持向量机所需的一组公式，该公式给定了这样的约束条件（也就是说，具有最大的 M 值并正确地预测训练样本），我们需要使用二次优化。你可以使用与本书所讨论的梯度下降方法不同的方法来解决二次优化问题。除了数学差异之外，解决方案也更复杂，需要算法进行更多的计算。支持向量机的复杂性取决于特征的数量和样本的数量。特别是，该算法在样本数量上的伸缩性很差，因为计算的数量与样本的数量成比例，是其 2 次或 3 次方（取决于问题的类型）。出于这个原因，支持向量机可以很好地扩展到 10 000 个样本，但超出这个极限，解决方案所需的计算时间可能变得过于漫长。

即使支持向量机是为分类而创建的，它们也可以很好地执行回归问题。可以使用预测误差作为距离，并使用分隔超平面表面的值来确定每个特征值组合的正确预测值。

17.2.2 避免不可分隔的陷阱

有关先前描述的支持向量机的优化过程，你需要考虑最后一个问题。因为你知道类别很少是线性可分的，所以强制全部的训练样本拥有等于或超过 M 的距离，并非总是可能的。在这种情况下，有必要考虑以下的表达式：

$$y(\boldsymbol{x}^{\mathrm{T}}\boldsymbol{w}+b) \geqslant M(1+\varepsilon_i)$$

每个样本的 ε 值总是大于或等于零，这样 ε 变成了用来纠正特定向量的错误分类的值。如果一个样本被正确地分类，那么 ε 是 0。ε 在 0 和 1 之间的值表示样本在分隔线的右侧，但是它进入了边缘范围。当 ε 大于 1 时，表明分类是错误的，点位于最优分隔超平面的另一侧。

ε 允许算法纠正不匹配的情况，以便优化过程能够接受它们。你可以通过指定所有 ε 的总和应小于一个值 C 来确定这个修正的范围，这个值用来创建一个更偏向于偏差（如果 C 的值很小）或方差（如果 C 的值很大）的方法。C 的值近似表示支持向量机在学习时可以忽略的不匹配数目。

即使不是支持向量机中最关键的参数，C 参数也非常重要。ε 可以在分类中创建异常，并允许在数据不精确和噪声较大时创建更加逼真的支持向量机表达式。但是，如果引入太多的修正（此时 C 太大），寻找最佳边缘时程序将会容忍太多的异常，从而造成数据的过拟合。如果 C 太小，支持向量机将会寻找一个完全分离的点，这将导致一个不成功的次优超平面，其边缘会过小。

确保不要将上述的 C 值与支持向量机软件实现所需的 C 参数相混淆。支持向量机的 R 和 Python 实现接受一个 C 参数作为不匹配的代价。作为一个软件参数，高 C 值导致一个较小的边缘，因为支持向量机分类错误的时候，成本较高。低 C 值意味着更大的边缘，更能接受错误预测的样本，从而增加了估计的方差。

17.3 使用非线性

支持向量机对数学的要求相当高。到目前为止，你已经看到了一些公式，这些公式可以帮助你理解支持向量机是一种优化问题，它试图对两个类的所有样本进行分类。在求解支持向量机的优化时，请使用距离类边界最远的分隔超平面。如果类不是线性可分的，则搜索最优分隔超平面是允许错误（由 C 的值量化）发生的，这样可以处理噪声。

尽管允许成本很小的误差存在，但是支持向量机的线性超平面不能恢复类之间的非线性关系，除非适当地转换特征。举例来说，如果不使用乘法或幂将现有的两维转换为其他维，那么你只能将图 17-2 所示的一部分样本进行正确的分类。

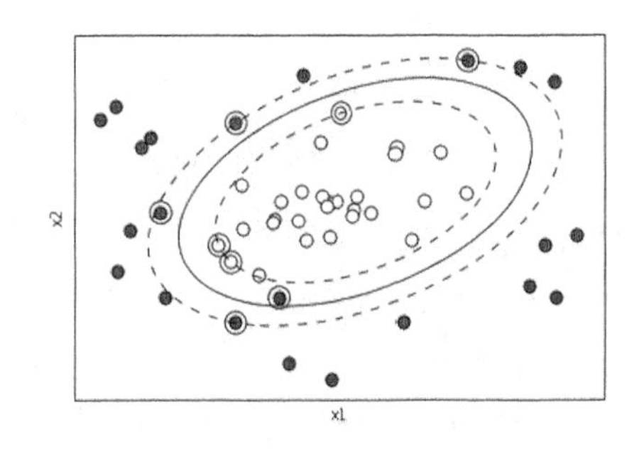

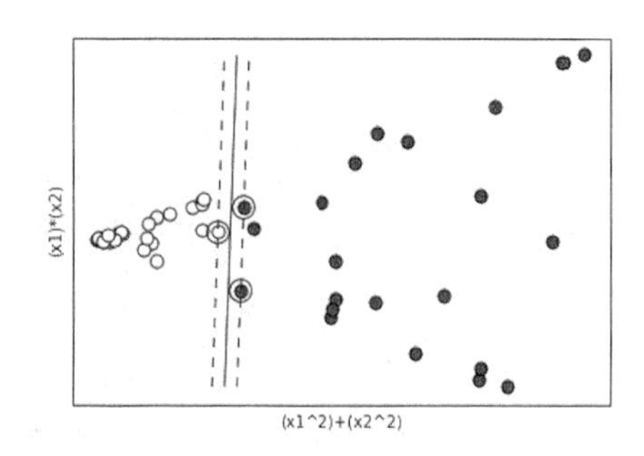

图17-2 一个需要特征变换的非线性可分点（左），变换后被线性分隔（右）。

换句话说，你可以将现有的特征映射到更高维度的特征空间上，并找到线性分类的方法。当尝试展开多项式时，其过程与第 15 章所显示的过程相同（其中你会发现线性模型是如何自动地捕获变量之间的非线性关系的）。使用多项式展开的自动特征创建（对于支持向量机也是可能的）具有一些明显的限制，具体如下。

- 特征的数量呈指数级增长，使得计算变得烦琐，并消耗了大量的内存来存放数据集。（由于快速膨胀，有些数据集甚至无法扩展到 2 或 3 以上的幂。）
- 扩展创造了许多冗余的特征，造成了过拟合。
- 如果要达到线性分隔，那么很难确定扩展的程度，因此需要多次迭代的扩展和测试。

由于这些限制，支持向量机采用了一种名为核函数的方式来重新定义特征空间，该方式不占用更多的内存或者增加太多的计算次数。核函数并不神奇，它依赖于代数计算，比支持向量机更需要数学计算。为了理解它们是如何工作的，你可以认为核函数以非线性的方式将原始特征投影到更高维的空间中。它们这样做是隐式的，因为它们没有为支持向量机提供一个新的特征空间用于学习（如多项式展开那样）。相反，它们依赖于某些向量值，而支持向量机可以直接用这些向量值拟合非线性分隔超平面。

因此，核函数提供了特征组合（确切地说是点积，向量之间的乘法）的结果，而不计算涉及这种结果的所有组合。这被称为核技巧，对于支持向量机来说是可能的，因为它们的优化过程可以被重新构造成另一种形式，即对偶公式（与先前称为原始公式的公式形成对比）。对偶公式直接对核函数的结果进行操作，而不是对原始特征进行操作。

核函数不只适用于支持向量机。你还可以将它们应用于任何机器学习算法，如支持向量机对偶公式所使用的各个样本之间的点积操作的公式。

如果想了解更多有关对偶公式的知识，以及它们与原始公式的区别，可以通过 Quora 问题来获得更多的信息，或者是从微软研究院的页面获取更正式的教程。

17.3.1 使用示例展示核函数的技巧

本节将介绍核函数如何运行的示例，你将看到如何使用 Python 进行显式和隐式转换。成本函数是对偶函数，作用于示例的点积。数据集是很小的：有两个样本，每个样本有三维特征。我们的目标是使用特征之间所有可能的组合，将现有的特征映射到更高的维度。如果一个样本是由值 (1,2,3) 的特征向量构成的，则以这种方式投影会产生一组新的向量值 (1,2,3,2,4,6,3,6,9)。该投影将维度从三维增加到九维，占用了 3 倍的计算机内存。

```
import numpy as np
X = np.array([[1,2,3],[3,2,1]])
def poly_expansion(A):
    return np.array([[x*y for x in
        row for y in row] for row in A])

poly_X = poly_expansion(X)
print ('Dimensions after expanding: %s' % str(poly_X.shape))
print (poly_X)

Dimensions after expanding: (2, 9)
[[1 2 3 2 4 6 3 6 9]
```

```
 [9 6 3 6 4 2 3 2 1]]
```

该代码使用 poly_expansion 函数迭代矩阵 ***X***（两个样本和三维特征的数据集），将特征的数量扩展到九维。此时，就可以计算点积了。

```
np.dot(poly_X[0],poly_X[1])

100
```

通过使用核函数，可以在样本的两个特征向量上简单地调用函数。无须创建新数据集就能获得结果。

```
def poly_kernel(a, b):
    return np.sum(a*b)**2

poly_kernel(X[0], X[1])

100
```

核函数是一种方便的映射函数，它允许支持向量机获得一个有限大小的变换数据集，这相当于一个更复杂的、数据密集型的非线性变换。由于这对大多数计算机而言在处理和存储方面都是可以接受的，所以核函数允许使用非线性分隔超平面自动尝试解决数据问题，而不需要人为干预特征的创建。

17.3.2 发现不同的核函数

在 R 和 Python 的实现中，支持向量机都提供了大量的非线性核。下面列出一些核函数和它们的参数。

- **线性**：没有额外的参数。
- **径向基函数**：形状参数为 gamma。
- **多项式**：形状参数为 gamma、degree 和 coef0。
- sigmoid：形状参数为 gamma 和 coef0。
- **定制核**：取决于核。

尽管选择很多（如果开始设计自己的定制核，选择会更多），实际上其中的径向基函数（RBF）是常用的，因为它比其他核函数更快。此外，如果调整其形状参数 gamma，那么它可以映射、近似几乎所有的非线性函数。

径向基函数以简单但聪明的方式工作。它在每个支持向量周围创建一个边缘——在特征空间中绘制气泡，如图 17-3 所示。然后，根据 gamma 超参数值，扩大或限制气泡的体积，使它们彼此融合并形成分类区域。gamma 值确定了径向基函数所创建气泡的半径，由此产生的边缘和通过该边缘的超平面将显示出非常曲折的边界，证明它是相当灵活的，如图 17-3 所示。

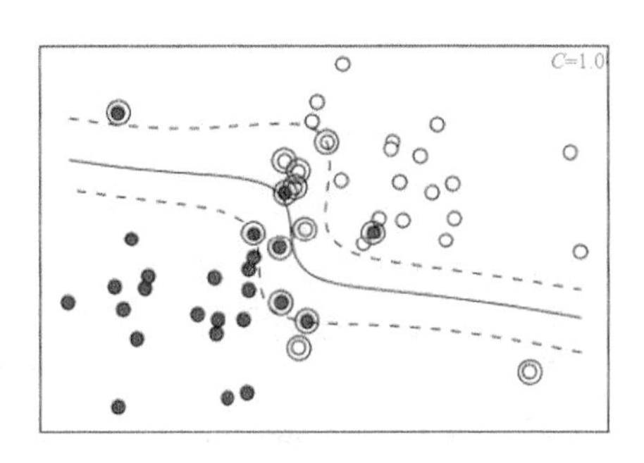

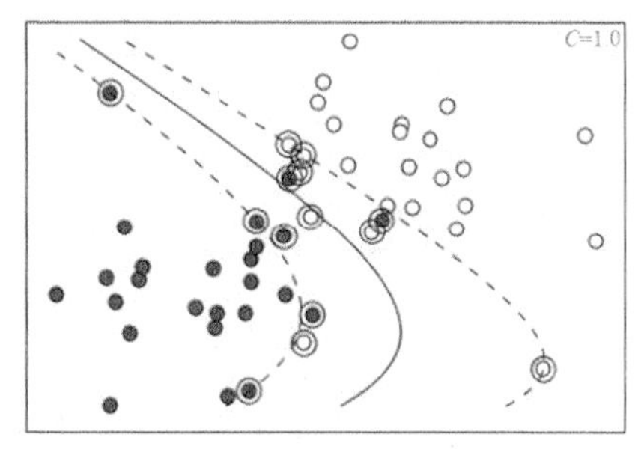

图17–3 径向基核函数使用不同的超参数来创建独特的支持向量机的解决方案。

径向基核函数可以适应不同的学习策略，当错误代价 C 很高时，会产生弯曲的超平面；当 C 很低时，会产生平滑的曲线。它也可以适应复杂的形状，例如靶心（当一个类在另一个类当中时）。所有这些灵活性都是以牺牲较大的估计方差为代价的，但它也能检测出其他算法可能无法找到的复杂分类规则。

REMEMBER

当调整一个径向基内核时，首先修正 C，以定义一个弯曲的分隔超平面；然后对 gamma 进行调整，当超参数 gamma 过低或正常时，边缘形状变得粗糙且破裂，而当参数 gamma 过高时，边缘会融合成大的气泡形区域。

多项式和 sigmoid 内核不像径向基那样富有适应性，因此表现出了更多的偏差，但它们都是分隔超平面的非线性变换。如果 sigmoid 具有单个弯曲，则多项式函数可以具有与其所设定的度一样多的弯曲或分隔的超平面。度越高，计算时间越长。

REMEMBER

使用 sigmoid 和多项式内核时，有许多形状值需要修正：用于这两个内核的 gamma 和 coef0，用于多项式内核的 degree。由于确定不同值对这些参数的影响是非常困难的，所以需要测试不同的值组合，例如使用网格搜索，并在实际的基础上评估结果。图 17-4 展示了可以用多项式和 sigmoid 内核做什么样的可视化表示。

TIP

尽管创建自己的核函数是可能的，但大多数数据问题更倾向于使用径向基核函数来解决。只需系统地尝试不同的值来查找正确的 C 和 gamma 的组合，直到获得验证集或交叉验证的最佳结果即可。

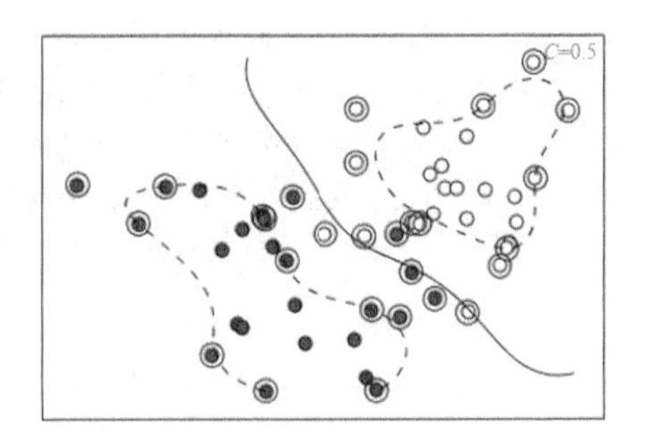

图17-4 将sigmoid（左）和多项式内核（右）应用于相同的数据。

17.4 阐述超参数

虽然支持向量机是复杂的学习算法，但是当它们由Python类或R函数实现时，它们是通用的且易于使用的。有趣的是，scikit-learn和R e1071库（由TU Wien E1071小组在概率论基础上开发的）都依赖于相同的、由台湾大学开发的外部C++库（通过C的API与其他语言进行交互）。Python的实现也使用了台湾大学同一位作者的LIBLINEAR C库，它专注于海量和稀疏数据集上的线性分类问题。

由于Python和R包封装了相同的C库，所以它们具有相同的超参数、相同的功能。表17-1和表17-2显示了两种语言的分类以及回归支持向量机的完整概述。

表17-1　　分类的软件实现

Python/R 的实现	目的	超参数
Python: sklearn.svm.SVC R: svm(type="C-classification")	二元和多类线性及内核分类的LIBSVM实现	*C*（在R中为cost）、kernel、degree、gamma和coef0
Python: sklearn.svm.NuSVC R: svm(type="nu-classification")	同上	nu、kernel、degree、gamma和coef0
Python: sklearn.svm. OneClassSVM R: svm(type="one-classification")	异常值的非监督式侦测	nu、kernel、degree、gamma和coef0
Python: sklearn.svm.LinearSVC	基于LIBLINEAR，是二元和多类的线性分类器	Penalty、loss、*C*（在R中为cost）

表17-2　　回归的实现

Python/R 的实现	目的	超参数
Python: sklearn.svm.SVR R: svm(type="eps-regression")	回归的 LIBSVM 实现	*C*（在 R 中为 cost)、kernel、degree、gamma、epsilon 和 coef0
Python: sklearn.svm.NuSVR R: svm(type="nu- regression")	回归的 LIBSVM 实现	nu、*C*（在 R 中为 cost)、kernel、degree、gamma 和 coef0

在前面的章节中，当描述支持向量机算法如何使用其基本公式和内核工作时，我们讨论了大部分的超参数，如 *C*、kernel、gamma 和 degree。对于分类和回归算法而言，你可能会惊讶地发现两个新的支持向量机版本，其中之一是基于 nu 超参数。与 nu 版本的唯一区别就是，它所需要的参数以及算法略有不同。无论使用何种支持向量机的版本都会得到相同的结果，所以通常选择非 nu 版本。

Python 还提供了支持向量机的线性版本 LinearSVC。与 SVC 相比，它更像是线性回归模型。它也允许正则化，并提供了一个快速的支持向量机分类，可以很好地处理稀疏文本矩阵。你会在第 5 部分处理文本分类时再次看到这个实现。

17.5　使用支持向量机进行分类和预估

作为如何使用支持向量机来解决复杂问题的一个示例，本节演示了一个手写识别的任务，并使用非线性内核径向基来解决此问题。支持向量机算法从 scikit-learn 包中的模块数据集进行学习。该数字数据集包含了一系列 0 ~ 9 的手写数字，这些数字均是 8 像素 ×8 像素的灰度图像。与如今图像识别引擎所能解决的许多问题相比，这个问题相当简单，但它可以帮助你理解机器学习的潜力。尽管该示例依赖于 Python，但你可以使用 R 创建一个类似的示例，因为这两种语言都依赖于同一个幕后工作的 LIBSVM 库。示例的输出如图 17-5 所示。

```
import matplotlib.pyplot as plt
import matplotlib as mpl
from sklearn.datasets import load_digits
import numpy as np
import random

digits = load_digits()
X,y = digits.data, digits.target
```

```
%matplotlib inline
random_examples = [random.randint(0,len(digits.images))
for i in range(10)]
for n,number in enumerate(random_examples):
    plt.subplot(2, 5, n+1)
    plt.imshow(digits.images[number],cmap='binary',
        interpolation='none', extent=[0,8,0,8])
    plt.grid()
    plt.show()
```

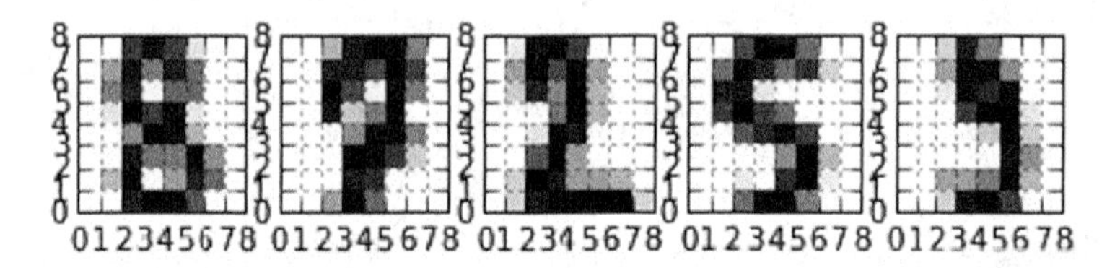

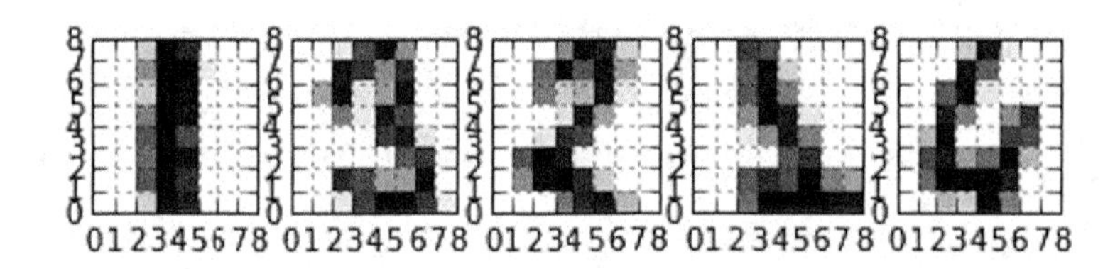

图17-5 由scikit-learn提供的MNIST手写数字数据集的样本。

示例代码会随机输出一些样本，以便你可以看到数据集中的不同手写样式的样本。你得到的输出样本可能与本书中的样本不同。代码从一系列数字中提取图形信息，将其放置在一个向量中，向量的每一维指向图像中的一个像素。该算法可以学到：如果某些像素一起激活，则所表示的图像对应于一个特定的数字。

这个示例展示了类比流派支持的想法：某些模式对应于基于类比的答案。支持向量机倾向于隐藏这一事实，因为它们似乎提供了加权特征的线性组合，就像线性回归一样。但回想一下，在应用核函数时，优化是基于样本的点积。点积是估计点之间距离的一种方法，以便将特征空间划分为内部具有相同类的同质分区。距离是一种在特征空间中建立相似性的方法。然后，支持向量机对相似性进行处理，并根据距离进行点和模式的关联。

为了正确地验证模型的结果，首先提取30%的样本作为一个测试集（样本外验证）。你还希望重新调整特征值，使它们位于 -1 ～ 1 来简化支持向量机的计算。该算法首先从训练集的变换中学习参数，然后才被应用于测试集，以避免任何样本外信息的泄露。

在将数据提供给支持向量机之前采取的关键行动是缩放。缩放变换将所有值转换到 -1 ～ 1（如果你喜欢也可以为 0 ～ 1）。缩放变换避免了变量影响算法的问题，并使计算变得精确、平滑和快速。

代码首先采用带有非线性内核的支持向量机。为了通过机器学习算法检查表示的有效性，该示例使用准确率得分（猜测正确的百分比）来衡量模型的好坏。

```
from sklearn.cross_validation import train_test_split
from sklearn.cross_validation import cross_val_score
from sklearn.preprocessing import MinMaxScaler
# We keep 30% random examples for test
X_train, X_test, y_train, y_test = train_test_split(X,y, test_size=
     0.3, random_state=101)
# We scale the data in the range [-1,1]
scaling = MinMaxScaler(feature_range=(-1, 1)).fit(X_train)
X_train = scaling.transform(X_train)
X_test  = scaling.transform(X_test)

from sklearn.svm import SVC
svm = SVC()
cv_performance = cross_val_score(svm, X_train, y_train, cv=10)
test_performance = svm.fit(X_train, y_train).score(X_test, y_test)
print ('Cross-validation accuracy score: %0.3f,'
       ' test accuracy score: %0.3f' % (np.mean(cv_performance),
       test_performance))

Cross-validation accuracy score: 0.981,
 test accuracy score: 0.985
```

在使用默认超参数对交叉验证的得分进行验证之后，代码使用系统性的搜索来寻找更好的设置，以提供更多精确的答案。在搜索过程中，代码测试线性和径向基以及 *C* 和 gamma 参数的不同组合。（这个示例可能需要很长的运行时间。）

```
from sklearn.grid_search import GridSearchCV
import numpy as np
learning_algo = SVC(kernel='linear', random_state=101)
search_space = [{'kernel': ['linear'],'C': np.logspace(-3, 3, 7)},
     {'kernel': ['rbf'], 'C':np.logspace(-3, 3, 7), 'gamma': np.
     logspace(-3, 2, 6)}]
gridsearch = GridSearchCV(learning_algo, param_grid=search_space,
     refit=True, cv=10)
```

```
gridsearch.fit(X_train,y_train)
print ('Best parameter: %s' % str(gridsearch.best_params_))
cv_performance = gridsearch.best_score_
test_performance = gridsearch.score(X_test, y_test)
print ('Cross-validation accuracy score: %0.3f,'' test accuracy
    score: %0.3f' % (cv_performance,test_performance))

Best parameter: {'kernel': 'rbf', 'C': 1.0, 'gamma': 0.10000000000000001}
Cross-validation accuracy score: 0.988,
   test accuracy score: 0.987
```

计算可能需要几分钟的时间，之后计算机会报告最佳的 kernel、*C* 和 gamma 参数，以及改进的交叉验证得分，这几乎达到 99% 的准确度。准确性很高，这表明计算机几乎可以区分 0 ～ 9 的所有不同写法。作为最终的输出，代码打印出测试集中支持向量机预测错误的数字（参见图 17-6）。作为人类，我们可能会好奇自己是否会比机器学习算法做得更好。

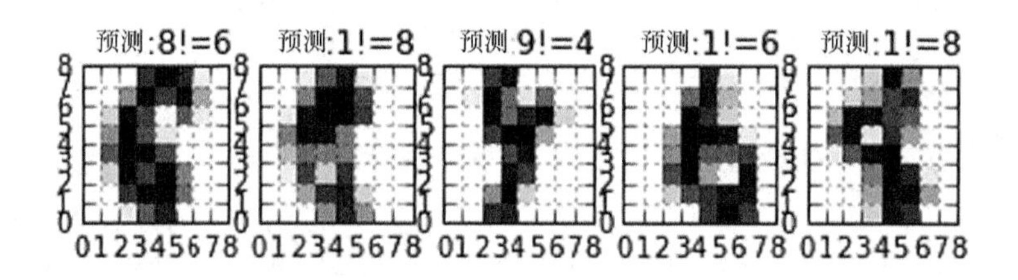

图17-6 使用径向基核函数的支持向量机猜测错误的手写数字。

```
prediction = gridsearch.predict(X_test)
wrong_prediction = (prediction!=y_test)
test_digits = scaling.inverse_transform(X_test)
for n,(number,yp,yt) in enumerate(zip(
        scaling.inverse_transform(X_test)[wrong_prediction],
        prediction[wrong_prediction], y_test[wrong_prediction])):
    plt.subplot(2, 5, n+1)
    plt.imshow(number.reshape((8,8)),cmap='binary',
        interpolation='none', extent=[0,8,0,8])
    plt.title('pred:'+str(yp)+"!="+str(yt))
    plt.grid()
    plt.show()
```

算法猜错的数字特别难以猜测，它没有全部猜对也就不足为奇了。另外请记住，scikit-learn 提供的数据集只是真正 MNIST 数据集的一部分，完整的数据集可从网上获取。完整的数据集包括 6 万个训练样本和 1 万个测试样本。通过使用相同的 SVC 算法和相同的设置，SVC 可以学习原始数据集，使计算机读取你所提供的任何手写数字。

本章内容

- 了解为什么多个猜测比单个猜测好
- 在随机森林中使不相关的树一起合作
- 学习使用增强（boosting）来逐步地映射复杂的目标函数
- 通过平均模型获得更好的预测

第18章

借助于学习器的组合

在了解了这么多复杂而强大的算法之后，你可能会惊奇地发现，多个简单机器学习算法的总和往往可以胜过最复杂的解决方案。这就是组合的力量，这些模型共同合作产生更好的预测。组合的惊人之处就在于，它们是由一组各自表现平平的算法而组成的。

这里的组合同群体的集体智慧差不多，如果平均一组错误的答案，可能得到正确的答案。维多利亚时代的英国统计学家弗朗西斯·高尔顿爵士（Sir Francis Galton）以阐述相关性的理念而闻名，他讲述了乡村集市上的一件轶事，把所有人的答案平均之后，可以正确地猜出一头牛的体重。你可以在任何地方找到类似的例子，并轻松地重现这种实验，例如让朋友猜测罐子里糖果的数量并平均他们的答案。参与游戏的朋友越多，平均答案就越精确。

这背后并不是运气，而是实践中的大数法则。即使个人获得正确答案的机会很小，但猜测总比随机值好。通过不断积累的猜测，错误的答案往往会分布在正确答案的周围。相互对立的错误答案在平均时相互抵消，留下所有答案围绕的关键值，这就是正确的答案。你可以在许多实际的场景（如经济学和政治学的共识预测）和机器学习中来运用这个令人难以置信的事实。

18.1 利用决策树

组合基于最近的想法（1990 年左右成形的），但是它利用了一些较早的工具，如决策树，自 1950 年以来决策树一直是机器学习的一部分。正如第 12 章所述，由于决策树的易用性和易理解性，它最初看起来很有前途，对使用者很有吸引力。毕竟，决策树可以很容易地做到以下 4 点：

- 处理混合类型的目标变量和预测器，特征预处理很少甚至没有（几乎自动处理缺失值）；
- 忽略多余的变量，只选择相关的特征；
- 开箱即用，没有复杂的超参数需要设置和调整；
- 将预测过程可视化为一组使用树枝和树叶排列的递归规则，易于解释。

鉴于这些有利的特点，你可能会想，为什么人们在几年后会慢慢开始怀疑这种算法。主要原因是由此算法产生的模型往往在估计方面有很大的方差。

为了更好地把握决策树的关键问题，我们可以通过可视化的方式来思考问题。考虑需要机器学习算法来逼近非线性函数（如神经网络）或变换特征空间（如在线性模型中使用多项式展开或在支持向量机中使用核函数）等棘手情况，比如靶心问题。图 18-1 显示了单个决策树的正方形决策边界（左侧）与决策树组合的决策边界（右侧）的对比。

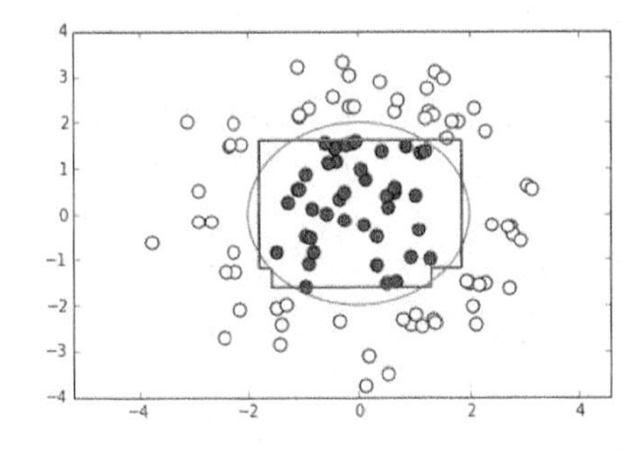

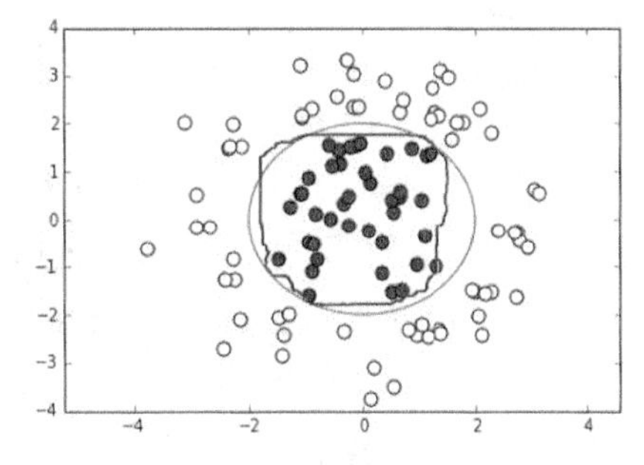

图18-1 比较单个决策树的输出（左）与决策树组合的输出（右）。

决策树将特征空间切分成多个框，然后使用这些框进行分类或回归。在靶心问题中，当分隔类的决策边界是椭圆的时候，决策树可以通过使用一定数量的框来近似它。

这个可视化的样本似乎很有道理，当你看到远离决策边界的样本的时候，它可能会给你一些信心。但是，在边界附近，事情与它们的表现是完全不同的。决策树的决策边界是非常不精确的，其形状是非常粗糙的正方形。这个问题在二维问题上是可见的。随着特征维数的增加和噪声（在特征空间周围随机分散的观测）的出现，它一定会恶化。你可以使用一些有趣的启发式方法来改进决策树，从而稳定树的结果。具体方法如下。

- 只保留正确预测的样本以重新训练算法。
- 为分类错误的样本构建单独的树。
- 通过修剪不确定性的规则来简化树木。

除了这些启发式算法之外，最好的方法是用不同的样本构建多棵树，然后对结果进行比较和平均。图 18-1 中的样本表明，好处是立即可见的。当你建立更多的决策树时，决策边界变得更加平滑，且逐步逼近假设的目标形状。

18.1.1 种植一片森林

通过多次复制决策树来改进决策树，并对它们的结果进行平均以得到一个更通用的解决方案，这听起来是一个好主意。这种做法传播开来，实践者们创造了各种解决方案。当问题是回归时，该技术平均了来自组合的不同结果。然而，当决策树处理分类任务时，该技术使用组合作为投票系统，选择最频繁的响应类作为其所有复制树的输出。

当使用组合进行回归时，从所有组合的估计值中计算出来的标准差，可以提供一个关于某个预测有多少置信度的估计。标准差显示了一个平均值有多么好。对于分类问题，树预测某个类的百分比表明了预测中的置信度，但是你不能将其用作概率估计，因为它是投票系统的结果。

决定如何计算一个组合的解决方案是很快的，而找到在组合中复制决策树的最好方法则需要更多的研究和思考。第一个解决方案是粘贴，即取样训练集的一部分。该方案最初由里奥•布莱曼（Leo Breiman）提出，粘贴减少了训练样本的数量（训练样本不足可能成为从复杂数据中学习所面临的问题）。它通过减少学习样本的噪声显示了其实用性（更少的采样降低了异常值和异常情况的数量）。粘贴之后，布莱曼教授还测试了自举采样（使用替换的采样）的效果，这不仅会排除一些噪声（当你进行自举采样时，平均而言，会遗漏最初样本集的 37%），而且，多亏了采样的重复，这还会在组合中产生更多的变化，从而改善结果。这种技术被称为装袋（bagging）[也称为自举聚合（bootstrap aggregation）]。

自举采样作为验证替代方案的一部分出现在第 11 章。在自举采样的过程中，你可以从一个集合中抽取样本来创建一个新集合，从而允许代码对同一个样本进行多次抽取。因此，在自举样本中，你可以找到重复一次甚至多次的相同样本。

布莱曼注意到，当决策树相互之间存在显著差异时（从统计的角度而言，它们是不相关的），决策树组合的结果会得到改善，这导致了最近一次的技术改造—— 创建大多数不相关的决策树组合。这种方法的预测效果比装袋的更好。这个转换同时调整了样本的特征和示例。布莱曼与阿黛尔·卡特勒（Adele Cutler）合作，将新的组合命名为随机森林（RF）。

随机森林是里奥·布莱曼和阿黛尔·卡特勒注册的商标。出于这个原因，开源实现通常有不同的名称，例如 R 中的 randomForest 或者 Python scikit-learn 中的 RandomForestClassifier。

随机森林是一种分类（通常是多类）和回归算法，它使用建立在不同的自举采样和二次采样特征集上的大量决策树模型。它的创建者努力使算法易于使用（很少的预处理和很少的超参数尝试）和易于理解（决策树的基础），让机器学习的访问平民化到非专业人士也能使用。换句话说，由于其简单和开箱即用的特性，随机森林可以让任何人都能成功地应用机器学习。该算法通过以下 6 个重复的步骤来工作。

（1）在训练集上进行多次自举采样。算法获得一个新的集合，该集合在自举采样期间用于在组合中构建单棵树。

（2）随机挑选训练集中的部分特征，以便在每次将样本分割为树分支时找出最佳的分割变量。

（3）使用自举采样的样本创建一个完整的树。在每次分割时评估新的二次采样特征。不要为了让算法更好地工作而限制整棵树的扩展。

（4）使用在自举采样阶段没有选择的样本来计算每棵树的性能（包外估计或者 OOB）。OOB 样本提供了没有交叉验证或没有使用测试集（等同于样本外）的性能指标。

（5）生成特征重要的统计信息并计算样本如何同决策树的终端节点相关联。

（6）当完成整个组合中的所有决策树时，为新样本计算平均值或者进行投票。将所有树的平均估计或获胜的类作为预测。

这些步骤减少了最终解决方案的偏差和方差，因为解决方案限制了偏差。该解决方案将每棵树建立到其最大可能的扩展，从而允许对复杂的目标函数进行拟合，这意味着每棵树与其他树都是不同的。这不仅仅是建立在不同的自举样本集上的问题：树所采用的每个分割都是强随机的——解决方案只考虑随机特征选择。因此，即使一个重要的特征在预测能力方面占优势，一棵不包含该特征的决策树仍然会找到发展分支和终端叶子的不同方式。

与装袋的主要区别是，这会限制分裂树枝时要考虑的特征的数量。如果所选特征的数量很少，那么完整的树将会与其他树不相同，从而将不相关的树添加到组合中。另一方面，如果选择较少，则由于决策树的拟合能力有限，所以偏差增大。与往常一样，确定用于树分支的特征的正确数量需要我们使用交叉验证或 OOB 估计结果。

在组合中增加大量的决策树没有问题。你需要考虑计算开销的成本（完成一个庞大的组合需要花费很长的时间）。一个简单的演示说明了随机森林算法如何使用越来越多的决策树来解决一个简单的问题。R 和 Python 都很好地实现了该算法。R 的实现有更多的参数；Python 的实现更容易并行化。

由于测试的计算量很大，因此该示例将从 Python 的实现开始。使用在第 17 章中测试支持向量机分类器时所使用的数字数据集。

```
import numpy as np
from sklearn import datasets
from sklearn.learning_curve import validation_curve
from sklearn.ensemble import RandomForestClassifier

digits = datasets.load_digits()
X,y = digits.data, digits.target
series = [10, 25, 50, 100, 150, 200, 250, 300]
RF = RandomForestClassifier(random_state=101)
train_scores, test_scores = validation_curve(RF,X, y, 'n_
estimators', param_range=series, cv=10, scoring='accuracy',n_
jobs=-1)
```

该示例首先从 scikit-learn 中导入函数和类：numpy、datasets 模块、validation_curve 函数和 RandomForestClassifier。最后一项是 scikit-learn 用于分类问题的随机森林实现。函数 validation_curve 对于测试特别有用，因为它返回在多棵树（类似于学习曲线）的组合上执行多个测试的交叉验证结果。

TIP

这个示例将构建近 11 000 棵决策树。为了使示例运行得更快，代码将 n_jobs 参数设置为 -1，从而允许算法使用所有可用的 CPU 资源。这个设置可能不适用于某些计算机配置，这意味着要将 n_jobs 设置为 1，一切都将正常工作，但需要更长的时间。

完成计算之后，代码输出一个图，该图显示随机森林算法在建立几棵树之后如何收敛到一个很好的精度，如图 18-2 所示。这也表明，增加更多的树木对结果没有任何不利影响，尽管由于估计的差异，你可能会看到准确率上下波动，但这是整个组合也不能完全控制的。

```
import matplotlib.pyplot as plt
%matplotlib inline
plt.figure()
plt.plot(series, np.mean(test_scores,axis=1), '-o')
plt.xlabel('number of trees')
plt.ylabel('accuracy')
plt.grid()
plt.show()
```

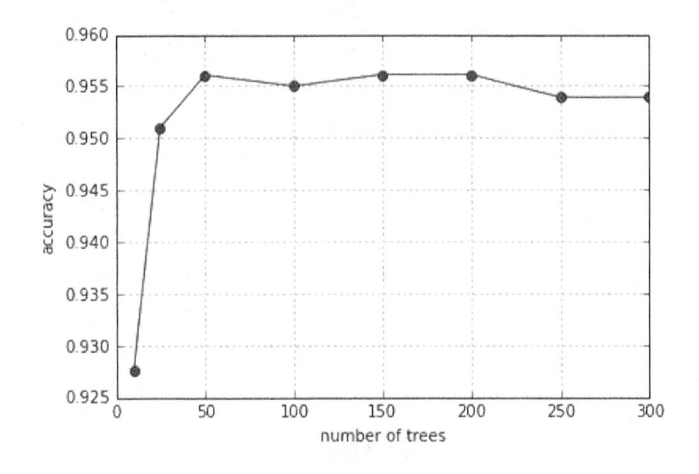

图18-2 不同大小的组合的准确率。

18.1.2 理解重要性度量

随机森林有以下好处：

- 可以拟合复杂的目标函数，但过拟合风险很小；
- 自动选择它们需要的特征（虽然树枝分裂时的特征随机二次采样会影响整个过程）；
- 容易调整，因为它们只有一个超参数，即二次采样特征的数量；
- 提供 OOB 错误的估计，使你无须通过交叉验证或测试集来设置验证。

请注意，组合中的每棵决策树都是独立的（毕竟，它们应该是不相关的），这就意味着可以并行建立每棵树。鉴于所有现代计算机都具有多处理器和多线程功能，它们可以同时执行多棵树的计算，这是随机森林相对于其他机器学习算法的真正优势。

随机森林的组合也可以提供额外的输出，这对从数据中进行学习是有帮助的。例如，它可以告诉你哪些特征比其他特征更重要。你可以通过优化纯度度量（熵或基尼指数）来构建决策树，以便每个分割都选择最能改进度量的特征。决策树完成后，你可以检查算法在每个分割中使用了哪些特征，并在算法多次使用特征时进行总结改进。在使用决策树组合时，只需对每个特征在所有决策树中提供的改进进行平均即可。结果显示了最重要的预测性特征的排名。

实践者将重要性评估称为基尼重要性或平均减少的不纯度。可以在 R 和 Python 算法的实现中计算该值。估计特征重要性的另一种方法是平均减少的准确率，R 中的 randomForest 函数的输出包含了它。在此估计中，算法构建每棵决策树之后，它将用垃圾数据替换每个特征，并记录下这样做之后预测能力下降了多少。如果这个特征很重要，那么将其与随机数据相关联就会对预测造成损害，但是如果这个特征无关紧要，那么预测就不会改变。 由于特征的随意改变而导致所有决策树的平均性能下降，是特征重要性的一个很好的指标。

可以使用随机森林的重要性输出来选择要在随机森林或其他算法（如线性回归）中使用的特征。scikit-learn 算法版本提供了一个基于决策树的特征选择，该选择提供了一种使用决策树或决策树组合的结果来选择相关特征的方法。可以通过使用 feature_selection 模块中的 SelectFromModel 函数来使用这种特征选择。

为了对随机森林的重要性度量进行解释，本示例使用空气质量数据集对 R 中的实现进行了测试，该数据集报告了 1973 年 5 月至 9 月纽约空气中的臭氧水平。为了运行这个示例，必须安装 randomForest 库。下面的 R 示例也使用了 caret 库，如果你还没有安装它，现在是时候安装了。

```
install.packages("randomForest")
install.packages("caret")
```

第一步，上传数据集，并且挑选出臭氧水平数据没有缺失的样本。

```
library(caret)
library(randomForest)

# Data preparation
data(airquality, package="datasets")
```

```
dataset <- airquality[!(is.na(airquality$Ozone)),]
dataset[is.na(dataset)] <- -1
```

在过滤之后，找出所有缺少的数据集值并将其设置为 -1。由于所有的预测因子（太阳辐射、风、温度、月份和日期）都是正值，所以使用负的替换值可以告诉随机森林决策树在缺失的信息具有一定预测性的时候进行树枝的分叉。

```
# Optimizing a tree
rf_grid <-  expand.grid(.mtry=c(2,3,5))
rf_model<-train(Ozone ~ ., data=dataset, method="rf",
             trControl=trainControl(method="cv",number=10),
             metric = "RMSE",
             ntree=500,
             importance = TRUE)
print (rf_model)
```

caret 包提供对 mtry 超参数的交叉验证检查，该参数表示在每次拆分时，组合的每棵树认为的可能的候选特征的数量。将 RMSE（均方根误差）作为成本函数，caret 的输出表明最佳选择是 mtry=2。caret 的 train 函数也提供了最好的模型，可以使用 importance 函数询问其重要性排名。

```
# Evaluate the importance of predictors
print (importance(rf_model$finalModel))

          %IncMSE IncNodePurity
Solar.R 10.624739     13946.509
Wind    20.944030     40084.320
Temp    39.697999     49512.349
Month    7.660438      4777.895
Day      3.911277      9845.365
```

可以根据两个度量来读 importance 的输出：成本函数的百分比增加，这是基于使用最终模型测试垃圾数据的结果；增加的节点纯度，这是基于决策树分叉的内部改进。

TIP

有时这两个排名是一致的，有时候并不一致。成本函数的百分比增加是一种敏感性分析，代表了整体的特征重要性。因此，可以在其他模型中使用它。节点不纯度的增多主要集中在算法认为重要的部分，因此特征选择对组合的改进非常有效。

18.2 使用几乎随机的猜测

由于自举采样，装袋通过在相似的预测变量中引入一些变化来减少方差。当创建的模型不同时，装袋是最有效的，虽然它可以与不同的模型一起工作，但它主要用于决策树。

装袋和它的演变——随机森林，不是利用组合的唯一方式。为了解决复杂的目标函数，一种完全相反的策略是创建简单机器学习算法的相互关联的集合，而不是争取组合元素的独立性。这种方法被称为增强（boosting），其工作原理是依次构建模型，并使用前一个模型的信息来训练模型。

装袋喜欢使用充分长大的决策树，和装袋有所不同，增强使用偏见模型，这种模型可以很好地预测简单的目标函数。较简单的模型包括具有单个分支（称为树桩）的决策树、线性模型、感知器和朴素贝叶斯算法。当猜测的目标函数比较复杂时，这些模型可能表现不佳（它们的学习能力较弱），但是它们可以被快速地训练，至少比随机的猜测要好一些（这意味着它们可以模拟部分的目标函数）。

组合中的每个算法都很好地猜测了部分函数，所以当它们合并在一起时，就可以猜测整个函数。这与盲人和大象的故事没有太大的差别。在故事中，一群盲人需要知道大象的形状，但每个人只能感觉到整头大象的一部分。一个人触摸象牙，一个人触摸耳朵，一个人触摸鼻子，一个人触摸身体，一个人触摸尾巴，这是整个大象的不同部分。只有将每个人分别摸到的东西放在一起时，才能知道大象的形状。通过修改原始数据集，目标函数要猜测的信息从一个模型发送到另一个模型，这样组合可以专注于数据集中尚未学习的部分。

用Adaboost的装袋预测器

1995 年制定的第一个增强算法是约阿夫·弗罗因德（Yoav Freund）和罗伯特·沙皮尔（Robert Schapire）提出的Adaboost（自适应增强的缩写）。Adaboost 公式如下：

$$H(\boldsymbol{X}) = \text{sign}\left(\sum_{m=1}^{M} \alpha_m H_m(\boldsymbol{X})\right)$$

起初，你可能会认为 Adaboost 公式很复杂，可以通过逐一审视来简化理解的过程。$H(\boldsymbol{X})$ 代表预测的函数，将特征矩阵 $\boldsymbol{X}$ 转换成预测。作为组合的模型，预测函数是模型的加权总和，在某种程度上类似于你在第 15 章中学习的线性模型。

$H(\boldsymbol{X})$ 函数提供的结果为符号向量（正值或负值），用于表示二元预测中类的归属（Adaboost 是一个二元预测算法）。这些符号来源于 M 个模型的总和，每一个模型都可以通过不同的 m 索引来区分（一般模型是 $H_m(\boldsymbol{X})$）。M 是数据训练时所确定的整数。（更好的方式是通过对验证集进行测试或使用交叉验证来确定 M。）原则上，每个模型都拟合一部分数据，而太多的模型意味着数据拟合得太好，这是一种记忆，会导致过拟合、高估计方差，因而也成为不好的预测。因此增加的模型数量是一个关键的超参数。

请注意，该算法将每个模型 $H_m(\boldsymbol{X})$ 乘以一个 alpha（α）值，每个模型所对应的 alpha 值都是不同的。这是模型在组合中的权重，alpha 是以一种聪明的方式设计而得来的，它的值与模型的能力有关，可以产生最少的预测误差。alpha 的计算如下：

$$\alpha_m = \frac{1}{2}\log((1-\mathrm{err}_m)/\mathrm{err}_m)$$

根据这个公式，随着模型 $H_m(\boldsymbol{X})$ 的误差（由 err_m 所表示）变小，alpha 的值会更大。该算法将误差较小的模型乘以较大的 alpha 值，因此这些模型在 Adaboost 算法的求和中起着更重要的作用。产生更多预测误差的模型的权重更小。

系数 alpha 的作用并不仅限于模型加权。由组合中的模型所输出的错误不仅指定了模型在组合本身中的重要性，而且修改了用于学习的训练样本的相关性。Adaboost 通过一个简单的算法每次学习一点数据的结构；让组合关注数据不同部分的唯一方法是分配权重。分配权重告诉算法要根据样本的权重对其进行计数，因此，一个单独的样本可以被统计两次、三次甚至更多次。也可以让一个样本从学习的过程中消失，使其被统计的次数越来越少。在考虑权重时，通过统计更多的拥有高权重的样本（更多的权重相当于更大幅度的成本函数的降低），可以更加容易地降低学习的成本函数。有效地使用权重将有益于我们的学习过程。

与迄今为止所见的所有其他学习算法一样，这些样本最初在模型的构建中具有相同的贡献。优化照常进行。在创建第一个模型并估计总误差之后，算法检查每个样本以确定预测是否正确。如果预测正确，则不进行任何操作，每个样本的权重保持不变。如果分类错误，每个被错分的样本的权重都会增加，并且在下一次迭代中，权重较大的样本会影响模型，模型需要为权重更大的样本找出一个解决方案。

在每次迭代中，Adaboost 算法都受到权重的指导，以处理难以预测的部分数据。实际上，你不需要处理那些算法已经能很好地预测的数据。加权是适应条件学习的智能解决方案，梯度增强的机器将调整和改善整个过程。请注意，这里的策略与随机森林不同。随机森林的目标是创建独立的预测。在这里，预测因子被链接在一起，因为更早的预测因子决定了后来的预测因子如何工作。由于增强算法依赖于一系列的计算，所以不能简单地并行化计算，它们会变慢。可以用以下这种方式来表示权重更新的公式：

$$w_i = w_i \times \exp(\alpha w_i \times I(y_i \neq H_m(x_i)))$$

函数 $I(y_i \neq H_m(x_i))$ 在不等式的值为假时输出 0，如果该值为真则输出 1。如果为真，则前面的样本权重将乘以 alpha 的指数。该算法通过使用组合中最近的学习算法来加权单个错分的样本，最终修改结果向量 $\boldsymbol{w}$。形象地说，以这种方式进行学习，就像每次朝可工作的预测组合的目标采取一个小小的改进步骤，而且不回头看，因为学习算法被加总之后，就不能再被改变了。

请记住可以与 Adaboost 一起使用的各种学习算法。通常它们是弱学习者，这意味着它们没有太多的预测能力。由于 Adaboost 使用其各部分的组合来近似复杂的函数，所以使用可快速训练并且具有一定偏差的机器学习算法是有意义的，每个组成部件都是简单的学习器。就像使用一系列线条来画一个圆圈：即使这条线是直线，你所要做的只是绘制一个边尽可能多的多边形来近似圆。通常情况下，决策树是 Adaboost 组合最喜欢的弱学习器，但是你也可以在其中使用线性模型或朴素贝叶斯算法。以下示例利用了 scikit-learn 提供的装袋功能来确定决策树、感知器或 K 最近邻算法是否最适合手写数字识别。

```
import numpy as np
from sklearn.ensemble import AdaBoostClassifier
from sklearn.tree import DecisionTreeClassifier
from sklearn.linear_model import Perceptron
from sklearn.naive_bayes import BernoulliNB
from sklearn.cross_validation import cross_val_score
from sklearn import datasets
digits = datasets.load_digits()
X,y = digits.data, digits.target

DT = cross_val_score(AdaBoostClassifier(DecisionTreeClassifier(),
    random_state=101) ,X, y, scoring='accuracy',cv=10)
P = cross_val_score(AdaBoostClassifier(Perceptron(), random_
    state=101, algorithm='SAMME') ,X, y, scoring='accuracy',cv=10)
NB = cross_val_score(AdaBoostClassifier( BernoulliNB(), random_
    state=101),X,y,scoring='accuracy',cv=10)

print ("Decision trees: %0.3f\nPerceptron: %0.3f\n" "Naive Bayes:
    %0.3f" % (np.mean(DT),np.mean(P), np.mean(NB)))
```

可以通过增加组合中的元素数量来提高 Adaboost 的性能，直到交叉验证不会报告恶化的结果。可以增加的参数是 n_estimators，它现在被设置为 50。为了更好地执行预测，预测器越弱，组合就应该越大。

18.3 增强聪明的预测器

本章先前讨论的 Adaboost 解释了学习过程如何通过逐步向目标移动来创建函数，类似于第 10 章所描述的梯度下降。本节描述梯度增强机（GBM）算法，它使用梯度下降优化来为组合学习确定合适的学习权重。由此产生的性能确实令人印象深刻，这使得梯度增强机成为机器学习中最强大的预测工具之一。梯度增强机的公式如下：

$$f(x)=\sum_{m=1}^{M} v\times h_m(x;w_m)$$

和 Adaboost 一样，一切从公式开始。 梯度增强机公式要求算法对多个模型进行加权求和。事实上，最大的变化并不在于增强的工作原理，而在于获得权重和求和函数的优化过程，这是弱学习器无法确定的。

在前面的公式中，M 表示总模型的数量，h 表示最终的函数，它是一系列 M 个模型的总和。每个模型都是不同的，因此记为 h_m，即 h_1、h_2 等。这个系列的学习函数之间的差异是因为模型依赖于特征 $\boldsymbol{X}$ 和向量 $\boldsymbol{w}$ 加权得到的样本，这些样本实际上对于每个模型都是变化的。

重新理解梯度下降

到目前为止，Adaboost 的情况并没有太大的不同。但是，请注意，该算法通过一个常数因子，也就是收缩因子 v 来加权每个模型。这是 Adaboost 和梯度增强机之间第一个有区别的地方。事实是，v 就像 alpha。然而，这个参数是固定的，而且无论以前添加的学习函数其性能如何，v 都要求算法进行学习。考虑到这个差异，该算法通过迭代以下操作序列来建立链：

$$f_m(x)=f_{m-1}(x)+v\times h_m(x;w_m)$$

观察训练过程中形成的公式。在每次迭代 m 之后，该算法将先前模型的结果与基于相同特征的新模型相加，但是一系列样本的权重有所不同。这是以函数 $h(\boldsymbol{X},\ \boldsymbol{w})$ 的形式表示的。该函数显示了与 Adaboost 的另一个区别：向量 $\boldsymbol{w}$ 不是由前一个模型的错误分类确定的，而是由梯度下降优化得到的，它可以根据成本函数（可选的不同类型）赋予权重。

梯度增强机可以解决不同的问题：回归、分类和排序（用于样本的排序），每个问题使用特定的成本函数。梯度下降有助于发现降低成本函数的向量 $\boldsymbol{w}$ 值的集合。这个计算等同于选择最好的样本来获得更好的预测。随着函数 h 使用向量 $\boldsymbol{w}$，该算法多次计算向量 $\boldsymbol{w}$，并且每次迭代该算法都将结果函数添加到前面的函数中。梯度增强机性能的秘诀在于通过梯度下降来优化权重，还在于以下这 3 个聪明的技巧。

- **收缩**：组合中的学习率。与梯度下降一样，你必须保持适当的学习率，以避免远离解决方案，这与梯度增强机相同。小的收缩值可以导致更好的预测。
- **二次采样**：模拟粘贴的方法。如果每个后续树建立在训练数据的子样本上，则结果是随机梯度下降。对于许多问题，粘贴方法有助于减少噪声和异常值的影响，从而改善结果。
- **固定大小的树**：固定增强中所使用的决策树深度就像固定组合中学习函数的复杂度一样，但相比 Adaboost 中使用的树桩而言，它更依赖于随机树。深度就像多项式展开中的幂一样：决策树越深，扩展就越大，从而增加了获取复杂目标函数的能力，当然也增加了过拟合的风险。

R 和 Python 都使用本章介绍的所有特性来实现梯度增强机。你可以搜索 Packages gbm 以阅读 gbm 软件包的相关信息，并了解 R 中该算法的实现。Python 则依赖 scikit-learn 中的一个实现，该实现在 scikit-learn 文档中的 1.11 节 Ensemblemethods 中有所讨论。以下示例将继续之前的测试。在这种情况下，可以为手写数字数据集创建一个梯度增强机分类器并测试其性能（此示例可能会运行很长时间）：

```
import numpy as np
from sklearn.ensemble import GradientBoostingClassifier
from sklearn.cross_validation import cross_val_score
from sklearn import datasets
digits = datasets.load_digits()
X,y = digits.data, digits.target

GBM = cross_val_score(
    GradientBoostingClassifier(n_estimators=300, subsample=0.8,
    max_depth=2, learning_rate=0.1, random_state=101), X, y, scoring=
    'accuracy',cv=10)

print ("GBM: %0.3f" % (np.mean(GBM)))
```

18.4 平均不同的预测器

在本节之前，本章讨论了由同一种机器学习算法形成的组合，但是当使用不同的机器学习算法时，平均和投票系统也可以奏效。这就是平均方法，它被广泛应用于不能减少估计方差时。

当尝试从数据中学习时，必须尝试不同的解决方案，从而使用不同的机器学习解决方案来建模数据。通过预测平均值或预测类别的统计，尝试是否能将其中的一些数据放入组合中，这是一个良好的实践。原理和装袋不相关的预测的原理是一样的，这样当模型混合在一起时，就可以产生受方差影响较小的预测。为了实现有效的平均，你必须做到以下 6 点。

（1）将你的数据分成训练集和测试集。

（2）使用不同的机器学习算法处理训练数据。

（3）记录每个算法的预测结果，并使用测试集评估结果的可行性。

（4）将所有可用的预测相互关联。

（5）选择最不相关的预测，并将其结果平均。或者，如果你正在分类，对于每个样本选择一组最不相关的预测，并选择一个大多数预测的类别作为新的类预测。

（6）根据测试数据测试最新平均的或多数票的预测。如果成功，你就可以通过平均组合中多个模型的结果来创建自己的最终模型。

要了解哪些模型的相关性最小，请逐个进行预测，并将每个模型与其他模型进行关联，然后对相关性进行平均以获得平均相关性。使用平均相关性对给定的预测进行排序，从而挑选出最适合平均的那些模型。

第 5 部分 将学习应用到实际问题

在这一部分，你将：

处理图像

读取并处理文本

对文本进行打分和分类

使用数据进行推荐

本章内容

- 使用 Python 处理图像
- 从图像中获取特征
- 使用图像信息来检测脸部的特征
- 对人脸图像执行图像分类任务

第19章 图像的分类

在5种感官之中，视觉无疑是传达外部世界知识和信息的最有力手段。许多人认为，视觉的天赋可以帮助孩子了解周围不同的事物和人。另外，人类通过图片、视觉艺术和文本文档来接收和传播知识。本章将讲解 Python 如何帮助计算机与图像进行交互。

因为视觉是如此重要和珍贵，所以它对于机器学习算法来说同样是非常宝贵的，视觉将赋予算法新的能力。今天的大多数信息都是以数字形式（文本、音乐、照片和视频）提供的，但是仅仅以二进制格式读取视觉信息并不能帮助你理解并正确地使用它。近年来，视觉在机器学习中更重要的用途之一是对图像进行分类（因为各种原因）。本章将帮助你了解一些技术，通过它们我们可以获取用于机器学习任务的图像特征。

例如，机器人需要知道它们应该避免哪些物体以及使用哪些物体，如果没有图像分类，这个任务是不可能的。人类也依靠图像分类来执行诸如手写识别和在人群中寻找特定人物的任务。以下是一些图像分类的重要任务：进行医学扫描、检测行人（汽车的重要功能，可以挽救成千上万的生命）、帮助农民确定哪些地区最需要水资源。本章的最后两节演示了获取图像信息然后使用该信息执行分类任务的技术。

19.1 处理一组图像

乍一看，图像文件是由一系列位组成的非结构化数据。文件并不以某种方式将这些位彼此分开。你不可能简单地查看文件并获得任何图像结构，因为这并不存在。与其他文件格式一样，图像文件依赖用户来解释这些数据。例如，图像的每个像素可以包含 3 个 32 位的字段。知道每个字段是 32 位这点取决于你。文件开始部分的头信息可能会提供用于解释文件的线索，但即使如此，你也需要知道如何使用正确的软件包或库来与文件进行交互。

本章介绍的示例使用 scikit-image。它是一个 Python 包，专门用于处理图像，它从文件中提取图像，并使用 NumPy 数组处理它们。通过使用 scikit-image，你可以获得加载和转换任何用于机器学习算法的图像时所需的全部技能。这个包还可以帮助你上传所有必要的图像、调整其大小或对其进行裁剪，并将它们放入一个特征向量中，以便对其进行转换从而进行机器学习。

scikit-image 不是唯一可以帮助你处理图像的 Python 软件包。还有其他的软件包，具体如下。

- scipy.ndimage：允许你操作多维度的图像。
- Mahotas：一个基于 C ++ 的快速处理库。
- OpenCV：专注于计算机视觉的强大软件包。
- ITK：设计用于医疗目的的 3D 图像。

本节中的示例显示如何将图像作为非结构化文件来处理。示例图像来自公共领域。要处理这些图像，你需要访问 scikit-image 库，它是一个用于图像处理的算法集合。你可以在 Scipy 文档中找到这个库的教程。第一个任务是使用以下代码在屏幕上显示图像。（请耐心等待：当 IPython Notebook 标签中的繁忙指示消失时，图像就准备就绪了。）

```
from skimage.io import imread
from skimage.transform import resize
from matplotlib import pyplot as plt
import matplotlib.cm as cm

%matplotlib inline

example_file = ("****://upload.wikimedia.***/" + "wikipedia/
```

```
    commons/7/7d/Dog_face.png")
image = imread(example_file, as_grey=True)
plt.imshow(image, cmap=cm.gray)
plt.show()
```

代码从导入一些库开始。然后创建了一个指向在线的示例文件的字符串，并将其放置在 example_file 中。该字符串是 imread() 方法调用的参数之一，另一个参数 as_grey 被设置为 True。参数 as_ grey 告诉 Python 将所有的彩色图像转换为灰度图像。已经成为灰度的图像保持不变。

加载图像之后，就可以渲染它（让其可以显示在屏幕之上）了。函数 imshow() 执行渲染并使用灰度色彩的图像，函数 show() 实际上显示了图像 image，如图 19-1 所示。

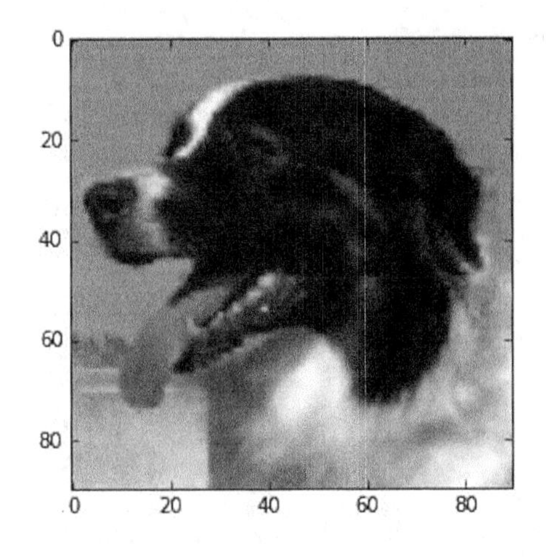

图19-1 调用渲染和显示函数后，图像呈现在屏幕之上。

有时图像并不完美，它们会呈现出噪声点或其他粒子，你必须平滑错误和不可用的信号。滤波器可以帮助你实现平滑，而且不会隐藏或修改图像的重要特征（比如图像的边缘）。如果你正在查找图像滤波器，那么可以使用以下方法来清理图像。

- **中值滤波器**：其假设是真实信号来自相邻像素的中值。函数 disk 提供用于应用中位数的区域，从而在邻域上创建一个圆形窗口。
- **总变差去噪**：其假设为噪声是方差，使用过滤器将减少方差。
- **高斯滤波器**：使用高斯函数来确定需要平滑的像素。

下面的代码为你展示了每一个过滤器在图像上的最终效果，如图 19-2 所示。

```
import warnings
warnings.filterwarnings("ignore")
from skimage import filters, restoration
from skimage.morphology import disk
median_filter = filters.rank.median(image, disk(1))
tv_filter = restoration.denoise_tv_chambolle(image, weight=0.1)
gaussian_filter = filters.gaussian_filter(image, sigma=0.7)
```

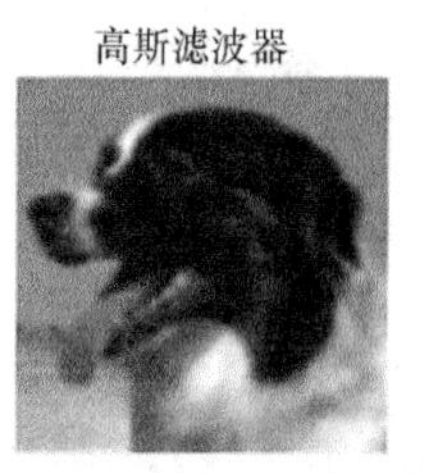

图19-2 不同的滤波器用于不同的噪声去除。

如果在运行代码时出现警告，请不要担心。发生这种情况的原因是在过滤过程中代码转换了一些数字，而新的数字形式没有以前那么丰富。

```
fig = plt.figure()
for k,(t,F) in enumerate((('Median filter',median_filter),
  ('TV filter',tv_filter), ('Gaussian filter', gaussian_filter))):
    f=fig.add_subplot(1,3,k+1)
    plt.axis('off')
    f.set_title(t)
    plt.imshow(F, cmap=cm.gray)
plt.show()
```

如果你不使用 IPython（或者你没有使用% matplotlib inline 这个神奇的命令），那么在图像过滤噪声后再查看图像，然后关闭图像。（In [*] 项中的星号表示代码仍在运行，你不能继续下一步。）关闭图像的操作结束了代码段的运行。现在内存中有一个图像，你可能想要更多地了解它。当运行以下代码时，你会知道图像的类型和大小：

```
print("data type: %s, shape: %s" % (type(image), image.shape))
```

这个调用的输出告诉你图像类型是 numpy.ndarray，图像大小是 90 像素 ×90 像素。这张图像实际上是一个像素数组，可以通过各种方式进行操作。例如，如果要剪裁图像，则可以使用以下代码来操作图像数组。

```
image2 = image[5:70,0:70]
plt.imshow(image2, cmap=cm.gray)
```

```
plt.show()
```

image2 中的 numpy.ndarray 小于 image 中的 numpy.ndarray，所以输出也比较小。图 19-3 显示了典型的结果。裁剪图像的目的是使其具有特定的尺寸。两张图像必须是相同的大小，你才可以分析它们。裁剪是确保图像尺寸适于分析的一种方法。

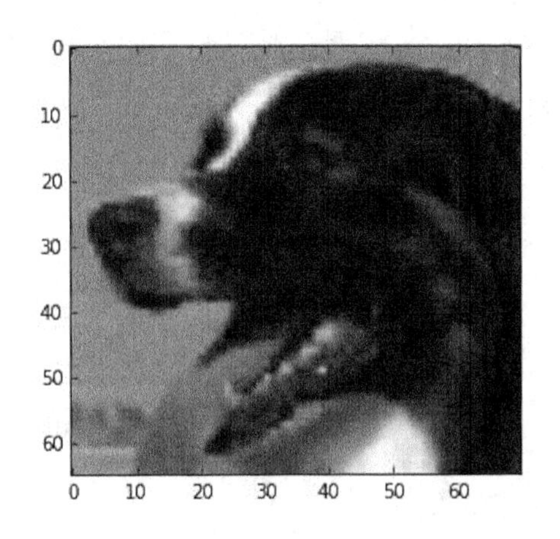

图19–3
裁剪图像使其变小。

用来更改图像大小的另一种方法是 resize。下面的代码将图像大小调整为特定的尺寸以便进行分析：

```
image3 = resize(image2, (30, 30), mode='nearest')
plt.imshow(image3, cmap=cm.gray)
print("data type: %s, shape: %s" % (type(image3), image3.shape))
```

函数 print() 的输出告诉你现在图像的大小是 30 像素 ×30 像素。你可以将它与相同尺寸的任何其他图像进行比较。

清理完所有图像并将其尺寸调整合适后，需要将其展开。数据集的每一行始终是单个维度，而不是两个或更多个维度。图像目前是 30 像素 ×30 像素的数组，因此你无法将其作为数据集的一部分。下面的代码将 image3 展开，所以它变成了一个存储在 image_row 中的有 900 个元素的数组。

```
image_row = image3.flatten()
print("data type: %s, shape: %s" % (type(image_row), image_row.shape))
```

注意这个类型仍然是 numpy.ndarray。你可以将此数组添加到数据集中，然后使用该数据集进行分析。如预期的那样，数组大小是 900 个元素。

19.2 提取视觉特征

在图像上开展机器学习是可行的，因为机器学习可以依靠特征来比较图像，并将图像与其他图像（由于相似性）或特定标签（例如猜测出的代表对象）相关联。当我们在图像上看到一辆车或一棵树时，人们可以很容易地选择它。即使是我们第一次看到某种树或车，我们也可以将它与正确的对象联系起来（标记），或者将它与记忆中的类似对象进行比较（图像回忆）。

如果某个对象是汽车，那么它有车轮、车门、方向盘等，这些都是帮助你将其分类为汽车的元素。你知道的原因是你看到超越图像本身之外的形状和元素。因此，无论一棵树或一辆车有多么不寻常，如果它拥有某些特征，你就可以指出它是什么。

只有在你准备好了数据的时候，算法才能直接从像素中推断元素（形状、颜色、细节、相关元素等）。在处理图像时我们有必要准备好合适的特征，除了被称为卷积网络的特殊神经网络（在第 16 章中它作为深度学习的一部分进行了讨论）外。卷积网络在图像识别领域中处于领先水平，因为它们可以从原始图像中自行提取有用的特征。

从图像中准备特征就像玩拼图一样——你必须找出图像内部表示的任何相关的细节、纹理，以便从其细节再现图像。所有这些信息作为图像特征，构成了机器学习算法完成其工作所需的宝贵元素。

卷积神经网络跨层过滤信息，训练其卷积参数（各种图像滤波器），因此它们只能过滤掉与图像以及所要训练的任务相关的特征。其他特殊的层称为池化层，池化层有助于神经网络在翻转或旋转的情况下捕捉这些特征（它们出现在图像的不寻常部分）。

应用深度学习需要特殊的技术和机器来承受巨大的计算工作量。伯克利视觉和学习中心的 Yangqing Jia 所研发的 Caffe 包允许我们建立这样的神经网络，同时也可以利用现有的预训练网络。预训练的神经网络是一个卷积网络，它通过对大量不同的图像进行训练，从而学习如何过滤出用于分类的特征。预训练网络允许你输入图像，并获得大量的值，而这些值是网络先前所学到的某种特征的得分。特征可以对应于某种形状或纹理。对机器学习目标而言，你要从预训练网络所产生的特征中选出更重要的那些特征，因此你必须通过另一个神经网络、支持向量机或简单回归来选择合适的特征。

当你不能使用卷积神经网络或预训练库时（由于内存或 CPU 的限制），OpenCV 或一些 scikit-image 函数仍然可以提供帮助。例如，为了强调图像的边界，可以使用 scikit-image 实现一个简单的过程，具体如下所示：

```
from skimage import measure
contours = measure.find_contours(image, 0.55)
plt.imshow(image, cmap=cm.gray)
for n, contour in enumerate(contours):
    plt.plot(contour[:, 1], contour[:, 0], linewidth=2)
plt.axis('image')
plt.show()
```

你可以在 scikit-image 教程中阅读有关轮廓识别和其他特征提取算法（直方图、角点和斑点检测）的更多信息。

19.3 使用Eigenfaces识别人脸

在人群中识别人脸的能力已成为许多专业领域的必备能力。例如，军事和执法部门都严重依赖它。当然，面部识别也被用于安保和其他需求。这个示例将研究更一般意义上的面部识别。你可能想知道社交网络如何使用适当的标签或名称来标记图像。以下示例演示如何使用 Eigenfaces 创建合适的特征来执行此任务。

Eigenfaces 面部识别方法是基于人脸整体的外观，而不是特定的细节。借助于可以获取和重塑图像中存在的方差的技术，重构后的信息像面部的 DNA 一样被处理，从而可以在大量的面部图像中恢复相似的面部（因为它们具有相似的方差）。与从图像的细节中所提取的特征相比，它不是那么有效，但仍然能起作用，并且可以在你的计算机上快速实现。这种方法演示了机器学习如何使用原始像素进行操作，但是若你将图像数据转换为另一种类型的数据时则会更为有效。你可以通过搜索 Eigenfaces 或者通过试用 scikit-learn 中的方差分解教程“Faces Dataset Decompositions”来了解更多关于 Eigenfaces 的知识。

在这个示例中，你将使用 Eigenfaces 将训练集中的图像与测试集中的图像关联起来，最初可以使用一些简单的统计测量：

```
import numpy as np
from sklearn.datasets import fetch_olivetti_faces
dataset = fetch_olivetti_faces(shuffle=True, random_state=101)
train_faces = dataset.data[:350,:]
```

```
test_faces  = dataset.data[350:,:]
train_answers = dataset.target[:350]
test_answers = dataset.target[350:]
```

该示例首先使用 Olivetti 人脸数据集，该数据集是 scikit-learn 公开的一组图像。对于这个实验，代码将标注后的图像集合划分为训练集和测试集。假设你已知道训练集的标签，但不知道测试集中的任何内容。因此，你希望将测试集中的图像与训练集中最相似的图像相关联。

```
print (dataset.DESCR)
```

Olivetti 数据集由 40 个人的 400 张照片组成（每个人有 10 张照片）。即使照片代表同一个人，每张照片也是在一天中的不同时间拍摄的，具有不同的光照和面部表情或细节（例如戴眼镜和不戴眼镜）。图像为 64 像素 ×64 像素，因此将所有像素展开为特征将创建一个由 400 个样本和 4096 个变量组成的数据集。特征似乎很多，实际上确实也是。使用 RandomizedPCA，可以将它们降低到一个更小、更易于管理的数量。

```
from sklearn.decomposition import RandomizedPCA
n_components = 25
Rpca = RandomizedPCA(n_components=n_components, whiten=True,
    random_state=101).fit(train_faces)
print ('Explained variance by %i components: %0.3f' % (n_components,
    np.sum(Rpca.explained_variance_ratio_)))
compressed_train_faces = Rpca.transform(train_faces)
compressed_test_faces  = Rpca.transform(test_faces)

Explained variance by 25 components: 0.794
```

RandomizedPCA 类是一个近似的 PCA 版本，当数据集很大（有许多行和变量）时其效果更好。decomposition 创建了 25 个新的变量（由 n_components 参数确定）和白化（whiten = True），以与刚刚讨论过的滤波器以不同的方式从图像中去除了某些常量噪声（由文本和图像粒度造成的）以及不相关的信息。由此产生的分解使用了 25 个分量，信息量大约是 4096 个特征所含信息量的 80%。

```
import matplotlib.pyplot as plt
photo = 17 # This is the photo in the test set
print ('We are looking for face id=%i' % test_answers[photo])
plt.subplot(1, 2, 1)
plt.axis('off')
plt.title('Unknown face '+str(photo)+' in test set')
plt.imshow(test_faces[photo].reshape(64,64), cmap=plt.cm.gray,
    interpolation='nearest')
```

```
plt.show()
```

图 19-4 显示了来自测试集的照片，其编号为 34[①]。

图19-4 示例应用程序想要找到相似的照片。

在对测试集进行分解之后，该示例仅选择了和编号 17 相关的数据，并从训练集的分解中减去它。现在训练集是由和示例照片有所差异的数据组成的。代码先将它们进行平方（去除负值），然后按行进行求和，这将导致一系列的求和错误。最相似的照片是那些拥有最小平方误差的照片，也就是那些差异最小的照片。

```
#Just the vector of value components of our photo
mask = compressed_test_faces[photo,]
squared_errors = np.sum((compressed_train_faces - mask)**2,axis=1)
minimum_error_face = np.argmin(squared_errors)
most_resembling = list(np.where(squared_errors < 20)[0])
print ('Best resembling face in train test: %i' % train_answers
    [minimum_error_face])
Best resembling face in train test: 34
```

与以前一样，代码现在可以显示照片 17[②]，这是最接近训练图像的照片。图 19-5 显示了这个示例的典型输出。

```
import matplotlib.pyplot as plt
plt.subplot(2, 2, 1)
plt.axis('off')
plt.title('Unknown face '+str(photo)+' in test set')
plt.imshow(test_faces[photo].reshape(64,64), cmap=plt.cm.gray,
interpolation='nearest')
for k,m in enumerate(most_resembling[:3]):
    plt.subplot(2, 2, 2+k)
    plt.title('Match in train set no. '+str(m))
    plt.axis('off')
```

① 图 19-4 显示的编号为 17，这里的 34 应该是笔误。——译者注

② 和代码里显示的 34 有所不符。——译者注

```
    plt.imshow(train_faces[m].reshape(64,64), cmap=plt.cm.gray,
interpolation='nearest')
plt.show()
```

图19-5 输出显示了和被测图像相似的结果。

即使算法给出的最相似照片和原照片是非常相似的（只是略微缩放），但另外两张照片是相当不同的。但是，尽管这些照片与测试图像并不匹配，但它们确实显示了与照片 17 中相同的人物。

本章内容

- 考虑自然语言处理（NLP）
- 定义机器如何理解文本
- 执行评分和分类任务

第20章 为观点和情感打分

许多人有这样的想法：计算机在某种程度上可以理解文本。事实上，计算机没有办法表示文本——对计算机而言这一切都是数字。本章将帮助你理解文本处理（为观点和情感打分）的3个阶段：使用自然语言处理（NLP）来解析文本；执行理解文本的实际任务；执行评分和分类任务，以有意义的方式与文本进行交互。

20.1 介绍自然语言处理

作为人类，理解语言是我们的首要成就之一，将词汇与其意义联系起来似乎是很自然的。对于含糊不清的话语或者与我们生活或工作的上下文环境相关的话语（例如方言、行话或家人或同事理解的术语），人类大脑都是自动处理的。另外，人类可以捕捉到文本中微妙的情绪和情感，这使得人们可以理解隐藏着消极情感和讽刺的礼貌言语。计算机不具备这种能力，但它可以依靠自然语言处理，这是一种涉及机器和人之间的语言理解以及语言生成的计算机科学领域。自从阿兰·图灵（Alan Turing）在1950年首先设计出图灵测试（图灵测试的目标是基于人工智能与人类的交流方式来识别它）以来，自然语言处理专家已经开发了一系列的技术，展示了计算机与人类通过文本进行交互的最新进展。

一台使用自然语言处理的计算机可以在电子邮件中成功发现垃圾邮件、标记包含动词或名词的对话部分并识别一个实体，如一个人或公司的名称（称为命名实体识别，请参阅“Named-entity recognition”一文）。这些成果在垃圾邮件过滤、通过新闻文章预测股市、从数据存储中删除冗余信息等任务中都得到了应用。

当翻译另一种语言的文本或者理解有歧义的词语中谁是主题词时，自然语言处理会变得更加困难。例如，考虑这个句子，“约翰（John）告诉卢卡（Luca）他不应该再这样做。”在这种情况下，你无法确定“他”是指约翰还是卢卡。区分包含多种意义的歧义，比如考虑词 mouse 是指动物还是计算机设备，可能是相当困难的。显然，所有这些问题都是基于上下文而产生的。

作为人类，我们可以通过检查文本的细节（如地点和时间等要素）来解决模棱两可的问题（比如了解约翰和卢卡之间发生了什么，或者当谈到 mouse 时是否与计算机有关）。依靠额外的信息进行理解是人类经验的一部分。这种分析对于计算机来说有些困难。而且，如果任务需要重要的上下文知识或要求听众借助常识和普遍的专业知识，那么任务就会变得更艰巨。简而言之，自然语言处理仍然还有很多要完善的地方，包括如何有效地从文本中提取有意义的摘要或如何从文本中完成缺失的信息。

20.2 理解机器是如何阅读的

在计算机能够处理文本之前，它必须能够通过某种方式来阅读文本。第 13 章讲解了如何准备数据以处理分类变量，如表示颜色的特征（表示样本是红色、绿色还是蓝色）。分类数据是一种使用二元变量表示的简短文本，二元变量是指根据分类变量中是否存在某个值来使用 1 或 0 进行编码的变量。毫不奇怪，你可以使用相同的逻辑表示复杂的文本。

因此，正如将具有红色、绿色和蓝色等值的分类颜色变量转换为 3 个二元变量且每个变量代表三种颜色之一一样，你可以使用 9 个二元变量来转变“The quick brown fox jumps over the lazy dog ”这样的短语，每个出现在文本中的单词对应一个变量（我们认为“The”和“the”是不同的，因为首字母大小写不一样）。这是词袋（BoW）的表示形式。最简单的形式是，词袋通过在数据集中添加一个特定的特征来显示某个单词是否出现在文本中。现在来看看使用 Python 及其 scikit-learn 软件包的示例。

输入数据是 3 个短语：text_1、text_2 和 text_3，它们存放在列表 corpus 中。语料库（corpus）是一组用于自然语言处理的同质文档：

```
text_1 = 'The quick brown fox jumps over the lazy dog.'
```

```
text_2 = 'My dog is quick and can jump over fences.'
text_3 = 'Your dog is so lazy that it sleeps all the day.'
corpus = [text_1, text_2, text_3]
```

当你需要使用计算机分析文本时，可以从磁盘中加载文档或从网页截取文档并将其存放到一个字符串变量中。如果你有多个文档，则将它们全部存储在列表中，也就是语料库中。当你只有文件时，你可以使用章节、段落或者只是每一行的结尾来分割它。分割完文件后，将其所有部分放入列表中，并应用分析，将列表当作文档的语料库。

现在你已经有了一个语料库，可以使用 scikit-learn 中 feature_extraction 模块的类 CountVectorizer 来轻松地将文本转换为词袋了，具体代码如下所示：

```
from sklearn.feature_extraction import text
vectorizer = text.CountVectorizer(binary=True).fit(corpus)
vectorized_text = vectorizer.transform(corpus)
print(vectorized_text.todense())

[[0 0 1 0 0 1 0 1 0 0 0 1 1 0 1 1 0 0 0 1 0]
 [0 1 0 1 0 1 1 0 1 0 1 0 0 1 1 1 0 0 0 0 0]
 [1 0 0 0 1 1 0 0 1 1 0 0 1 0 0 0 1 1 1 1 1]]
```

CountVectorizer 类使用 fit 方法学习语料库的内容，然后将它（使用 transform 方法）转换为列表的列表。正如第 9 章所讨论的，列表的列表只不过是一个伪装的矩阵，所以类实际上返回的是一个 3 行（3 个文档，与语料库相同的顺序）、21 列（代表内容）的矩阵。

词袋表示将单词转换为文档矩阵的列特征，这些特征在处理后的文本中具有非零值。例如，dog 这个词，下面的代码显示了它在词袋中的表示：

```
print(vectorizer.vocabulary_)

{'day': 4, 'jumps': 11, 'that': 18, 'the': 19, 'is': 8,
 'fences': 6, 'lazy': 12, 'and': 1, 'quick': 15, 'my': 13,
 'can': 3, 'it': 9, 'so': 17, 'all': 0, 'brown': 2,
 'dog': 5, 'jump': 10, 'over': 14, 'sleeps': 16,
 'your': 20, 'fox': 7}
```

这里我们要求 CountVectorizer 输出从文本中学习的词汇，结果显示系统将单词 dog 与数字 5 相关联，这意味着 dog 是词袋表示中的第 5 个元素。实际上，在所获得的词袋中，每个文档列表的第 5 个元素的值总是 1，因为 dog 是唯一在 3[①]个文件中都存在的单词。

① 原文笔误为“tree”，应该为“three”。——译者注

REMEMBER

以文档矩阵的形式存储文档可能会占用大量内存，因为必须将每个文档表示为与该文档所创建的字典长度相同的向量。这个示例中的字典是有限的，但是当使用一个更大的语料库时，就会发现英语词典包含了超过一百万个词条。解决方法是使用稀疏矩阵。稀疏矩阵是一种将矩阵存储在计算机内存中，而让零值不会占用内存空间的方法。

20.2.1 处理并增强文本

标注一个单词是否在文本中存在确实是一个好的开始，但有时这是不够的。词袋模型有其自身的局限性。就好像你随意地将东西放进一个袋子里，也就是词袋里，单词彼此之间的有序关系就会失去。例如，在“My dog is quick and can jump over fences”这个词组中，你知道 quick 指的是 dog，因为这两个词被动词 to be 的 is 形式连接。然而，在词袋中，一切都是混合在一起的，并且丢失了一些内部指向。进行进一步处理可以防止这样的事情发生，接下来讨论如何处理和增强文本。

1．考虑基本的处理任务

除了标记短语元素〔技术上称为分词（token)〕的存在或不存在，你还可以统计它出现的次数，如下面的代码所示：

```
text_4 = 'A black dog just passed by but my dog is brown.'
corpus.append(text_4)
vectorizer = text.CountVectorizer().fit(corpus)
vectorized_text = vectorizer.transform(corpus)
print(vectorized_text.todense()[-1])

[[0 0 1 1 1 1 0 0 2 0 0 1 0 0 0 1 0 1 0 1 0 0 0 0 0 0]]
```

这个代码修改了前面的示例，它添加了一个新的短语，其中 dog 一词重复了两次。代码将新短语附加到语料库 corpus 中并重新训练向量器 vectorizer，但是这次省略了 binary = True 设置。最后插入文档的结果向量清楚地显示第 9 个位置的值为 2，因此 vectorizer 对单词 dog 进行两次计数。

统计分词有助于让重要的单词脱颖而出。然而，重复对表达意义不重要的短语元素（例如冠词）也是很常见的。在接下来的内容中，你会了解如何排除不重要的元素，目前的示例使用词频 - 逆文档频率（TF-IDF）变换来进行弥补。

TF-IDF 变换是在计算出分词出现在短语中的次数后，将该值除以分词出现的文档数量。使用这种技术，即使一个单词在单个文档中出现很多次，如果它在其他文档中也出现时，那么向量器就认为这个单词并不那么重要。在示例语料库中，每个文本中都会出现“dog”字样。在分类问题中，不能仅使用该词来区分文本，因为它出现在语料库中的任何地方。单词 fox 只出现在一个短语中，所以它成为一个重要的分类术语。

在应用 TF-IDF 时，通常需要应用一些其他的转换，其中最重要的转换规范了文本的长度。显然，与较短的文本相比，较长的文本有更多的机会可以拥有更多与众不同的文字。例如，当 fox 这个词出现在一个简短的文字中时，它可能与这个词组的含义有关，因为文本比较短，fox 从为数不多的几个单词中脱颖而出。然而，当 fox 这个词出现在长文本中时，它的存在可能并不重要，因为它只是众多单词中的一员。出于这个原因，转换将词组中每个分词的数量除以总分词数量[①]。像这样处理一个短语，将使得分词被统计成分词百分比，所以 TF-IDF 不再考虑 fox 一词出现的次数，而是考虑 fox 在所有分词中出现次数的百分比。以下示例演示了如何使用归一化和 TF-IDF 的组合来完成前面的示例。

```
TfidF = text.TfidfTransformer(norm='l1')
tfidf = TfidF.fit_transform(vectorized_text)

phrase = 3 # choose a number from 0 to 3
total = 0
for word in vectorizer.vocabulary_:
    pos = vectorizer.vocabulary_[word]
    value = list(tfidf.toarray()[phrase])[pos]
    if value !=0:
        print ("%10s: %0.3f" % (word, value))
        total += value
print ('\nSummed values of a phrase: %0.1f' % total)

        is: 0.077
        by: 0.121
     brown: 0.095
       dog: 0.126
      just: 0.121
        my: 0.095
     black: 0.121
    passed: 0.121
       but: 0.121

Summed values of a phrase: 1.0
```

这种新的 TF-IDF 模型重新调整了重要单词的值，并使它们在语料库中的不同文本之间具有了可比性。为了在词袋转换之前保留部分文本的排序，添加

① 原文是“转换将总分词数量除以词组中每个分词的数量”，应该是笔误。——译者注

n-gram 也是有用的。*n*-gram 是文本中分词的连续序列，可以将其作为词袋表示中的单个分词。例如，在词组"The quick brown fox jumps over the lazy dog"中，bigram 为两个分词的序列，它将 brown fox 和 lazy dog 变成两个单一的分词。而 trigram 可以从 quick brown fox 中创建一个单一的分词。*n*-gram 是一个强大的工具，但有一个缺点，它不知道哪个组合对于一个短语而言是有重要意义的。*n*-gram 创建了大小为 *n* 的所有连续序列。TF-IDF 模型可能会减少不太有用的 *n*-gram，但只有像谷歌的 NGram viewer 这样的项目才能在一定程度上告诉你哪些 *n*-gram 在自然语言处理中有用。以下示例使用 CountVectorizer 在（2，2）范围内对 *n*-gram 进行建模，即 bigrams。

```
bigrams = text.CountVectorizer(ngram_range=(2,2))
print (bigrams.fit(corpus).vocabulary_)

{'can jump': 6, 'by but': 5, 'over the': 21,
 'it sleeps': 13, 'your dog': 31, 'the quick': 30,
 'and can': 1, 'so lazy': 26, 'is so': 12, 'dog is': 7,
 'quick brown': 24, 'lazy dog': 17, 'fox jumps': 9,
 'is brown': 10, 'my dog': 19, 'passed by': 22,
 'lazy that': 18, 'black dog': 2, 'brown fox': 3,
 'that it': 27, 'quick and': 23, 'the day': 28,
 'just passed': 16, 'dog just': 8, 'jump over': 14,
 'sleeps all': 25, 'over fences': 20, 'jumps over': 15,
 'the lazy': 29, 'but my': 4, 'all the': 0,
 'is quick': 11}
```

通过设置不同的取值范围，可以在自然语言处理中使用 unigram（单个分词）和 *n*-gram。例如，设置 ngram_range =（1,3）会创建所有的分词、所有的 bigram 和所有的 trigram。在自然语言处理的分析中，你通常不需要超过 trigram。增加多于 trigram 的 *n*-gram 的好处不多，有时甚至只有 bigram 就足够了，这取决于语料库的大小和自然语言处理的问题。

2. 获取词干并去除停用词

获取词干（stemming）是将词汇缩减为词干（或词根）的过程。这个任务与理解某些单词来自拉丁语或其他词根并不相同，而是出于比较或分享的目的使相似的词彼此相等。例如，单词 cat、catty 和 catlike 都有词干 cat。获取词干的行为有助于我们在对语句进行分词时分析它们，因为具有相同词干的词应具有相同的含义（我们可以使用单个特征来表示它们）。

通过删除后缀来创建词干，并使分词后的语句更容易处理，不是简化文档矩阵的唯一方法。人类语言包含了许多对计算机没有多大意义的黏合词，但它们对我们意义重大，如英语中的 a、as、that 等。它们使文本以有意义的方式流通和连接。然而，词袋方法并不关心你如何在文本中排列单词。因此，移除这些词是合理的。这些短小、不太有用的词被称为停用词（stop word）。

获取词干和删除停用词的行为简化了文本，减少了文本元素的数量，从而只保留了基本的要素。另外，只保留最接近短语真正含义的词汇即可。通过减少分词的数量，计算型的算法可以更快地工作，并在语料库较大时能更有效地处理文本。

ON THE WEB

这个示例需要使用自然语言工具包（NLTK），默认情况下，Anaconda 并不安装这个包。要使用此示例，你必须通过 NLTK 官网上的说明，为你的平台下载并安装 NLTK。当系统安装了多个版本的 Python 时，请确保为本书所使用的任何版本的 Python 安装了 NLTK。安装 NLTK 之后，还必须安装与之关联的软件包。NLTK 官网上的说明将告诉你如何执行这个任务。（安装所有的软件包以确保一切就绪。）

以下示例展示了如何执行词干提取并从句子中删除停用词。该示例从算法的训练开始，使用测试语句执行所需的分析。之后，这个示例检查第二个句子中出现在第一个句子中的单词。

```
from sklearn.feature_extraction import text

import nltk
from nltk import word_tokenize
from nltk.stem.porter import PorterStemmer
nltk.download('punkt')

stemmer = PorterStemmer()

def stem_tokens(tokens, stemmer):
    stemmed = []
    for item in tokens:
        stemmed.append(stemmer.stem(item))
    return stemmed

def tokenize(text):
    tokens = word_tokenize(text)
    stems = stem_tokens(tokens, stemmer)
    return stems

vocab = ['Sam loves swimming so he swims all the time']
vect = text.CountVectorizer(tokenizer=tokenize, stop_words='english')
vec = vect.fit(vocab)

sentence1 = vec.transform(['George loves swimming too!'])
```

```
print (vec.get_feature_names())
print (sentence1.toarray())
```

首先，这个示例使用一个测试语句创建了一个词汇表，并将其放置在变量vocab中。然后，它创建一个CountVectorizer类型的变量vect以保存词干的列表，但不包括停用词。参数tokenizer定义了用于获取词干的函数。参数stop_words指向的是一个包含特定语言停用词的压缩文件，在本例中是英文，也有其他语言的停用词文件，例如法文和德文。（你可以在scikit-learn的官网中了解CountVectorizer()的其他参数。）词汇表放在另一个名为vec的CountVectorizer中，我们使用vec的transform()函数对测试语句执行实际的转换。以下是这个示例的输出。

```
[nltk_data] Downloading package punkt to
[nltk_data]     C:\Users\Luca\AppData\Roaming\nltk_data...
[nltk_data]   Unzipping tokenizers\punkt.zip.
['love', 'sam', 'swim', 'time']
[[1 0 1 0]]
```

第一个输出显示了单词的词干。请注意，列表只包含swim，不包含swimming或swims。所有的停用词也都被删除了。你不会看到so、he、all或the这样的单词。

第二个输出显示了每个词干在测试句子中出现的次数。在这种情况下，单词love的变体出现一次，swim的变体也出现一次。单词sam和time没有出现在第二个句子中，所以这些值为0。

20.2.2 从Web上抓取文本数据集

鉴于自然语言处理的能力，建立完整的语言模型只需收集大量的文本集合即可。通过挖掘大量的文本，我们可以让机器学习算法使用自然语言处理来发现单词之间的关联，并根据特定的上下文获得有用的概念。例如，当以硬件设备或动物的形式讨论mouse（鼠标/老鼠）时，由自然语言处理所驱动的机器学习算法可以从短语中的其他提示中得出确切的主题。而人类是通过体验、观察或阅读谈话的主题来破译这些暗示的。

计算机同样有机会观察和阅读文本。Web让我们可以访问数以百万计的文档，其中大部分可以不受限制地自由访问。从网络进行数据抓取允许机器学习算法自动地为自然语言处理过程提供内容，并学习识别和分类文本的新功能。开发人员已经做了很多工作来创建自然语言处理系统，该系统利用网络内容的丰富性，能够更好地理解文本信息。

例如，通过使用从网络和其他开放文本资源（如字典）所获得的自然语言文本，微软研究院的科学家已经开发了各种版本的 MindNet，它是一个语义网络，由意义相连的单词组成。MindNet 可以通过同义词、构成、因果关系、位置和来源找到相关的单词。例如，当你询问汽车这个词时，MindNet 提供了诸如车辆（同义词）的答案，然后将车辆连接到车轮，因为它是汽车的特定部分，从而提供了直接从文本获得的知识，而此时没有任何人给予 MindNet 特定的指导并告诉它汽车是如何制造的。可以通过微软官网阅读关于 MindNet 的更多信息。

谷歌根据其 Google Books 项目开发了类似的软件，它可为所有谷歌应用程序构建更好的语言模型。一个基于谷歌工作的公共 API 是 Ngram Viewer，它可以探索一段时间内某些特定的分词组合出现的频率，最多的是 five-grams。

能够从网络上获取信息可以让我们获得更大的成就。例如，你可以根据相关的表情图标（emoticon）或表情符号（emoji）建立正面或负面词汇的字典。

ON THE WEB

网络抓取是一个复杂的课题，可能需要整本书的篇幅来解释。本章为你提供了一个网络抓取的示例，并概述了其内容。使用 Python 执行网络抓取时，需要安装 Beautiful Soup 软件包。这个软件包应该已经成为你 Anaconda 安装的一部分，但是如果没有，你也可以通过打开命令窗口并发出命令来轻松地将其安装到自己的系统上：

```
pip install beautifulsoup4
```

Beautiful Soup 是伦纳德 · 理查森（Leonard Richardson）创建的一个软件包，它是一个非常好的工具，用于从网上获取 HTML 或 XML 文件中的数据（即使它们格式不正确或者以非标准的方式写入）。包名的含义是：HTML 文档是由标签组成的，当它们混乱时，许多开发人员习惯性地将文档称为标签汤（tag soup）。多亏了 Beautiful Soup，你可以轻松地在页面中导航，找到重要的对象，并将它们提取为文本、表格或链接。

这个示例演示了如何从包含所有主要美国城市的维基百科页面下载表格。维基百科是一个免费访问和拥有大量免费内容的互联网百科全书，全世界每天有数百万用户在享受其服务。它的知识是免费的、开放的，而且结构合理，它是在网上学习的宝贵资源。

WARNING

大多数出版商和许多大学教师认为维基百科的信息是可疑的。任何人都可以编辑它所包含的条目，有时候人们这么做会出于政治或社会方面的考虑。或者仅仅是缺乏知识（参见文章“Just how accurate is Wikipedia”）。这意味着你接收到的信息可能不会反映真实情况。但是，很多研究表明，创建维基百科的社区力量确实倾向于在一定程度上缓解这个问题。即便如此，还是需要对维基百科的参考资料保持谨慎，就像互联网内容一样。有人告诉你事情是怎样的，并不代表它就是真的（不管信息来源可能采取什么形式）。在接受任何互联网信息之前，需要交叉引用信息并验证事实，即使是维基百科。这就是说，作者已经尽可能地检查了本书中所使用的全部维基百科来源，以确保你接收到准确的信息。

维基百科有自己的规则和服务条款，你可以在“Bot Policy”一文中阅读这些条款。服务条款禁止使用机器人自动执行任务，如修改网站（更正和自动发布）以及批量下载（下载海量数据）。然而，维基百科是自然语言处理分析的重要来源，因为你可以在维基百科官网下载所有英文的文章。其他语言的文章也可以下载。

```
from bs4 import BeautifulSoup
import pandas as pd
try:
    import urllib2 # Python 2.7.x
except:
    import urllib.request as urllib2 # Python 3.x

wiki = "****://en.wikipedia.***/wiki/\
List_of_United_States_cities_by_population"
header = {'User-Agent': 'Mozilla/5.0'}
query = urllib2.Request(wiki, headers=header)
page = urllib2.urlopen(query)
soup = BeautifulSoup(page, "lxml")
```

在上传 Beautiful Soup 包后，代码将定义一个 HTTP 包头（声明你是使用浏览器的人类用户）和目标页面。目标页面是包含美国主要城市列表的文档。（在维基百科搜索 List of United States Cities by Population。）该列表还包含了关于城市人口和地表的信息。

```
table = soup.find("table", { "class" : "wikitable sortable" })
final_table = list()
for row in table.findAll('tr'):
    cells = row.findAll("td")
    if len(cells) >=6:
        v1 = cells[1].find(text=True)
        v2 = cells[2].find(text=True)
        v3 = cells[3].find(text=True)
        v4 = cells[4].find(text=True)
        v5 = cells[6].findAll(text=True)
        v5 = v5[2].split()[0]
        final_table.append([v1, v2, v3, v4, v5])
cols = ['City','State','Population_2014','Census_2010' ,'Land_
```

```
Area_km2']
df = pd.DataFrame(final_table, columns=cols)
```

将页面下载到名为 soup 的变量中之后，使用 find() 和 findAll() 方法可以查找一个表（<tr> 和 <td> 标签）。变量 cells 包含许多单元格条目，每个条目都可以包含文本。代码在每个单元格内查找它存储在列表（final_table）中的文本信息（v1 到 v5）。然后它将列表转换为一个 pandas 的数据框（DataFrame），以便稍后进一步处理。例如，你可以使用数据框 df 将字符串转换为数字，打印 df 会输出结果表。

20.2.3 处理原始文本中的问题

尽管原始文本在解析中似乎不会出现问题（因为它不包含任何特殊的格式），但仍然需要考虑文本是如何存储的以及文本中是否包含特殊的文字。网页上出现的多种形式的编码可能会导致解析问题，在处理这类文本时需要考虑这些问题。

例如，由于操作系统、语言和地理区域不同，文本的编码方式可能不同。从网上恢复数据时，请做好准备，因为你会碰到许多不同的编码。人类的语言是复杂的，原始的 ASCII（美国信息交换标准代码）只包含无重音的英文字母，不能代表所有不同的字母。这就是为什么这么多编码出现了特殊字符。例如，一个字符可以使用 7 位或 8 位字节来编码。特殊字符的使用也可能不同。简而言之，对于用于创建字符的字节来说，它在不同编码中的解释也是不同的。

有时需要使用 Python 环境中的默认编码集以外的编码。在使用 Python 3.x 时，必须依赖 8 位通用转换格式（UTF-8），将它作为读取和写入文件的编码。这个环境总是将格式设置为 UTF-8，如果试图修改它就会引起错误。但是，在使用 Python 2.x 时，可以选择其他编码。在这种情况下，默认编码是 ASCII，但你可以将其更改为其他编码。

你可以在任何 Python 脚本中使用此技术。当 Python 无法对字符进行编码时，这种错误将使得代码无法工作，而这个技术可以节省你的宝贵时间。但是，在这种情况下，在 IPython 提示符下工作实际上更容易。以下步骤可帮助你了解如何处理 Unicode 字符，但只有在使用 Python 2.x 时才能奏效。（这些步骤不是必需的，而且会导致 Python 3.x 环境中的错误。）

（1）打开 IPython 命令提示符的副本。

你将看到 IPython 窗口。

（2）输入下面的代码，在每一行的后面按下回车键。

```
import sys
sys.getdefaultencoding()
```

你可以看到 Python 的默认编码，在 Python 2.x 中是 ASCII（而在 Python 3.x 中是 UTF-8）。如果你真想用 Jupyter Notebook，在这一步之后会创建一个新的单元格。

（3）输入 reload(sys) 并按下回车键。

Python 重新加载 sys 模块，并提供了一个特殊的函数。

（4）输入 sys.setdefaultencoding('utf-8') 并按下回车键。

Python 确实改变了编码，但直到下一步之前，你还不能确定。如果你确实想使用 Jupyter Notebook，在这一步之后创建一个新的单元格。

（5）输入 sys.getdefaultencoding() 并按下回车键。

你将看到默认的编码已经变成了 UTF-8。

在错误的时间以错误的方式更改默认编码可能会阻止任务的执行，例如影响模块的导入。请确保仔细且完整地测试你的代码，以保证默认编码的任何更改都不会影响应用程序的运行。

20.3 使用打分和分类

本章前面有关自然语言处理的讨论展示了机器学习算法如何使用词袋的表示来读取文本（在从网上抓取文本之后），以及自然语言处理如何通过文本长度归一化、TF-IDF 模型以及 *n*-gram 来增强对文本的理解。以下部分将演示如何通过尝试解决文本分析中的两个常见问题：分类和情感分析，让文本处理变得更实用。

20.3.1 执行分类任务

当你对文本进行分类时，会根据讨论的主题将文档归类。可以使用不同的方法来发现文档的主题。最简单的方法是这样的，如果一群人谈论或撰写一个话题，那么人们倾向于使用有限的词汇，因为他们指的是同一话题。当你分享一些消息或者为话题分组时，你倾向于使用相同的语言。因此，如果你有一个文本集合，却不知道这个文本引用了什么主题，那么可以逆转之前的推理——你可以简单地寻找那些有可能关联的词组，它们降维后新形成的词组就可能暗示了你想知道的主题。这是一个典型的无监督式学习任务。

这个学习任务是第 13 章讨论的奇异值分解（SVD）算法家族的完美应用，通过减少列的数量，特征（在文档中是单词）将在维度上集中，你可以通过检查高分单词来发现主题。SVD 和主成分分析（PCA）提供了与新创建的维度正相关和负相关的特征。所以由此产生的话题可以通过一个词的出现（高正值）或者不出现（高负值）来表达，对于人类而言，解释既棘手又违反直觉。scikit-learn 软件包包括非负矩阵因子分解（NMF）的分解类（在第 19 章介绍过），它允许原始特征只与结果维度正相关。

这个示例将开始一个新的实验，首先加载 20newsgroups 数据集，该数据集收集来自网络的新闻组帖子，只选择关于特定主题的帖子并自动删除页眉、页脚和引用。使用如下代码从站点链接下载数据集时，你可能会收到警告消息：WARNING:sklearn.datasets.twenty_newsgroups:Downloading dataset from ... 。

```
import warnings
warnings.filterwarnings("ignore")
from sklearn.datasets import fetch_20newsgroups
dataset = fetch_20newsgroups(shuffle=True,
    categories = ['misc.forsale'],
    remove=('headers', 'footers', 'quotes'), random_state=101)
print ('Posts: %i' % len(dataset.data))

Posts: 585
```

TfidVectorizer 类被导入并设置为删除停用词（例如 the 或 and 这种常用词）。仅保留具有区分力的词，然后生成一个矩阵，其列指向不同的单词。

```
from sklearn.feature_extraction.text import TfidfVectorizer
vectorizer = TfidfVectorizer(max_df=0.95, min_df=2, stop_words=
    'english')
tfidf = vectorizer.fit_transform(dataset.data)
from sklearn.decomposition import NMF
n_topics = 5
nmf = NMF(n_components=n_topics, random_state=101).fit(tfidf)
```

如本章前面所述，术语 TF-IDF 是基于文档中单词频率的简单计算。它是通过所有可用文件中单词的罕见性进行加权的。对词进行加权是一种有效的排除单词的方法，可以排除那些在处理文本时无法帮助我们分类或识别文档的单词。

例如，可以消除常见的词性或其他常见词汇。

与 sklearn.decomposition 模块中的其他算法一样，n_components 参数表示所需成分的数量。如果想查找更多主题，请使用更高的数字。随着所需主题数量的增加，reconstruction_err_ 方法报告的错误率更低。在更多的投入时间和更多的主题之间进行权衡，由你决定何时停止。

脚本的最后部分输出结果中的 5 个主题。通过阅读输出的文字，可以根据产品特性（例如，单词 drive、hard、card 和 floppy 均指计算机）或确切的产品（例如，comics、car、stereo、games）来判断所抽取主题的含义。

```
feature_names = vectorizer.get_feature_names()
n_top_words = 15
for topic_idx, topic in enumerate(nmf.components_):
    print ("Topic #%d:" % (topic_idx+1),)
    print (" ".join([feature_names[i] for i in  topic.argsort()
      [:-n_top_words - 1:-1]]))

Topic #1:
drive hard card floppy monitor meg ram disk motherboard vga scsi
brand color internal modem
Topic #2:
00 50 dos 20 10 15 cover 1st new 25 price man 40 shipping comics
Topic #3:
condition excellent offer asking best car old sale good new miles
10 000 tape cd
Topic #4:
email looking games game mail interested send like thanks price
package
 list sale want know
Topic #5:
shipping vcr stereo works obo included amp plus great volume vhs
unc mathes
 gibbs radley
```

可以通过查看训练后的 NMF 模型的 components_ 属性来浏览结果模型。它是一个 N 维数组，包含了与该主题相关的文字的正值。通过使用 argsort 方法，可以获得顶级关联的索引，最高的那些值表示它们所对应的是最具代表性的词。

```
print (nmf.components_[0,:].argsort()[:-n_top_words-1:-1])
# Gets top words for topic 0

[1337 1749  889 1572 2342 2263 2803 1290 2353 3615 3017  806
  1022 1938 2334]
```

在之前拟合的 TfidfVectorizer 上应用 get_feature_names 方法，可以获得派生的数组。调用这些数组对单词的索引进行解码，就能创建可读的字符串。

```
print (vectorizer.get_feature_names()[1337])
# Transforms index 1337 back to text

drive
```

20.3.2 分析来自电子商务平台的评论

情感是很难捕捉的，因为人类有时用同样的话来表达相反的情绪。你所表达的意思是基于你如何使用短语来构思自己的想法，而不仅仅是所用的词汇。虽然正面和负面的词语确实存在并且有所帮助，但它们并不是决定性的，因为词语环境很重要。你可以使用字典来丰富文本特征，但是如果想获得更好的结果，必须更多地依靠机器学习。

了解正面和负面字典是如何工作的是一个好主意。字典 AFINN-111 包含了 2477 个正面和负面的单词和短语。另一个不错的选择是情感字典 SenticNet。这两个字典都包含英文单词。

使用将短语与情感相关联的标注样本可以创建更有效的预测器。在这个示例中，你将创建一个机器学习模型，该模型基于一个包含来自 Amazon、Yelp 和 IMDB 的评论的数据集，你可以在机器学习存储库 UCI 中找到该数据集：Sentiment Labelled Sentences Data Set。

该数据集是由 Kotzias 等人为 KDD 2015 的论文“From Group to Individual Labels Using Deep Features”所创建的。该数据集包含 3000 个已标注的评论，它们均匀地分布在 3 个来源中，而且数据结构简单。文本和二元情感标签由 tab 分隔，其中标签 1 是正面的情绪，0 是负面的情绪。可以使用以下命令下载数据集并将其放置在 Python 的工作目录中：

```
try:
    import urllib2 # Python 2.7.x
except:
    import urllib.request as urllib2 # Python 3.x
import requests, io, os, zipfile

UCI_url = '****://archive.ics.uci.edu/ml/\
    machine-learning-databases/00331/sentiment%20\
    labelled%20sentences.zip'
```

```
response = requests.get(UCI_url)
compressed_file = io.BytesIO(response.content)
z = zipfile.ZipFile(compressed_file)
print ('Extracting in %s' %  os.getcwd())
for name in z.namelist():
    filename = name.split('/')[-1]
    nameOK = ('MACOSX' not in name and '.DS' not in name)
    if filename and nameOK:
        newfile = os.path.join(os.getcwd(), os.path.basename(filename))
        with open(newfile, 'wb') as f:
            f.write(z.read(name))
print ('\tunzipping %s' % newfile)
```

如果上述的脚本不起作用，可以直接从网上下载数据（以 zip 压缩格式），然后用你喜欢的解压器将其解压缩。你将在新创建的 sentiment labelled sentences 目录中找到 imdb_labelled.txt 文件。下载完文件后，可以使用 read_csv 函数将 IMDB 文件上传到 pandas DataFrame。

```
import numpy as np
import pandas as pd
dataset = 'imdb_labelled.txt'
data = pd.read_csv(dataset, header=None, sep=r"\t", engine='python')
data.columns = ['review','sentiment']
```

探索文本数据是相当有趣的。你会发现许多短语，比如“Wasted two hours”或者“It was so cool”。有些对于计算机来说显然是模棱两可的，比如“Waste your money on this game”。尽管 Waste 一词有负面的含义，但是祈使语气使这个短语听起来是积极正面的。机器学习算法只有在看到许多变体之后才能学习如此模糊的短语。下一步是将数据分解成训练集和测试集来构建模型。

```
from sklearn.cross_validation import train_test_split
corpus, test_corpus, y, yt = train_test_split( data.ix[:,0],
    data.ix[:,1], test_size=0.25, random_state=101)
```

划分数据后，代码使用本章所描述的大部分自然语言处理技术来转换文本：分词统计、unigram 和 bigram、去除停用词、文本长度归一化和 TF-IDF 变换。

```
from sklearn.feature_extraction import text
vectorizer = text.CountVectorizer(ngram_range=(1,2), stop_
    words='english').fit(corpus)
TfidF = text.TfidfTransformer()
X = TfidF.fit_transform(vectorizer.transform(corpus))
Xt = TfidF.transform(vectorizer.transform(test_corpus))
```

在准备好训练集和测试集的文本之后，该算法可以使用线性支持向量机来学习情感。这种支持向量机支持 L2 正则化，因此代码必须使用网格搜索方法来搜索最佳的 C 参数。

```
from sklearn.svm import LinearSVC
from sklearn.grid_search import GridSearchCV
param_grid = {'C': [0.01, 0.1, 1.0, 10.0, 100.0]}
clf = GridSearchCV(LinearSVC(loss='hinge', random_state=101),
   param_grid)
clf = clf.fit(X, y)
print ("Best parameters: %s" % clf.best_params_)

Best parameters: {'C': 1.0}
```

现在代码已经确定了问题的最佳超参数，你可以使用准确率的度量来验证测试集上的性能，这里的准确率是指代码可以正确猜测情感的次数百分比。

```
from sklearn.metrics import accuracy_score
solution = clf.predict(Xt)
print("Achieved accuracy: %0.3f" % accuracy_score(yt, solution))

Achieved accuracy: 0.816
```

结果表明准确率高于 80%，确定哪些短语欺骗了算法并让其做出了错误的预测是非常有趣的。可以打印出被错误分类的文本，并考虑学习算法在文本学习方面的缺失。

```
print(test_corpus[yt!=solution])

601    There is simply no excuse for something this p...
32     This is the kind of money that is wasted prope...
887    At any rate this film stinks, its not funny, a...
668    Speaking of the music, it is unbearably predic...
408         It really created a unique feeling though.
413         The camera really likes her in this movie.
138    I saw "Mirrormask" last night and it was an un...
132    This was a poor remake of "My Best Friends Wed...
291                                 Rating: 1 out of 10.
904    I'm so sorry but I really can't recommend it t...
410    A world better than 95% of the garbage in the ...
55     But I recommend waiting for their future effor...
826    The film deserves strong kudos for taking this...
100             I don't think you will be disappointed.
352                                       It is shameful.
171    This movie now joins Revenge of the Boogeyman ...
814    You share General Loewenhielm's exquisite joy ...
218    It's this pandering to the audience that sabot...
168    Still, I do like this movie for it's empowerme...
```

```
479                     Of course, the acting is blah.
31                      Waste your money on this game.
805     The only place good for this film is in the ga...
127     My only problem is I thought the actor playing...
613                                       Go watch it!
764                      This movie is also revealing.
107     I love Lane, but I've never seen her in a movi...
674     Tom Wilkinson broke my heart at the end... and...
30      There are massive levels, massive unlockable c...
667                                   It is not good.
823     I struggle to find anything bad to say about i...
739          What on earth is Irons doing in this film?
185                             Highly unrecommended.
621     A mature, subtle script that suggests and occa...
462     Considering the relations off screen between T...
595     Easily, none other cartoon made me laugh in a ...
8                                  A bit predictable.
446     I like Armand Assante & my cable company's sum...
449     I won't say any more - I don't like spoilers, ...
715     Im big fan of RPG games too, but this movie, i...
241     This would not even be good as a made for TV f...
471     At no point in the proceedings does it look re...
481     And, FINALLY, after all that, we get to an end...
104                         Too politically correct.
522     Rating: 0/10 (Grade: Z) Note: The Show Is So B...
174               This film has no redeeming features.
491     This movie creates its own universe, and is fa...
Name: review, dtype: object
```

本章内容

了解推荐商品的变革为何如此重要

获取评分数据

在处理商品和电影时使用奇异值分解（SVD）技术

第21章

推荐商品和电影

古老且常见的销售技巧之一就是根据你对客户需求的了解向客户推荐一些东西。如果人们购买一种商品，在有足够理由的情况下他们可能会购买另一种商品。他们可能甚至没有想过是否需要第二种商品，直到销售人员推荐它，这时客户才被说服确实需要第二种商品来更好地使用第一种商品。仅仅因为这个原因，大多数人喜欢得到推荐。因为时下的网页在许多情况下都是扮演销售人员的角色，所以推荐系统是网络上销售活动的必要组成部分。本章将帮助你更好地理解各种场合下推荐系统的意义。

推荐系统可满足其他各种需求。例如，你可能会看到一个有趣的电影标题，然后阅读摘要，但仍然不知道自己是否找到了一个好电影。观看预告片也许同样没有效果。只有当你看到别人提供的评论，才觉得自己有足够的信息做出一个好的决定。你还可以在本章中找到获取和使用评级数据的方法。

收集、组织和排列这些信息是困难的，而信息泛滥是互联网的根本问题之一。推荐系统可以在后台为你完成所有需要的工作，使你更容易地做出决定。你甚至可能都没意识到搜索引擎实际上是一个庞大的推荐系统。例如，谷歌搜索引擎可以根据你之前的搜索历史提供个性化的搜索结果。

推荐系统做的不仅仅是推荐。在阅读图像和文本之后，机器学习算法还可以读取个人的个性、偏好和需求，并据此采取行动。本章通过探索奇异值分解等技术，帮助你了解这些活动是如何进行的。

21.1 实现变革

推荐系统可以在获知用户的偏好之后向用户推荐其感兴趣的项目或行动。基于数据和机器学习技术（监督式和无监督式）的科技已经在互联网上出现了大约 20 年。今天，你几乎可以在任何地方找到推荐系统，而且在 Siri 或其他一些基于人工智能的数字助理的发展背景下，它们未来可能会发挥更大的作用。

用户和公司采用推荐系统的原因虽然不同，但相互补充。一方面，用户有强烈的动机来降低现代世界的复杂性（无论问题是寻找合适的商品还是吃饭的地方），并避免信息超载。另一方面，公司发现推荐系统提供了一种实用的方式，以个性化的方法与客户沟通，并成功地推动销售。

推荐系统实际上是作为处理信息过载的手段而开始的。施乐的帕洛阿尔托研究中心于 1992 年建立了第一个推荐系统——Tapestry，它负责处理中心研究人员收到的越来越多的电子邮件。协作过滤的想法诞生了（通过利用偏好的相似性从用户那里学习），GroupLens 项目很快将其扩展到新闻选择和电影推荐上（MovieLens 项目，你将在本章使用其数据）。

当亚马逊等电子商务领域的巨头开始采用推荐系统时，这个想法成为主流，并在电子商务领域广泛传播。Netflix 将推荐系统作为一种商业工具，并赞助了一个竞赛来改进其推荐系统，在相当长的时间里多个团队都有参加。其结果是使用奇异值分解和有限玻尔兹曼机（一种无监督式神经网络，在第 16 章中有所讨论）的一种创新型推荐技术。

然而，推荐系统不只限于宣传商品。自 2002 年以来，一种新型的互联网服务（社交网络）已经出现，如 Friendster、Myspace、Facebook 和 LinkedIn。这些服务促进了用户之间的链接交换、信息共享，例如帖子、图片和视频。另外，谷歌等搜索引擎也收集了用户响应的信息，并提供更个性化的服务，从而更好地满足用户的需求 。

在人们的日常生活中，推荐已经变得如此普遍，以至于专家们现在担心它会不会影响我们独立决策和自由观察世界的能力。推荐系统的历史是机器努力学习我们的思想和心灵，使人们的生活更容易，并促进其创造者业务的发展。

21.2 下载评分数据

获得好的评分数据可能很难。在本章的后面，你将使用 MovieLens 数据集来了解奇异值分解如何帮助我们进行电影推荐。当然，你可以使用其他数据库。以下部分描述了 MovieLens 数据集和 MSWeb 中包含的数据日志——在使用推荐系统进行实验时，两者都可以很好地工作。

21.2.1 了解MovieLens数据集

MovieLens 网站可以帮助你找到一部自己可能喜欢的电影。毕竟，有数以百万计的电影，寻找新鲜有趣的电影可能需要一些时间，而你又不想花费这些时间。初始设置的工作原理是要求你输入自己已知电影的评分。然后，MovieLens 网站根据你输入的评分来提供建议。简而言之，你的评分会教授算法查找哪些内容，然后网站将该算法应用于整个数据集。

可以在 grouplens 官网获取 MovieLens 数据集。这个网站的有趣之处在于，你可以根据自己想要与之交互的方式来下载全部或部分数据集。可以下载以下大小的内容：

- 1000 位用户关于 1700 部电影的 100 000 个评分；
- 6000 位用户关于 4000 部电影的 100 万个评分；
- 72 000 位用户关于 10 000 部电影的 1000 万个评分和 100 000 个标签；
- 13.8 万位用户关于 2.7 万部电影的 2000 万个评分和 46.5 万个标签。
- MovieLens 最新的小规模数据集或完整数据集（撰写本书时，完整的数据集包含由 23 万位用户提供的关于 27 000 部电影的 2100 万个评分和 47 万个应用标签，其规模还在增加）。

这个数据集为你提供了一个使用监督式和无监督式技术来处理用户生成数据的机会。大数据集提出了只有大数据才能提供的特殊挑战。你可以在第 12 章和第 14 章中找到关于监督式和无监督式技术的一些基本信息。

以下示例使用了 R recommenderlab 库中的名为 MovieLense 的评分数据集。从 R 调用库（在系统上尚未安装这个库的情况下，先进行安装）后，代码将库加载到内存中并开始探索数据。

```
if (!"recommenderlab" %in% rownames(installed.packages()))
          {install.packages("recommenderlab")}
library("recommenderlab")
data(MovieLense)
print(MovieLense)

943 x 1664 rating matrix of class 'realRatingMatrix' with
 99392 ratings.
```

打印数据集并不会输出任何具体的数据，但会向你报告数据集是一个包含 943 行（用户）和 1664 列（电影）的矩阵，它包含 99 392 个评分。MovieLense 实际上是一个稀疏矩阵，它通过去除大部分零值来压缩数据。可以像使用标准矩阵那样操作稀疏矩阵。必要时，可以使用如下代码将其转换为标准的稠密矩阵以进行特定的统计：

```
print(table(as.vector(as(MovieLense, "matrix"))))

   1     2     3     4     5
 6059 11307 27002 33947 21077
```

输出部分显示了评分的分布。评分的范围为 1 ～ 5，而且正面评分比负面评分更多。这种情况经常发生在评分数据上：由于用户倾向于购买或观看他们认为自己喜欢的东西，因此存在一些有利于正面数据的不均衡。负面评分主要是因为失望引起的，而失望是因为预期没有得到满足而导致的。还可以报告每位用户平均评价了多少部电影，以及每部电影有多少位用户评价：

```
summary(colCounts(MovieLense))
   Min. 1st Qu.  Median    Mean 3rd Qu.    Max.
   1.00    7.00   27.00   59.73   80.00  583.00
summary(rowCounts(MovieLense))
   Min. 1st Qu.  Median    Mean 3rd Qu.    Max.
   19.0    32.0    64.0   105.4   147.5   735.0
```

深入细节并了解用户是如何评价某部电影的，也是相当容易的事情。

```
average_ratings <- colMeans(MovieLense)

print(average_ratings[50])
Star Wars (1977)
        4.358491

print (colCounts(MovieLense[,50]))
Star Wars (1977)
             583
```

在这个示例中，有 583 位用户对第 50 部电影进行了评分，它是 1977 年的《星球大战》，平均得分为 4.36。

21.2.2 浏览匿名的Web数据

可以使用另一个有趣的数据集来学习偏好，它就是 MSWeb 数据集。它包含了一个星期的微软网站匿名记录的数据。在这种情况下，所记录的信息是关于行为的而不是评分，因此值是以二元的形式来表示的。与 MovieLens 数据集一样，你可以从 R recommenderlab 库中下载 MSWeb 数据集，获取有关其结构的信息，并探究其值如何分布。

```
data(MSWeb)
print(MSWeb)
32710 x 285 rating matrix of class 'binaryRatingMatrix'
 with 98653 ratings.

print(table(as.vector(as(MSWeb, "matrix"))))

  FALSE    TRUE
9223697   98653
```

该数据集存储在一个稀疏矩阵中，由 32 710 个随机挑选的微软网站用户组成，列数为 285 个 Vroot。每个 Vroot 是一系列分组的网站页面。它们一起构成网站的一个区域。二元值显示人们是否访问过某个区域。（你只能看到一个标志位，看不到用户实际访问该网站区域的次数。）

其理念是，用户访问某个区域表示其特定的兴趣。例如，当用户访问了页面来了解生产力软件，同时也访问了包含条款和价格的页面时，这种行为表明了他们对获得生产力软件感兴趣。关于用户购买某些版本的生产力软件或者不同软件和服务捆绑的愿望，我们可以进行推论，并基于这样的推论进行有用的推荐。

TIP

本章的其余部分仅使用 MovieLens 数据集。但是，你应该使用从本章所获得的知识，通过相同的方法来研究 MSWeb 数据集，因为它们同样适用于评分数据和二元数据。

21.2.3 面对评分数据的局限

要使推荐系统运行良好，需要让它们了解形形色色的人。获取评分数据允许推荐系统从多个顾客的经验中学习。评分数据可能来源于评估判断（例如使用星号或数字对商品进行评分）或事实（二元的 1/0，仅表明你是否购买商品、看过电影或停止浏览某个网页）。

无论数据的来源和类型是什么，评分数据总是关于用户行为的。要对电影进行评分，你必须决定看这部电影，然后观看这部电影，并根据你观看电影的体验对其进行评分。实际的推荐系统以不同的方式从评分数据中学习，具体如下。

- **协同过滤：**基于过去评价过的电影或商品的相似度来匹配评分者。你可以根据与你类似的人所喜欢的项目或与你喜欢的项目相似的项目而获取推荐。
- **基于内容的过滤：**超越了你观看电影的事实。它检查你和电影的特征，以根据特征所代表的较大类别确定是否存在匹配。例如，如果你是喜欢动作片的女性，推荐系统会寻找包含这两个类别交集的电影。
- **基于知识的推荐：**基于元数据，例如用户表达的偏好和商品的描述。它依赖于机器学习，当你没有足够的行为数据来确定用户或商品特征时，它是有效的。这被称为冷启动，代表了困难的推荐任务之一，因为你无法使用协同过滤或基于内容的过滤。

在使用协同过滤时，需要计算相似性（参见第 14 章关于使用相似性度量的讨论）。不同于欧几里得、曼哈顿和切比雪夫距离，本节的其余部分讨论了余弦相似度。余弦相似度测量两个向量之间的角度的余弦距离，这似乎是一个难以理解的概念，但它只是一种测量数据空间中角度的方法。

想象一下由特征构成的空间，其中有两个点。使用第 14 章中的公式，你就可以测量点之间的距离。例如，你可以使用欧几里得距离，当维度很少时，这是一个完美的选择，但是当你有非常多的维度时，这个方法将惨败。

余弦距离背后的想法是使用连接到空间原点（所有维度为零的点）的两个点所创建的角度。如果点靠近，无论有多少维度，角度都很窄。如果它们很远，角度是相当大的。余弦相似度实现了余弦距离的百分比，在判断用户是否与另一个用户相似，或者电影是否因为相同的用户偏爱而可能与另一部电影相关时非常有效。以下示例代码将查找与第 50 部电影《星球大战》最相似的电影。

```
print (colnames(MovieLense[,50]))
[1] "Star Wars (1977)"

similar_movies <- similarity(MovieLense[,50],
```

```
                              MovieLense[,-50],
                              method ="cosine",
                              which = "items")
colnames(similar_movies)[which(similar_movies>0.70)]
[1] "Toy Story (1995)"
    "Empire Strikes Back, The (1980)"
[3] "Raiders of the Lost Ark (1981)"
    "Return of the Jedi (1983)"
```

21.3 利用奇异值分解

奇异值分解（SVD）的一个特性就是以一种聪明的方式来压缩原始数据，在某些情况下，这种技术实际上可以创造新的有意义且有用的特征，而不仅仅是压缩变量。以下部分可以帮助你了解 SVD 在推荐系统中扮演的角色。

21.3.1 考虑SVD的起源

SVD 是线性代数的一种方法，可以将初始矩阵分解为 3 个导出矩阵的乘法。这 3 个导出的矩阵包含与初始矩阵相同的信息，但是这种方式对于任何冗余信息（由统计方差表示）都仅表示一次。新变量集合的好处在于变量根据原始矩阵中所包含的初始方差进行了有序的排列。

SVD 使用初始特征的加权总和来建立新的特征。它将拥有最大方差的特征放置在新矩阵的最左侧，而最小或没有方差的特征放置在最右侧。因此，这些特征之间不存在相关性（如前一段所述，特征之间的相关性是信息冗余的一个指标）。下面是 SVD 的公式：

$$\boldsymbol{A} = \boldsymbol{U} \times \boldsymbol{D} \times \boldsymbol{V}^{\mathrm{T}}$$

出于压缩的目的，你只需要知道矩阵 $\boldsymbol{U}$ 和 $\boldsymbol{D}$ 即可，但是知道每个矩阵的作用是有帮助的。$\boldsymbol{A}$ 是一个 $n \times p$ 的矩阵，其中 n 是样本的数量，p 是变量的数量。举个例子，考虑一个包含 n 位客户购买历史的矩阵，他们在 p 件可买的商品内购买了一些东西。矩阵值代表了客户购买的数量。作为另一个示例，想象另一个矩阵，其中行代表个人，列代表电影，矩阵的内容是电影评分（这正是 MovieLens 数据集所包含的内容）。

在 SVD 计算完成之后，你将获得 $\boldsymbol{U}$、$\boldsymbol{A}$ 和 $\boldsymbol{V}$ 矩阵。$\boldsymbol{U}$ 是尺寸为 $n \times k$ 的矩阵，其中 k 相当于 p，与原始矩阵的维度完全相同。它包含了原始行在重建列上的相关信息。因此，如果原始矩阵上的第一行是史密斯（Smith）先生购买物品的向量，则重构的 ***U*** 矩阵的第一行仍然代表史密斯先生，但向量将具有不同的值。新的 ***U*** 矩阵值是原始列中值的加权组合。

当然，你可能想知道算法是如何创建出这些组合的。这些组合被设计为，在第一列集中体现可能的最大方差。然后，算法将大部分剩余方差集中于第二列，而且要满足第二列与第一列不相关的约束条件，以此类推，并将递减的剩余方差分配到每一列。通过将方差集中在特定的列中，SVD 将相关的原始特征相加到新矩阵 ***U*** 的相同列中，从而消除了之前存在的冗余。因此，***U*** 中的新列彼此之间没有任何相关性，SVD 将所有原始信息分布在唯一的非冗余特征中。而且，鉴于相关性可能表明因果关系（但相关性并不是因果关系，它可以简单地表示为 一个必要但不充分的条件），累积相同的方差会产生方差根的粗略估计。

V 与 ***U*** 矩阵相同，只是其形状为 $p \times k$，它通过基于原有样本组合的新样本来表示原始特征。这意味着你将找到具有相同购买习惯的客户所组成的新样本。例如，SVD 将购买某些商品的人压缩成单一的样本，你可以将其解释为一个同质的团体或原型客户。

在这样的重构中，对角线矩阵（仅对角线具有值）***D*** 包含了所计算的方差信息，这些信息存储于 ***U*** 和 ***V*** 矩阵中的每个新特征中。通过累积矩阵的值并与所有对角线值之和进行占比分析，可以看出该变量集中在最左边的第一个特征上，而最右边的特征几乎为零或者是一个无关紧要的值。因此，可以对具有 100 个特征的原始矩阵进行分解，并且 ***A*** 矩阵中的前 10 个新的重构特征表示了 90% 以上的原始方差。

SVD 有许多优化的变体，但目标稍有不同。这些算法的核心功能类似于 SVD。主成分分析（PCA）着重于常见的方差。它是最流行的算法，被用于机器学习预处理的应用程序。（你可以在第 13 章学到更多关于 PCA 的知识。）

SVD 一个很棒的属性是，该技术可以创造新的、有意义且有用的特征，而不仅仅是压缩变量（作为某些情况下压缩后的副商品）。从这个意义上讲，你可以将 SVD 当作一种创建特征的技术。

21.3.2 理解SVD的内在关联

如果你的数据包含隐藏的原因或主题的提示和线索，那么 SVD 可以将它们放在一起，并为你提供正确的答案和见解。当你的数据由以下列表中的有趣信息构成时尤其如此。

» **文档中的文字暗示了想法和有意义的类别：**正如你可以通过阅读博客和新闻组来决定讨论主题一样，SVD 也可以帮助你推断有意义的文档组分类，或文档中所描写的特定主题。

» **评论特定的电影或书籍提示你的个人喜好和更大的商品类别：**如果你在评分网站上说，自己喜欢初版的“星际迷航”系列，该算法可以轻松地确定你喜欢的其他电影、消费品，甚至是个性类型。

基于 SVD 方法的一个示例是潜在语义索引（LSI），它被成功地用于文档和单词的相互关联。它基于这样一种观点：虽然单词是不同的，然而当它们位于相似的情境中时倾向于具有相同的含义。这种类型的分析不仅为我们提出了同义词的建议，而且提出了更高层的分组概念。例如，对一些体育新闻的样本所进行的 LSI 分析，可能将大联盟的棒球队分组，而这种分组仅仅根据类似文章中球队名称的共现关系，而没有使用任何关于棒球队或职业联盟的专业知识。

其他有趣的数据降维应用包括生成你可能想要购买或了解更多信息的推荐系统。你可能在不同场合看到过推荐系统的运作。在大多数电子商务网站上，登录后访问某些商品的页面，对商品进行评分或将其放入电子购物篮后，你可以根据其他客户以前的经验看到其他购买机会。（如前所述，这种方法称为协同过滤。）SVD 可以以更强大的方式实现协同过滤，它不仅仅依赖于单个商品的信息，还依赖于一套商品中更广泛的信息。例如，协同过滤不仅可以确定你喜欢电影《夺宝奇兵》，还可以确定你通常喜欢的所有动作和冒险电影。

你可以使用 SVD，根据其他客户所采购的商品或评分来计算简单的均值或频率，最终实现协同过滤。即使对供应商很少销售的商品或对于用户来说相当新的商品而言，这种方法也可以帮助你生成可靠的推荐。

21.3.3 SVD的实践

对于本节中的示例，可以使用 21.2.1 节所描述的 MovieLense 数据集。加载完成后，你可以选择设置，只处理可用评分达到最低数量的用户和电影：

```
ratings_movies <- MovieLense[rowCounts(MovieLense) > 10,
                             colCounts(MovieLense) > 50]
```

在你过滤出有用的用户信息后，将每位用户的评分中间化，即将每位用户的评分减去评分的平均值，这种操作减少了极端评分的影响（仅给出最高或最低评分）。这也使得缺失值的赋值变得容易，因为每位用户只能评价部分电影。SVD 需要完成的计算的缺失评分是通过平均值来确定的，这意味着中间化之后的那些值变为零。

```
ratings_movies_norm <- normalize(ratings_movies, row=TRUE)
densematrix <- as(ratings_movies_norm, "matrix")
densematrix[is.na(densematrix)] <- 0
```

归一化之后，我们将缺失的评分设置为零，并使矩阵变得稠密（不再使用稀疏矩阵），代码将加载 irlba 库。如果该库不在你的系统中，则可以使用以下代码片段来安装它：

```
if (!"irlba" %in% rownames(installed.packages()))
  {install.packages("irlba")}
library("irlba")
SVD <- irlba(densematrix, nv = 50, nu = 50)
```

该库的核心算法是增强隐式重启兰索斯（lanczos）双对角化算法（IRLBA），它计算了一个近似的 SVD，该 SVD 受限于一定数量的重构维数。通过计算所需的维度，它可以节省时间，并让你可以将 SVD 应用到巨大的矩阵上。Netflix Prize 成功地使用了该算法，该算法在计算少量 SVD 维度时效果最佳。

以下代码探讨了 irlba 函数所提取的矩阵，并将它们用作与原始稀疏矩阵具有相似信息的较小数据集。注意矩阵 ***U*** 与初始电影矩阵具有相同的行数，而矩阵 ***V*** 的行数等于原矩阵的列数。列数为 50，维度的数量作为 irlba 函数调用的一部分。

```
print(attributes(SVD))
$names
[1] "d"     "u"     "v"     "iter"     "mprod"

print(dim(densematrix))
[1] 943 591

print(dim(SVD$u))
[1] 943  50

print(dim(SVD$v))
[1] 591  50

print(length(SVD$d))
[1] 50
```

这个示例并没有停留在使用无监督的方式从数据中学习。它还可以从数据中学习用户已看过某个电影的可能性，也就是说，由于 SVD 的重建，你可以根据一个人对电影的兴趣来确定他是否已经看过某部电影。为了进行这种分析，代码选择了一部电影，从数据集中抽出它，并重新计算 SVD。这样，输出结果没有任何有关重构矩阵内部特定信息的提示。

```
chosen_movie <- 45
print (paste("Choosen film:",
    colnames(densematrix)[chosen_movie]))
answer <- as.factor(as.numeric(
    densematrix[,chosen_movie]!=0))
SVD <- irlba(densematrix[,-chosen_movie], nv=50, nu=50)
rotation <- data.frame(movies=colnames(
    densematrix[,-chosen_movie]),SVD$v)

[1] "Choosen film: Pulp Fiction (1994)"
```

在继续学习数据之前，这个示例利用了 SVD 产生的 ***V*** 矩阵。***V*** 矩阵，也就是项目矩阵，包含关于电影的信息，它告诉我们 SVD 如何计算矩阵 ***U***（用户矩阵）中的特征。对于学习任务，该示例使用矩阵 ***U*** 及其重构的 50 个分量。作为一种机器学习工具，这个示例依赖于一个决策树模型组合而成的随机森林。

```
if (!"randomForest" %in% rownames(installed.packages()))
  {install.packages("randomForest")}
library("randomForest")
train <- sample(1:length(answer),500)
user_matrix <- as.data.frame(SVD$u[train,])
target_matrix <- as.data.frame(SVD$u[-train,])
model <- randomForest(answer[train] ~., data=user_matrix,
      importance=TRUE)
```

为了有效地测试学习模型，该示例使用 500 个用户作为训练集，并使用剩余的用户来测试预测的准确率。

```
response <- predict(model, newdata=target_matrix,
      n.trees=model$n.trees)
confusion_matrix <- table(answer[-train],response)
precision <- confusion_matrix[2,2] /
     sum(confusion_matrix[,2])
recall <- confusion_matrix[2,2] /
     sum(confusion_matrix[2,])
print (confusion_matrix)
print(paste("Precision:",round(precision,3),
     "Recall:",round(recall,3)))
```

```
  response
     0   1
 0 214  50
 1  36 143

[1] "Precision: 0.741 Recall: 0.799"
```

通过将测试集中的预测排列在混淆矩阵中，你可以看到精度相当高，召回率也是如此。精度是正确预测的百分比。随机森林预测 210 位用户已经在测试集中观看了这部电影，并准确预测了其中的 158 位用户，精确度为 75.2%。检查已经观看这部电影的用户的真实总数（先前的数字是预测的），显示有 188 位用户观看过。由于 158 位预测用户等于 188 位用户中的 84%，所以该模型的召回率为 84%，这是预测所有正确用户样本的能力。

你准备的模型还可以提供有关重构特征的深入信息，以帮助确定哪些用户已经观看过某部电影。可以通过输出随机森林模型所产生的重要性来检查这类信息，如图 21-1 所示。

```
varImpPlot(model,n.var=10)
```

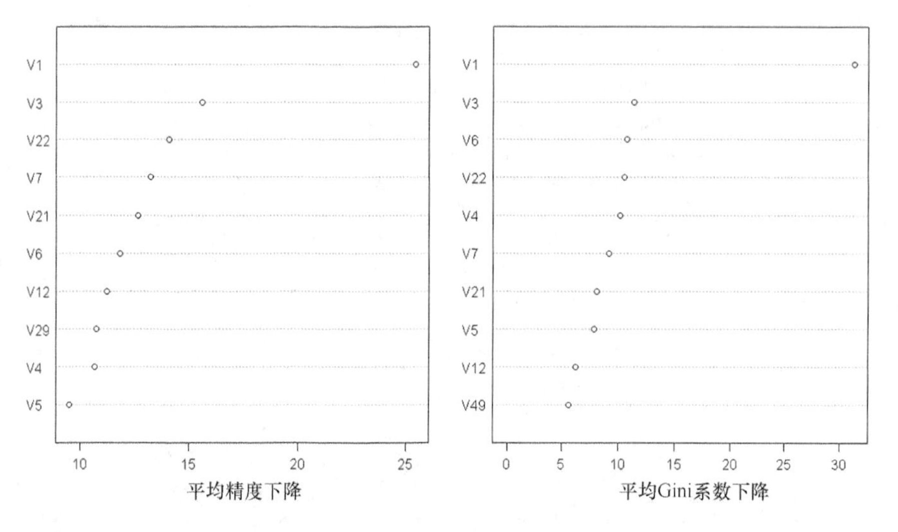

图21-1 来自随机森林的重要性度量。

根据绘制的重要性，从 SVD 导出的 ***U*** 矩阵的第一个分量对确定用户是否看过某部电影是最有预测性的。要确定这个分量的含义，你可以按照从拥有最大正向贡献的元素到拥有最大负向贡献的元素的顺序依次将其打印出来。

```
rotation[order(rotation[,2]),1:2]
```

由此产生的输出是一个很长的有关电影的枚举。从向量开始，你找到了诸如

《星球大战》《教父》《夺宝奇兵》以及《羔羊的沉默》等电影。在向量的最后，在正向部分，你会看到像《大话王》《火星人玩转地球》和《断箭》等电影。由于负值在绝对值上比正值大，这些值似乎对 SVD 分量更有意义。因此，看诸如《星球大战》《教父》或者《夺宝奇兵》这样的大片的用户也可能会看《低俗小说》。可以通过使用余弦距离来观察它们与目标电影的相似程度来直接检验该理论。

```
similarity(ratings_movies[,45], ratings_movies[,145],
           method ="cosine", which = "items")

Raiders of the Lost Ark (1981)
Pulp Fiction (1994)                          0.7374849


similarity(ratings_movies[,45], ratings_movies[,82],
           method ="cosine", which = "items")

Silence of the Lambs, The (1991)
Pulp Fiction (1994)                              0.7492093
```

如输出结果所示，看《夺宝奇兵》或《沉默的羔羊》等电影的用户也可能看《低俗小说》。

解释 SVD 的结果是一项相当艺术的任务，这需要大量的领域知识（在这个示例中，意味着有电影的专长）。SVD 将用户和项目集合放在 ***U*** 和 ***V*** 矩阵中。你可以使用它们来构造推荐，并在必要时根据自己的知识和直觉提供有关其重构特征的解释。

SVD 总是试图找出将数据中的行或列相关联的最佳方式，从而发现你之前无法想象的复杂交互或关系。你不需要事先进行设想，这完全是数据驱动的方法。

第 6 部分 十条区

在这一部分，你将：

了解需要在工具箱里添加的包和库

学习变繁为简的框架

获取能够更好地学习数据的技巧

提升模型的使用

本章内容

- 使用 Cloudera Oryx 分析实时流数据
- 使用 CUDA-Convnet 识别图像中的对象
- 使用 ConvNetJS 将图像识别添加到基于 Web 的应用程序中
- 使用 e1071 获得 R 的 SVM 实现
- 使用 gbm 添加 R 的 GBM 优化支持
- 使用 Gensim 执行自然语言界面任务
- 使用 glmnet 创建广义的线性模型
- 使用 randomForest 生成 R 的决策树森林
- 使用 SciPy 在 Python 中执行各种科学任务
- 使用 XGBoost 获取各种编程语言对 GBDT、GBRT 和 GBM 的支持

第22章

10个需要掌握的机器学习包

本书为你提供了大量有关特定机器学习软件包（如R中的caret和Python中的NumPy）的信息。这些都是很棒的多功能软件包，可以帮助你在机器学习中表现得更好。在你的工具箱中有很多工具是

非常重要的，这就是本章要给出的建议。这些软件包为你提供了额外的机器学习见解和功能。尽管市面上有很多其他可用的软件包，但是这些软件包会给你一些关于下一步应该怎么做的思路，也可以帮助你更容易地探索其他软件包。

22.1 Cloudera Oryx

Cloudera Oryx 是 Apache Hadoop 的机器学习项目，它提供了执行机器学习任务的基础。它强调使用实时数据流。该产品可帮助你为 Hadoop 添加其缺少的安全性、监管和管理功能，以便你可以更轻松地创建企业级应用程序。

Oryx 提供的功能是基于 Apache Kafka 和 Apache Spark（参见第 8 章关于 Spark 的讨论）构建的。该产品的常见任务是实时垃圾邮件过滤器和推荐引擎。你可以从 GitHub 上下载 Oryx。

22.2 CUDA-Convnet

如第 1 章和第 3 章所述，GPU 可让你以更快的速度执行机器学习任务。第 6 章讲述了如何将 Accelerate 添加到 Anaconda 中，以便为该环境提供基本的 GPU 支持。第 8 章讲述了 Caffe，一个独立的产品，你可以通过它来使用 Python 或 MATLAB 处理图像。你还可以在有关神经网络的第 12 章中找到 GPU，以及在第 19 章中找到深度学习在图像识别中的应用。尽管本书没有讨论如何使用 GPU，只涉及卷积网络的复杂技术，但是如果需要进行严谨的图像处理，显然需要使用 GPU 来完成。前面章节所讨论的这些库中没有一个能提供尽可能快的速度提升，因为它们依赖泛化的例程。CUDA-Convnet 库为 NVIDIA 的 CUDA GPU 处理器提供了特定的支持，这意味着它能以平台的灵活性为代价提供更快的处理能力（必须在系统中拥有一个 CUDA 处理器）。在大多数情况下，这个库可以用于神经网络应用。

22.3 ConvNetJS

正如 CUDA-Convnet 所描述的那样，能够识别图像中的对象是一项重要的机器学习任务，但如果没有一个好的库来完成该项工作，这将是困难的甚至是不可能的。CUDA-Convnet 为重型桌面应用程序提供支持，而 ConvNetJS 为 JavaScript 应用程序提供图像处理支持。这个库的重要特点是它是异步工作的。当你进行调用时，应用程序继续工作。异步响应使应用程序知道诸如训练之类的任务是何时完成的，这样用户不会感觉到浏览器僵住了（某种方式的不响应）。鉴于这些任务可能需要很长时间才能完成，所以支持异步调用是非常重要的。

22.4 e1071

你在第 12 章和第 17 章中了解了 e1071 的工作原理。这个由 TU Wien E1071 团队开发的基于概率论的 R 库提供了对 SVM 的支持。在它的 R 命令接口后面运行着台湾大学开发的外部 C ++ 库（用 C API 与其他编程语言交互）。你可以在 LIBSVM 官网中找到更多关于使用 LIBSVM 进行 SVM 分类和回归的知识，以及大量的数据集、教程，甚至是更多的 SVM 知识实用指南。

此外，你还可以获得支持潜在类分析、短时傅里叶变换、模糊聚类、最短路径计算、装袋聚类和朴素贝叶斯分类的功能。本书没有直接展示 e1071 的这些用途，但是在本书中你可以找到许多相关的基础知识，例如朴素贝叶斯（第 9 章和第 12 章）。

22.5 gbm

如第 18 章所述，梯度增强机（Gradient Boosting Machine，GBM）算法使用梯度下降优化来确定组合学习中正确的权值。它带来的性能提升令人印象深刻，GBM 成为可以用于机器学习的强大的预测工具之一。软件包 gbm 为 R 提供了 GBM 的支持。该软件包还包括最小二乘法的回归方法、绝对损失、*t* 分布损失、分位数回归、逻辑、多项式逻辑、泊松、Cox 比例风险偏态、AdaBoost 指数损失、Huberized 铰链损失和学习评级测量（LambdaMart）。

该软件包还提供了方便的功能来进行交叉验证，并找出如何在不过拟合树的数量的情况下进行调优（这是算法的一个关键超参数）。本书没有讲解这个工具箱的令人难以置信的潜力。

22.6 Gensim

Gensim 是一个 Python 库，可以对文本数据执行自然语言处理（NLP）和无监督式学习。它提供了多种算法可供选择：TF-IDF、随机投影、潜在 Dirichlet 分配、潜在语义分析和两种语义算法——word2vec 和 document2vec。

word2vec 基于神经网络（浅层、非深度学习的网络），它允许对单词进行有意义的转换，并将其转为坐标向量，有了这个向量你就可以通过语义的方式进行操作。例如，使用代表 Paris 的向量，减去向量 France，然后将向量 Italy 的结果添加到向量 Rome 中，这将展示如何使用数学和正确的 word2vec 模型来对文本进行语义操作。

22.7 glmnet

15.4 节讨论了当你有很多特征，并且想要通过预测变量之间的多重共线性来减少估计的方差时，正则化是一个有效、快速且简单的解决方案。在这一章讨论的正则化的一种形式是 Lasso，这是你从 glmnet（另一个是 elasticnet）获得的支持形式之一。这个包符合线性、逻辑、多项式、泊松和 Cox 回归模型。你也可以使用这个包来执行预测、绘图和 k 折交叉验证。L1（也称为 Lasso）正则化的创造者罗布·蒂布里亚尼（Rob Tibshirani）教授也帮助开发了这个软件包。获取这个包最简单的方法是从 CRAN 官网上下载。此外，Gensim 还提供了多任务处理和核心外功能，可以加快算法的处理速度，处理比可用 RAM 还要大的文本数据。

22.8 randomForest

如第 18 章所述，可以通过多次复制并平均结果来改进决策树，以获得更泛化的解决方案。用于执行此任务的 R 开放源代码包是 randomForest。你可以通过它，使用随机输入来执行基于森林的分类和回归任务。这个软件包的 Python 版本为 RandomForestClassifier 和 RandomForestRegressor，它们都可以在 scikit-learn 中找到，scikit-learn 是用于本书中大多数 Python 示例的一个包。

22.9 SciPy

SciPy 栈包含许多其他库，你也可以单独下载它们。这些库为数学、科学和工程提供了支持。当你获得 SciPy 栈时，会得到一组用来创建各种应用程序以协同工作的库。这些库如下：

- NumPy；
- SciPy；
- matplotlib；
- IPython；
- Sympy；
- pandas。

SciPy 库专注于数值例程，例如用于数字集成和优化的例程。SciPy 库是为多个问题域提供功能的通用库。它还提供对特定领域库的支持，如 scikit-learn、scikit-image 和 statsmodels。为了使你的 SciPy 栈体验更好，请访问 SciPy 官网。该网站包含许多关于 SciPy 栈功能的讲座和教程。

22.10 XGBoost

本书在第 18 章中特别介绍了 GBM，但其他类型的梯度增强机仍然存在，这些梯度增强机基于一系列稍有不同的优化方法和成本函数。XGBoost 软件包使你可以将 GBM 应用于任何问题，这要归功于其广泛的目标函数和评估指标的选择。它适用于各种编程语言，包括 Python、R、Java 和 C ++。

尽管 GBM 是一种顺序算法（因此比其他可以利用现代多核计算机的算法慢），但 XGBoost 利用多线程处理来并行搜索特征之间的最佳分割。与其他 GBM 实现相比，使用多线程有助于 XGBoost 实现无与伦比的性能，无论是 R 还是 Python。由于它包含了全部内容，所以完整的软件包名称是 eXtreme Gradient Boosting（简称 XGBoost）。你可以在 XGBoost 官网找到这个包的完整文档。

本章内容

了解改善模型的最佳方法

避免窥探和其他自我欺骗

找出最佳方法来优化你的问题

获得最佳结果的正确参数

探索从最简单到最复杂的解决方案

将不同的解决方案放在一起

用一个解决方案来预测另一个

创建和设计新的特征

分离不太有用的特征和变量

使算法有更多的学习机会

第23章

提升机器学习模型的10种方式

现在，算法已经可以使用 Python 或 R 从获得的数据中进行学习了，你可能正在思考测试集的结果，并想知道是否可以改进它们或者是它们已经达到了最好的效果。本章将介绍一些检查和操作，它们会告诉我们可用于提高机器学习性能，并获得能够在测试集与新数据上同等有效的更一般的预测器的方法。以下列出的 10 种技术让你有机会改善使用机器学习算法所取得的成果。

使用训练集观测学习性能可帮助你关注算法的运行情况。训练结果总是过于乐观，因为随着学习的进行，会产生一些数据记忆。以下建议可帮助你在使用测试集时获得更好的结果。只有 k 折交叉验证估计或样本外结果才能预测你的解决方案在处理新数据时的效果。

23.1 研究学习的曲线

作为改善结果的第一步，你需要确定模型存在的问题。学习曲线要求你在改变训练样本的数量时，根据测试集进行验证。（当没有可用的样本外样本集时，交叉验证估计就足够了。）你会立即注意到样本内和样本外错误之间的差异。初始差异较大（样本内误差较低，样本外误差较高）是估计方差的一个标志；相反，样本内外两者的错误不仅很多，而且也很接近，这表明你正在使用有偏见的模式。

你还需要了解样本大小增加时模型的行为。当方差是问题时，样本内错误应该随着训练样本数量的增长而增加，因为模型很难记住所有正在输入的新样本。另外，随着模型学习更多的规则，样本外误差应该减少，因为更大样本提供的证据更多。

当偏差是问题时，你应该观察到一个类似于前面所描述的模式，但规模较小。通过更多的数据提升有偏差的模型只在特定数量的训练样本内有效。在某个时刻，无论你提供了多少附加数据，模型的样本外表现都不会提高。无力改善的情况越早发生，模型就越有偏差。当你注意到偏差时，更多的数据对你的结果几乎没有好处，你应该改变模型或者试图使现在的模型更加复杂。例如，当使用线性模型时，你可以依靠相互作用或通过多项式展开来减少偏差。

提供更多数据时，方差问题表现良好。要纠正此问题，请确定样本外和样本内误差曲线收敛的训练集大小，并检查是否获取了足够的数据。当获得足够的数据不可行（例如，两条曲线太远）时，必须引入基于变量选择或超参数调整的模型修正。

通过 scikit-learn 函数，Python 可以帮助你轻松地绘制学习曲线。你也可以使用 R 的自定义函数轻松地实现相同的结果。

23.2 正确地使用交叉验证

交叉验证（CV）估计和结果之间的差异很大，这是测试集或新数据出现时的常见问题。出现这种情况意味着交叉验证出了问题。除了交叉验证不是一个很好的性能预测器之外，这也意味着一个误导性的指标已经促使你错误地模拟问题而且取得的结果也无法令人满意。

交叉验证在你所采取的步骤（数据准备、数据和特征选择、超参数修正或模型选择）正确时给出了提示。 交叉验证精确估计样本外误差是很重要的，但不是关键的。然而，交叉验证估计正确地反映了由于建模决策而导致的测试阶段中的改进或恶化，这点至关重要。一般来说，交叉验证估计与真实错误结果有所不同的原因有两个，具体如下。

» **窥探：**信息从对模型的响应中泄露出来。当泄露普遍存在时，这个问题也会影响到测试集，但它不会影响任何样本外的新数据。当你对汇集的训练和测试数据进行预处理时，经常会碰到这个问题。（汇集时，你可以垂直堆叠训练和测试矩阵，这样只需处理单个矩阵，而不必在数据上重复两次相同的操作。）

实际上，可以将训练集和测试集合并在一起，以便更轻松地对其进行预处理。但是，必须记住，不可以使用测试数据来计算缺失的数据输入、参数归一化或降维。当你为这 3 个目的而使用合并数据时，测试集中的信息会轻易且不明显地泄露到训练过程中，从而使你的工作变得不可靠。

» **不正确的采样：**当你将类转换为数据时，简单的随机采样可能不足以胜任。你应该测试分层采样，这种统计采样方法（scikit-learn 官网中的"Cross-Validation : Evaluating Estimator Performance"）可以确保你能按照与训练集相同的比例抽取样本响应的类。

Python 提供了一个 strati-k-fold CV 采样器，你可以阅读 scikit-learn 官网中的"Cross-Validation：Evaluating Estimator Performance"以了解更多信息。当你提供 y 参数作为因子时，R 可以使用 caret 库的 createFolds 方法对样本进行分层。（caret 库使用 strata 这种层次作为采样层。）

23.3 选择正确的错误或分数度量标准

基于平均误差的学习算法来尝试优化基于中值误差的错误度量标准，这种方法不会产生最佳的结果，除非你以一种有利于所选度量标准的方式来管理优化过程。当使用数据和机器学习来解决问题时，你需要分析问题并确定用于优化的理想度量。样本对你来说很有帮助。你可以从学术论文和公共机器学习竞赛中获得许多样本，然后从数据和错误 / 得分指标方面仔细地确定具体的问题。寻找目标和数据与你自己的目标和数据相似的竞赛，然后检查所请求的指标。

比赛可以提供更多的灵感，而不仅仅是错误指标。你可以轻松地学习如何管理数据应用程序、使用机器学习技巧以及执行智能的特征创建。例如，查看由 Kaggle（提供数百个可用的竞赛）等网站提供的知识库，这些知识库都包含数据、最佳度量标准以及来自专家的大量提示，而这些提示将帮助你以最佳方式从数据中进行学习。

检查你想要使用的机器学习算法是否支持你所选择的度量。如果算法使用另一个度量标准，请尝试搜索可以最大化度量标准的超参数的最佳组合来实现。你可以将自己的度量标准作为目标，通过网格搜索最佳交叉验证结果来实现该目标。

23.4 搜寻最佳的超参数

大多数算法使用默认的参数设置就能获得不错的效果。但是，通过测试不同的超参数，还可以获得更好的结果。你只需在可能的参数值中创建网格搜索，然后使用合适的错误度量或分数度量标准来评估结果。搜索需要时间，但它可以改善你的结果（不是大幅的，但是显著的）。

如果搜索需要花费很长时间才能完成，通常可以通过处理原始数据的采样来获得相同的结果。随机选择的样本越少，计算所需的数量就越少，但通常会得到相同的解决方案。另一个可以节省时间和精力的技巧就是进行随机搜索（参见第 11 章，本章也对网格搜索与随机搜索进行了比较），但它限制了超参数组合测试的次数。

23.5 测试多个模型

“无免费午餐”这一定理应该永远是你需要考虑的，它会提醒你不要因为某些学习方法有过好的结果而偏爱该方法。作为一个好的实践，我们可以测试多个模型，然后选择从基本的模型（即高偏差、低方差的模型）开始。你应该总是偏向于更简单的解决方案。你可能会发现简单的解决方案表现更好。例如，你可能希望事情保持简单，并使用线性模型而不是更复杂的、基于树的模型组合。

使用相同的图表来表示不同模型的性能，这在选择最好的解决方案之前是有帮助的。你可以将用于预测消费者行为的模型（如对商业促销的反应）放置在特殊增益图表和提升图表中。这些图表通过将模型结果分成十分位数或更小的部分来显示它们的性能。因为你可能只对那些最有可能对你的促销做出反应的消费者感兴趣，所以从最可能的到最不可能的预测排序将会强调你的模型在预测最有可能的顾客方面的优势。Quora上的答案可帮助你了解增益图表和提升图表的工作原理。

测试多个模型并反思它们（了解哪些特征可以更好地与它们配合使用）可以让你了解关于要为创建特征而转换哪些特征、进行特征选择时省略哪些特征的方法。

23.6 平均多个模型

机器学习涉及建立许多模型，并创造许多不同的预测，所有这些都有不同的预期的错误表现。你可能会惊讶地发现，通过对模型进行平均，可以获得更好的结果。原理很简单：估计方差是随机的，所以通过平均许多不同的模型，可以增强信号（正确的预测），并排除往往会自行抵消的噪声（相反的错误总和为零）。

有时候，算法执行效果很好的结果与一个执行效果一般的简单算法的结果混合在一起，可能会比使用单一算法的预测结果好。当你将结果与更复杂的算法（如梯度增强）的输出进行平均时，请不要低估简单模型（如线性模型）的贡献。

这与你使用决策树装袋和增强组合等学习的组合时所寻求的原则是一样的。但是，这一次你使用了用于评估的多个完整的异构模型的技术。在这种情况下，如果结果需要猜测复杂的目标函数，则不同的模型可能会捕获该函数的不同部分。只有通过对不同的简单或复杂模型的输出结果进行平均，你才能近似一个其他方式无法建立的模型。

23.7 堆叠多个模型

出于和平均模型同样的原理，堆叠也可以为你提供更好的性能。在堆叠中，你可以在两个（甚至更多）阶段建立机器学习模型。最初，这种技术使用不同的算法来预测多个结果，所有这些结果都是从数据的特征中学习的。在第二阶段，我们为新模型学习提供的不是特征，而是其他先前训练过的模型的预测。

当猜测复杂的目标函数时，使用两阶段方法是合理的。可以只通过使用多个模型一起来近似这些目标函数，然后通过智能的方式组合多重结果。可以使用简单的逻辑斯谛回归或复杂的决策树组合作为第二阶段模型。

Netflix 竞赛提供了如何将异构模型堆叠在一起从而形成更强大模型的证据和详细说明。但是，将此解决方案作为工作应用程序实施可能非常麻烦，详见“Why Netflix Never Implemented the Algorithm That Won the Netflix $1 Million Challenge”一文。

23.8 运用特征工程

如果你认为偏差仍然影响了你的模式，那么除了创造新的特征以提高模型的性能之外，别无选择。每个新特征都可以使目标响应更容易猜测。例如，如果类不是线性可分的，则特征创建是改变机器学习算法无法正确处理问题这一情况的唯一方法。

使用多项式展开或机器学习算法的支持向量机类可以自动创建特征。支持向量机可以自动地在高维特征空间中寻找更好的特征，它计算速度快，内存使用也经过了最优化。

但是，没有什么能真正代替你的专业知识和对解决算法试图学习的数据问题所需方法的理解。你可以根据自己的知识和世界上的事情是如何运作的来创建特征。人类在这方面的天赋仍然是无与伦比的，机器不能轻易取代我们。特征创建与其说是科学，不如说是艺术，毫无疑问这是人类的艺术。

特征创建始终是提高算法性能的最佳方法——不仅在存在偏差的情况下，在你的模型复杂且具有高方差的情况下同样如此。

23.9 选择特征和样本

如果估计方差很高，并且你的算法依赖于许多特征（基于树的算法会选择它们学习的特征），则需要修剪一些特征以获得更好的结果。在这种情况下，通过选择具有最高预测值的特征来减少数据矩阵中的特征数量的方法是可取的。

使用线性模型、线性支持向量机或神经网络时，正则化总是一种选择。L1 和

L2 都可以减少冗余变量的影响，甚至可以将它们从模型中删除（参见 15.4.2 节）。稳定性选择利用 L1 来排除不太有用的变量。该技术对训练数据进行重新采样以确定排除哪些变量。

通过查看 scikit-learn 网站上的示例，你可以了解有关稳定性选择的更多信息。另外，你可以在 scikit-learn 的 linear_model 模块中使用 RandomizedLogisticRegression 和 RandomizedLasso 函数进行练习。

除了稳定性选择外，R 和 Python 都提供了一些递归贪婪算法（参见“A Recursive Greedy Algorithm for Walks in Directed Graphs”一文），它通过测试模型包含或不包含某个特征时的效果，以确定一个特性是否值得保留。只有减少模型错误的特征才会被保留在学习过程中。在 Python 中，你可以检查 feature_selection 模块及其递归选择器。

R 在 caret 库的 rfe 函数中提供了相同的功能，它实现了递归的后向特征选择。该技术使用完整的数据矩阵逐个删除模型中的特征，直到性能开始下降（意味着该算法开始删除重要特征）。

23.10 寻求更多的数据

在尝试了所有已经提到的建议后，你可能仍然有很高的预测方差要处理。在这种情况下，你唯一的选择是增加训练集大小。尝试通过提供新的数据来增加你的样本，这些数据可能会转化为新的样本或新的特征。

如果你想添加更多的样本，只要看看手边是否有类似的数据即可。你经常可以发现很多的数据，但是它们可能缺少标签，也就是响应变量。花费一些时间标注新数据或要求其他人为你进行标注，这可能是一笔巨大的投入。复杂模型可以从更多的训练样本中提高性能，因为添加数据使得参数估计更加可靠，并且消除了机器学习算法无法确定要提取哪个规则的情况。

如果你想要添加新的特征，请尽可能找到开放源代码的数据源，以使数据与其条目匹配。获得新样本和新特征的另一个好方法是从网络上抓取数据。通常，数据可以在不同的数据源中或通过应用程序编程接口（API）获得。例如，谷歌 API 提供了许多地理和商业信息资源。通过编写内容抓取脚本，你可以获得对自己的学习问题提出不同观点的新数据。通过提供其他的方式，新的特征可以帮助你分离不同的类别。为了达到这个目标，你可以让响应变量与预测变量之间的关系更线性和更明确。